# AI時代の
# 離散数学

茨木俊秀 著

Ohmsha

# まえがき

　AI (人工知能, Artificial Intelligence) はこれまでに 3 度のブームを迎えた
と言われる. とくに今世紀に入ってからの 3 度目のブームは, ディープラー
ニング (深層学習) 技術による画像認識や音声認識の分野, さらに囲碁や将棋
での成功がそのきっかけとなったが, 影響はそこに留まらず, 社会のさまざま
な分野に浸透しつつある. しかし, AI が実際どのような学問であり何が実現
できるかを理解するには, 基礎となる数学の知識が不可欠である.

　AI の基礎になっている数学として, 線形代数および微積分, また統計・確
率, それらに加えて離散数学を挙げることができる. AI によって 1 つの問題
を解決しようとする場合, まずその問題をモデル化し, そのモデルに対して有
効な手法を適用することになる. 対象とする問題はグラフやネットワークと
いった離散構造をもつことが多い. また, 人間やコンピュータの論理的側面を
記述するには, 論理関数などの知識が要求される.

　「離散数学」の離散という言葉は, 連続に対比される言葉である. 連続的な
対象を扱う数学が, 微分・積分という概念を中心に構築されているのに対し,
離散数学ではそれらとは基本的に異なる考え方や手法が用いられる. 伝統的
には, 離散構造をもつ対象の個数を数えることを中心にした「組合せ論」が
代表的な分野であるが, 最近ではもっと広い数学として認識されていて, 上記
のグラフ, ネットワーク, 論理関数などはすべて離散数学の範囲に入る. もち
ろん, 離散数学を必要とする分野は AI に限定されるわけではなく, より広い
IT (情報技術) の世界で活動する方々にとっても必須の知識である.

　以上の観点に立って, 本書の構成を以下のように定めた.

1. 離散数学の基礎部分 (第 1 章)
2. 論理関数 (ブール関数) (第 2 章)
3. ニューラルネットワーク (ディープラーニング) (第 3 章)
4. グラフ理論とネットワーク最適化 (第 4 章と第 5 章)

5. 組合せ論 (第 6 章)

とくに 3. のニューラルネットワーク の話題は, 本書の特徴の 1 つである.

　各章では, 多くの話題を幅広く扱うより, 重要な話題を精選して詳しく説明し, できるだけ証明も与えた. なぜそのような結果が得られるかを理解しておくことが, 現実問題への適用にあたって重要と考えるからである. 一方, そのような方針のため, やや難しいと感じる部分もあるかも知れない. 場合によっては, 最初は証明の部分を飛ばして全体の流れを頭に入れ, 必要に応じて, あとで詳しく理解するという読み方もあろう.

　本書は, AI および離散数学に興味をもつ大学学部向けの教科書として執筆した. 量が比較的多いので, 通年の授業, あるいは一部を切り取って半期の授業とすることもできよう. なお本書の一部では, 微分や線形代数の初等的な知識を前提としているが, その都度直感的な説明を与えているので, 詳しい知識がなくても本筋は理解できるのでは, と考えている. 練習問題には略解を与え, より先まで知りたい読者のために, 文献を比較的充実した. 大学生に限らず, より広い範囲の方々にも読んでいただければ, 望外の幸せである.

　本書は, 以前, 昭晃堂から出版した「情報学のための離散数学」の後継版として, 旧版の第 3 章にかえてニューラルネットワーク (ディープラーニング) の章を入れ, さらに細かい修正を加えながら, 新たに執筆したものである. なお, 本書に関するご質問やご意見, また誤りなどに気づかれた場合, ibaraki@ieee.org 宛お知らせ願いたい.

　最後に, 旧版にご協力いただいた方々 (一人ひとり名前を挙げることはできないが), 新版の原稿に対し有益なご指摘をいただいた趙亮氏 (京都大学), さらに, 今回の出版にあたって大変お世話になったオーム社編集局の皆様, それぞれの方々へ感謝を申し上げておきたい.

2020 年 7 月

京都にて　茨 木 俊 秀

# 目　　次

## 第1章　　基礎概念

## 第2章　　論理関数とその応用

## 第3章　しきい関数とディープラーニング

## 第4章　グラフ理論

# 第 5 章　　ネットワーク最適化

# 第 6 章　　組合せ論の基礎

第**1**章

# 基 礎 概 念

　第1章では, まず離散数学の基礎概念である集合, 写像, 関係, グラフ, 命題と述語などを説明する. さらに, 証明の手段として重要な数学的帰納法についても述べる. また, 本書では, 対象となる問題を解くための計算手順, つまりアルゴリズムを重視するが, アルゴリズムの計算量など, 基本的な知識のまとめも与える. 定義が多くて退屈に感じる部分もあるかも知れないが, 後の議論に必要なので, しっかりフォローしてほしい. ある程度の知識をすでにもっている読者は, とりあえず先へ進み, 必要に応じて戻ってくるという読み方も可能である.

## 1.1　集　合

　集合 (set) とは, 相異なる「もの」の集まりをいう[*1]. 集合を構成する「もの」それぞれを**要素** (element) あるいは**元**という. $a$ が集合 $A$ の要素であることを $a \in A$ と記し, $a$ は $A$ に属するという. $a$ が集合 $A$ の要素でない場合は $a \notin A$ と記す. 集合 $A$ に属する要素の数を $A$ の**位数** (cardinality) といい, $|A|$ と書く. $A$ の位数は有限の場合もあれば無限の場合もあり, それぞれ**有限集合** (finite set) および**無限集合** (infinite set) という. 要素を 1 つももたない集合をとくに**空集合** (empty set) といい, 記号 $\emptyset$ で表す. $|\emptyset| = 0$ である.

　要素 $a$ が条件 $P$ をみたすことを $P(a)$ と書く (すなわち, $P$ を 1.5 節の述語と考えている). 集合 $A$ が条件 $P$ をみたす要素の集まりであるとき

---

[*1] 同じ要素を複数個もつことを許す場合は, **多重集合** (multiple set) と呼ぶ.

$$A = \{a \mid P(a)\}$$

と書く. 集合 $B$ の要素 $a$ で条件 $P$ をみたすものの集合は

$$A = \{a \in B \mid P(a)\}$$

のように書く. またこれらの記法に基づいて, 条件 $P$ をみたす要素の和という意味で, $\sum_{P(a)} a,\ \sum \{a \mid P(a)\}$ といった書き方も用いる.

---

**【例題 1.1】** すべての自然数, 整数, 実数からなる集合はそれぞれ慣例的に $\mathbb{N}, \mathbb{Z}, \mathbb{R}$ と書かれる. いずれも無限集合である. これに対し, A 大学に在学する学生の名前の集合, B 辞書に出てくる単語の集合, プログラム C に用いられている変数名の集合などは, すべて有限集合である. さらに, 偶数の集合 $\{2n \mid n \in \mathbb{Z}\}$, 平方数の集合 $\{n^2 \mid n \in \mathbb{N}\}$ などのように, 条件を加えることで新しい集合を定義することもできる.

---

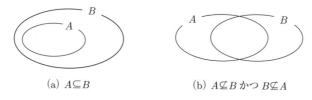

(a) $A \subseteq B$       (b) $A \not\subseteq B$ かつ $B \not\subseteq A$

**図 1.1** 部分集合と比較不能集合

**部分集合** 集合 $A$ と $B$ において $A$ のすべての要素 $a$ が $B$ の要素でもあるとき, $A$ は $B$ の**部分集合** (subset) であるといい, $A \subseteq B$ と書く. $A \subseteq B$ かつ $B \subseteq A$ ならば $A = B$ である. $A \subseteq B$ であり, さらに $B$ には属するが $A$ には属さない要素が 1 つ以上存在するとき, $A$ は $B$ の**真部分集合** (proper subset) であるといい, $A \subset B$ と書く. $A \subseteq B$ が成立しない場合は $A \not\subseteq B$ と書く. $A \not\subseteq B$ かつ $B \not\subseteq A$ のとき $A$ と $B$ は**比較不能** (incomparable) であるという (図 1.1).

**集合演算** 2 つの集合 $A$ と $B$ から, それらを組み合わせて新しい集合が定義される (図 1.2 参照).

(1) **和集合** (union): $A \cup B = \{a \mid a \in A \ \text{あるいは} \ a \in B\}$,

(2) **共通集合** (intersection): $A \cap B = \{a \mid a \in A \ \text{かつ} \ a \in B\}$,

(3) **差集合** (difference): $A - B = \{a \mid a \in A \ \text{かつ} \ a \notin B\}$.

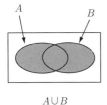 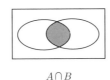 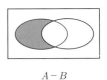

$A \cup B$ $A \cap B$ $A - B$

**図 1.2** 和集合, 共通集合と差集合

和集合は結び, 共通集合は交わり, 差集合は $A$ に関する $B$ の補集合ともいう. $A - B$ は $A \setminus B$ と書くこともある. なお, 集合間の様子を直感的に示す図 1.1 や図 1.2 のような図を, イギリスの論理学者ベン (J. Venn) に因んでベン図 (Venn diagram) という.

集合間の演算 $\cap$ と $\cup$ はつぎの性質をもつ.

(i) **交換法則** (commutative law): $A \cup B = B \cup A$, $A \cap B = B \cap A$,

(ii) **結合法則** (associative law):

$$A \cup (B \cup C) = (A \cup B) \cup C, \ A \cap (B \cap C) = (A \cap B) \cap C,$$

(iii) **分配法則** (distributive law):

$$A \cup (B \cap C) = (A \cup B) \cap (A \cup C),$$
$$A \cap (B \cup C) = (A \cap B) \cup (A \cap C),$$

(iv) **べき等法則** (idempotent law): $A \cup A = A$, $A \cap A = A$,

(v) **吸収法則** (absorption law): $A \cup (A \cap B) = A$, $A \cap (A \cup B) = A$.

[証明] これらの関係はすべてベン図を描いてみると容易に理解できるが, 例として, 吸収法則のうち, $A \cup (A \cap B) = A$ を証明してみよう. 共通集合の定義より, $A \cap B \subseteq A$ であることに注意すると, 左辺の任意の要素 $a \in A \cup (A \cap B)$ は $a \in A$ あるいは

$a \in A \cap B$ をみたすので, どちらの場合も $a \in A$ が成立する. つまり, $A \cup (A \cap B) \subseteq A$ である. 一方, 右辺の任意の要素 $a \in A$ は $\cup$ の定義より, 明らかに $a \in A \cup (A \cap B)$ をみたす. つまり, $A \subseteq A \cup (A \cap B)$ である. これら2つの結論をあわせ, $A \cup (A \cap B) = A$ を得る. □

なお, 集合 $A$ がその部分集合 $A_i, i = 1, 2, \ldots, k$ に分割 (division, partition) されるとは

$$\bigcup_{i=1}^{k} A_i = A, \quad \text{および} \quad A_i \cap A_j = \emptyset \ \text{for} \ i \neq j$$

が成立することをいう.

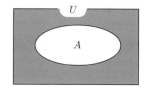

**図 1.3** 補集合 $\bar{A}$ (灰色の部分)

**補集合** 1つの**普遍集合** (universal set) $U$ を固定して, $U$ の要素や部分集合に話を限定することがしばしばある. このとき, $A \subseteq U$ に対して, $U$ に関する $A$ の補集合 $U - A = \{x \in U | x \notin A\}$ を単に**補集合** (complement) といい, $\bar{A}$ で表す (図 1.3 参照). 集合 $A, B$ と演算 $^-$, $\cup$, $\cap$ の間につぎの関係が成立する. なお, $\bar{\bar{A}}$ は $A$ の補集合の補集合という意味である. これらはベン図を用いて簡単に証明できるので練習問題 (3) とする.

(vi)   $\bar{\bar{A}} = A, \ A \cup \bar{A} = U, \ A \cap \bar{A} = \emptyset,$

(vii)   $A \subseteq B$ ならば $\bar{B} \subseteq \bar{A},$

(viii)   $A - B = A \cap \bar{B},$

(ix)   **ド・モルガンの法則** (De Morgan's law):

$$\overline{A \cup B} = \bar{A} \cap \bar{B}, \quad \overline{A \cap B} = \bar{A} \cup \bar{B}.$$

**集合の直積** $k$ 個の集合 $A_1, A_2, \ldots, A_k$ から 1 つずつ要素 $a_i \in A_i$ を選び, $i = 1, 2, \ldots, k$ の順に並べた $(a_1, a_2, \ldots, a_k)$ を $k$ **組** ($k$-tuple), $k$ ベクトル

(*k*-vector) さらに *k* 次元ベクトル (*n*-dimensional vector) などという. このようにして作られるすべての *k* 組の集合を $A_1, A_2, \ldots, A_k$ の**直積** (direct product) あるいは**デカルト積**[*2] (Cartesian product) といい, $A_1 \times A_2 \times \cdots \times A_k$ と書く. すなわち

$$A_1 \times A_2 \times \cdots \times A_k = \{(a_1, a_2, \ldots, a_k) \mid a_i \in A_i, \ i = 1, 2, \ldots, k\} \quad (1.1)$$

である. とくに, $A_1 = A_2 = \cdots = A_k (= A)$ のときそれらの直積を $A^k$ と略記する. 各 $A_i$ が有限集合のとき, 直積集合の位数は $|A_1 \times A_2 \times \cdots \times A_k| = |A_1| \times |A_2| \times \cdots \times |A_k|$ によって与えられる. ただし, 左辺の $\times$ は直積の記号であり, 右辺の $\times$ は数の乗算である.

---

**【例題 1.2】**　(1)　$A = \{a, b\}, B = \emptyset$ とすると $A \times B = \emptyset$.

(2)　$A = \{a, b\}, B = \{a, c\}$ とすると $A \times B = \{(a, a), (a, c), (b, a), (b, c)\}$.

(3)　$\mathbb{R}^2 = \{(x, y) \mid x \in \mathbb{R}, \ y \in \mathbb{R}\}$ は *x*-*y* 平面上のすべての点を表す集合である. もちろん無限集合である.

(4)　2 要素の集合 $\{0, 1\}$ の直積 $\{0, 1\}^n$ は $2^n$ 個の *n* 次元 0-1 ベクトルの集合である. これは第 2 章で扱う論理関数の定義域である.

(5)　人の生年月日は (西暦年, 月, 日) の 3 組で表され, その集合は $\mathbb{Z} \times \mathbb{N} \times \mathbb{N}$ の部分集合である. 負の西暦年は紀元前を表す. なお, 西暦 0 年は存在しない.

---

**べき集合**　　集合 $A$ の部分集合のそれぞれを要素と考えて, それら全体からなる集合を $A$ の**べき集合** (power set) といい, $2^A$ と記す. 空集合 $\emptyset$ および $A$ 自身も $2^A$ の要素である. たとえば, $A = \{1, 2, 3\}$ ならば

$$2^A = \{\emptyset, \{1\}, \{2\}, \{3\}, \{1, 2\}, \{2, 3\}, \{1, 3\}, \{1, 2, 3\}\}$$

である. $A$ が有限集合で $|A| = n$ であるとき, $|2^A| = 2^n$ が成立する. すなわち, $A$ の部分集合の個数は $2^n$ である. これは, $A$ の部分集合を作るには, $A$ の各要素がその部分集合に属すか属さないかの 2 通りあることを考えれば容易に理解でき

---

[*2] デカルト (R. Descartes) は 17 世紀フランスの数学者で, 解析幾何学を創始した.

よう.

A のべき集合 $2^A$ も 1 つの集合であるから, そのべき集合 $2^{2^A}$ を定義でき, この議論は何度でも繰り返すことができる. $A$ は無限集合であってもよい.

## 1.2 写像 (関数)

集合 $A$ から集合 $B$ への対応 (correspondence) を考える. すなわち, 任意の $a \in A$ に対し, その対応 $f(a)$ として $B$ の部分集合が定まる. とくに, どの $a \in A$ に対しても $f(a)$ が $B$ の 1 つの要素であるとき, $f$ を $A$ から $B$ への写像 (mapping) あるいは関数 (function) といい

$$f : A \to B$$

のように書く. $A$ を $f$ の定義域 (domain), $B$ を $f$ の値域 (range) という. $b = f(a)$ のとき, $b$ を $f$ による $a$ の像 (image) という. $A$ の部分集合 $A' \subseteq A$ の $f$ による像をつぎのように定める.

$$f(A') = \{f(a) \mid a \in A'\}.$$

写像 $f : A \to B$ を考える. $A$ の要素 $a_1, a_2$ に対して, $a_1 \neq a_2$ ならば $f(a_1) \neq f(a_2)$ が成立するとき, $f$ を単射 (injection) あるいは 1 対 1 写像 (one-to-one mapping) という. また, 任意の $b \in B$ に対して $f(a) = b$ をみたす $a \in A$ が存在するとき, $f$ を全射 (surjection) あるいは上への写像 (onto mapping) という. 全射かつ単射である写像を全単射 (bijection) という. 図 1.4 はこれらいろいろな写像を図示したものである.

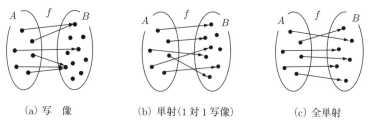

(a) 写 像　　　　　(b) 単射(1 対 1 写像)　　　　　(c) 全単射

**図 1.4** いろいろな写像 $f$

写像 $f : A \to B$ において, $b \in B$ に対し, 集合

$$f^{-1}(b) = \{a \in A \mid f(a) = b\}$$

を $f$ による $b$ の逆像 (inverse image) という. 一般に, $B' \subseteq B$ に対し

$$f^{-1}(B') = \{a \in A \mid f(a) \in B'\}$$

を $f$ による $B'$ の逆像という. $f$ が単射である必要十分条件は, すべての $b \in B$ に対し $|f^{-1}(b)| \leq 1$ が成立すること, また, $f$ が全単射である必要十分条件は, すべての $b \in B$ に対し $|f^{-1}(b)| = 1$ が成立することである (練習問題 7(a) 参照). $A$ から $B$ への全単射が存在するなら, $|A| = |B|$ が成立する.

　一方, $f : A \to B$ において, 本来の定義から少し外れて, $a \in A$ によっては $f(a)$ の値が定義されていないことを許すことがある. このような関数を**部分定義関数** (partial function) という. これに対し, すべての $a \in A$ に対し $f(a)$ が定義されている通常の関数を**全域関数** (total function) と区別することがある.

# 1.3　関　　係

　**関係** (relation) とは, 単一あるいは複数の集合から選ばれた要素の組に対して, ある性質が成立するかどうかを記述するものである. 最も一般的な形では, 直積集合 $A_1 \times A_2 \times \cdots \times A_k$ の部分集合

$$R \subseteq A_1 \times A_2 \times \cdots \times A_k$$

として定義される. つまり, $(a_1, a_2, \ldots, a_k) \in R$ であれば, $k$ 組 $(a_1, a_2, \ldots, a_k)$ に対して関係 $R$ が成立すると考えるのである.

　**関係データベース** (relational database) は, このような関係 $R_i$ をいくつか集めたものであり, 各 $R_i$ はそれに属する組 $(a_1, a_2, \ldots, a_k)$ を表の形で記憶する.

---

【**例題 1.3**】　表 1.1 は A 社の組織表 $R_1$ と社員の住所録 $R_2$ を示している. 同表 (a) は, $A_1$: 部の名称の集合, $A_2$: 課の名称の集合, $A_3$: 職務の集合, $A_4$: 社員名の集合の 4 集合の直積 $A_1 \times A_2 \times A_3 \times A_4$ の要素 $(a_1, a_2, a_3, a_4)$ を

いくつか列挙したものであって, 1 つの関係を表している. 同様に, 同表 (b)
の $R_2$ も 1 つの関係を示す表である. データベースにおいてそれぞれの関係
表はきわめて大規模になることもある. これらに対し, たとえば「大阪に住所
をもつ社員が所属している部署は ?」といった問合せに答えるには, 関連する
関係表の検索と関連事項を結びつけるための操作が必要である. これらの話
題はデータベース理論で詳しく研究されているが, 本書の範囲外である.

**表 1.1** 関係データベース

(a) $R_1$: A 社組織表

| 部 | 課 | 職務 | 社員名 |
|---|---|---|---|
| 総務部 | 庶務課 | 課長 | 田中 |
| 経理部 | 経理課 | 係長 | 中村 |
| 営業部 | 営業一課 | 外販担当 | 鈴木 |
| ・ | ・ | ・ | ・ |
| ・ | ・ | ・ | ・ |
| ・ | ・ | ・ | ・ |

(b) $R_2$: A 社住所録

| 氏名 | 住所 |
|---|---|
| 鈴木 | 大阪市住吉区・・・ |
| 田中 | 東京都千代田区・・・ |
| 中村 | 京都市左京区・・・ |
| ・ | ・ |
| ・ | ・ |

**2 項関係**　　同一集合の直積 $A \times A$ 上の関係 $R \subseteq A \times A$ はとりわけ重要で
ある. このとき, $(a_1, a_2) \in R$ であることを $a_1 R a_2$ とも書き, $R$ は $A$ 上の
**2 項関係** (binary relation) であるという. たとえば, $A = \mathbb{R}$ (実数集合) として,
$a_1 = a_2$, $a_1 \leq a_2$ などの関係 $=$, $\leq$ はそれぞれ 2 項関係である. 2 項関係 $R$ は
つぎの性質のいくつかをみたすことがある.

(i)　**反射法則** (reflexive law): 任意の $a \in A$ に対し, $a R a$,

(ii)　**対称法則** (symmetric law): 任意の $a, b \in A$ に対し, $a R b$ ならば
$b R a$,

(iii)　**推移法則** (transitive law): 任意の $a, b, c \in A$ に対し, $a R b$ かつ
$b R c$ ならば $a R c$,

(iv)　**反対称法則** (antisymmetric law): 任意の $a, b \in A$ に対し, $a R b$ か
つ $b R a$ ならば $a = b$ ($a$ と $b$ は同じ要素),

(v)　**比較可能性** (comparability): 任意の $a, b \in A$ に対し, $a R b$ あるい
は $b R a$ の少なくとも一方が成立する.

　同値関係　　反射法則, 対称法則および推移法則をみたす 2 項関係 $R \subseteq A \times A$ を $A$ 上の同値関係 (equivalence relation) という. 実数間の等号 =, また, $a, b, c \in \mathbb{Z}$ に対し数 $c$ を法とする合同関係, $a \equiv b \pmod{c}$ (すなわち, $a - b$ は $c$ の倍数) などは同値関係の例である (練習問題 (8)).

　$A$ 上の同値関係 $R$ が与えられたとき, 1 つの要素 $a \in A$ に対し $aRx$ をみたす $x$ の集合 ($\subseteq A$) を $a$ の同値類 (equivalence class) と呼び, $[a]$ と記す (図 1.5). このとき, 各 $x \in A$ は必ずちょうど 1 つの同値類に属する. すなわち, 集合 $A$ は $R$ の同値類に分割される. この同値類全体の作る集合を $A/R$ と書き, $A$ の $R$ による商集合 (quotient set) という (図 1.5(b)).

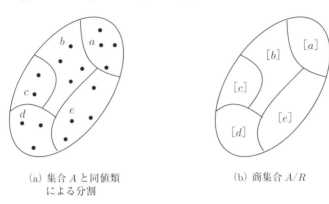

(a) 集合 $A$ と同値類
　　による分割

(b) 商集合 $A/R$

**図 1.5**　同値類と商集合

---

**【例題 1.4】**　$A = \mathbb{Z}$ (整数集合) 上の 2 項関係 $a \equiv b \pmod{2}$ を $R$ と記す. すなわち, $aRb$ とは, $a$ と $b$ がともに偶数であるか, あるいはともに奇数であることを意味する. このとき, $\mathbb{Z}$ は奇数の集合と偶数の集合という 2 個の同値類に分割される.

---

　順序関係　　反射法則と推移法則をみたす 2 項関係 $R$ を擬順序関係 (pseudo order, preorder) という. 擬順序関係がさらに反対称法則をみたせば, 半順序関係 (partial order, semiorder) であるという. 半順序関係がさらに比較可能であれ

ば全順序関係 (total order, linear order) であるという.

---

【例題 1.5】 順序関係は, 実数あるいは整数の間の不等号 $\leq$ を抽象化したものである. この $\leq$ は, 反射法則, 推移法則および反対称法則をみたし, さらに比較可能であることを容易に示せるので, 全順序関係である. しかし, $\leq$ は対称法則をみたさない. つぎに, $A$ として直積空間 $\mathbb{R}^k$ (あるいは $\mathbb{Z}^k$) を考え, $k$ ベクトル間の不等号 $(b_1, b_2, \ldots, b_k) \leq (b'_1, b'_2, \ldots, b'_k)$ をすべての $i = 1, 2, \ldots, k$ に対し $b_i \leq b'_i$ が成立すること, と定義する. このベクトル間の不等号は, 反射法則, 推移法則かつ反対称法則をみたすので半順序関係である. しかし, 比較可能ではないので, 全順序関係ではない. 同様に考えて, 部分集合を示す $\subseteq$ も半順序関係であることが容易にわかる.

---

## 1.4 グラフ

グラフ (graph) は点 (vertex) の有限集合 $V = \{v_1, v_2, \ldots, v_n\}$ と点対 $e_k = (v_{i_k}, v_{j_k})$ で定義される辺 (edge) の有限集合 $E = \{e_1, e_2, \ldots, e_m\}$ によって $G = (V, E)$ と定義される. つまり, $E \subseteq V \times V$ である. 点を小さな円で示し, 辺をそれらを結ぶ線分 (直線あるいは曲線) で描くと, 図 1.6 のように示される. すべての辺 $e_k = (v_{i_k}, v_{j_k})$ の方向を考えない (つまり, $(v_{j_k}, v_{i_k})$ を $(v_{i_k}, v_{j_k})$ と同一視する) とき, $G$ を無向グラフ (undirected graph), 方向を考慮して $(v_{i_k}, v_{j_k})$ と $(v_{j_k}, v_{i_k})$ を区別するとき, 有向グラフ (directed graph, 略して digraph) という. 図 1.6(a) と (b) にそれぞれの例がある. 辺の方向性を明示するため, 無向辺, 有向辺と区別することもある. 有向辺 $(u, v)$ を図に描くときは $u$ から $v$ へ矢印を付して示す.

グラフ $G = (V, E)$ は集合 $V$ 上の 2 項関係 (1.3 節) を表現したものと考えられる. すなわち, $u, v \in V$ に対して $uRv$ の関係が成立するとき辺 $(u, v)$ を描くわけである. 関係 $R$ が対称法則をみたすならば無向グラフ, そうでなければ有向グラフが得られる. また, 現実の応用では, グラフの点や辺に, 容量, 長さ, コストなどを表す数値を付与したものがよく用いられるが, 本書ではそれらをネットワー

(a) 無向グラフ          (b) 有向グラフ

**図 1.6** グラフの例

ク (network) と呼ぶ.

**グラフの応用**  グラフはさまざまなシステムを視覚的に表現できる. 図
1.7(a) ～ (f) はグラフ構造を内包する例をいくつか示している[*3]. それぞれ詳
しく説明するまでもないであろう. 無向グラフと有向グラフのどちらが適してい
るかは, 対象によって異なる.

**グラフの諸定義**  グラフにおいては, 広範な応用を反映して, 同じ概念にいろ
いろな名前がつけられている. たとえば, 点と辺に対しても

- 点あるいは頂点 (vertex), 節点 (node), 点 (point), ...

- 辺 (edge), 枝 (branch), 線 (line), リンク (link), アーク (arc, 弧, 弦), ...

などがある. 細かく述べると, グラフ理論では点と辺, ネットワーク理論では節点
と枝がよく用いられ, アークはおもに有向グラフに用いられる.

辺 $e = (u, v)$ に対し, $u$ と $v$ を $e$ の端点 (end vertex) と呼び, $e$ は $u$ と $v$ に**接
続する** (incident), また, $u$ と $v$ は**隣接する** (adjacent) という. $e$ が無向辺である
場合は, $e = \{u, v\}$ という記法も用いられる. 有向辺 $e = (u, v)$ の $u$ を $e$ の**始点**,
$v$ を**終点**と呼び, $e$ は $u$ から $v$ へ接続するという.

無向グラフにおいて, 同じ点対を接続する複数本の辺 (有向グラフならば同じ
始点と終点の対をもつ複数本の辺) を**多重辺** (multiple edge) という (図 1.8(a),
(b)). また, 両端点を同じくする辺 $(v, v)$ を**自己ループ** (self-loop) という (図
1.8(c), (d)). 一般のグラフを**多重グラフ** (multi-graph), 多重辺や自己ループを含

---

[*3] 図 1.7(f) のドームは加藤直樹氏 (兵庫県立大学) 提供.

(a) LSI の結線図

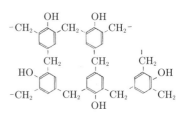

(b) 化合物の構造式

(c) 地 図

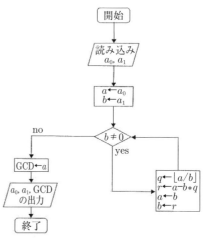

(d) プログラムの流れ図

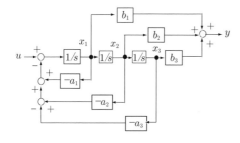

(e) 制御システムのブロック図

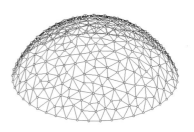

(f) ドーム

**図 1.7** さまざまな形で現れるグラフ構造

(a) 無向グラフ　　(b) 有向グラフ　　(c) 無向グラフの　　(d) 有向グラフの
　　の多重辺　　　　　の多重辺　　　　　自己ループ　　　　　自己ループ

**図 1.8** 多重辺と自己ループ

まないグラフを**単純グラフ** (simple graph) と区別する場合がある.

無向グラフ $G$ の 1 つの点 $v$ に対し, $v$ に接続している辺の数を $v$ の**次数** (degree) といい, deg $v$ と記す. 自己ループの次数への貢献は 2 である. 次数 0 の点が存在する場合, そのような点を**孤立点** (isolated vertex) という. 有向グラフの場合は $v$ へ入る辺の数を**入次数** (indegree), $v$ から出る辺の数を**出次数** (outdegree) といい, それぞれ indeg $v$, outdeg $v$ と記す.

**いろいろな特殊グラフ**　　特殊な構造をもつグラフをいくつか定義する. すべての点対 $(u, v)$ を辺とする単純無向グラフを**完全グラフ** (complete graph) といい, $n$ 点をもつ完全グラフを $K_n$ と記す (図 1.9). 有向グラフの場合は, すべての点対 $(u, v)$ に対し両方向の辺 $(u, v)$ と $(v, u)$ をもつものを完全グラフという.

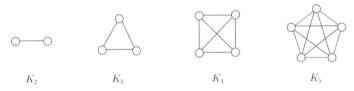

$K_2$ 　　　　　$K_3$ 　　　　　$K_4$ 　　　　　$K_5$

**図 1.9** 完全グラフ

グラフ $G = (V, E)$ の点集合 $V$ が空でない 2 つの集合 $V_1$ と $V_2$ に分割され (つまり, $V_1 \cup V_2 = V$ かつ $V_1 \cap V_2 = \emptyset$), すべての辺 $(u, v) \in E$ において端点の一方が $V_1$, 他方が $V_2$ に属するとき, $G$ を **2 部グラフ** (bipartite graph) と呼び, $(V_1, V_2, E)$ と記す. 有向 2 部グラフでは, 辺の向きがすべて $V_1$ から $V_2$ へ向いていなければならない. すべての $u \in V_1$ とすべての $v \in V_2$ の間に辺 $(u, v)$ があれば, **完全 2 部グラフ** (complete bipartite graph) と呼び, $|V_1| = m$, $|V_2| = n$ のとき $K_{m,n}$ と記す (以上, 図 1.10).

**グラフの路と閉路**　　まず無向グラフ $G = (V, E)$ を考える. $G$ における

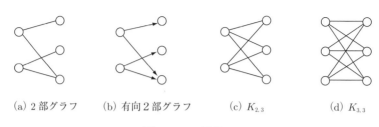

(a) 2部グラフ　　(b) 有向2部グラフ　　(c) $K_{2,3}$　　(d) $K_{3,3}$

**図 1.10**　2部グラフ

路 (path; 経路, 径路, 道) $P$ とは, 点の系列

$$P : (v_{i_1}, v_{i_2}, \ldots, v_{i_k}) \tag{1.2}$$

であって, $(v_{i_j}, v_{i_{j+1}}) \in E$ $(j = 1, 2, \ldots, k-1)$ をみたすものをいう. すなわち, つぎつぎとつながっている辺 $(v_{i_j}, v_{i_{j+1}})$ の系列である[*4]. 路 $P$ の長さ (length) は $k-1$ (つまり, 用いられる辺の本数) と定める. 特別な場合として, 点1つ $v_{i_1}$ のみからなるものも路である (その長さは 0).

　式 (1.2) の路 $P$ において $v_{i_1}$ をその**始点** (initial vertex), $v_{i_k}$ をその**終点** (end vertex) という. 始点と終点が等しいとき (つまり, $v_{i_1} = v_{i_k}$), $P$ を**閉路** (cycle, circuit, closed path) という. 特別な場合として, 1つの点は長さ 0 の閉路であり, 自己ループは長さ 1 の閉路である.

　路 (閉路) $P$ が同じ辺を2度以上用いていなければ**初等** (elementary) 路 (初等閉路) という. $P$ が同じ点を2度以上通っていなければ**単純** (simple) 路 (単純閉路) という. ただし, 単純閉路の場合, 始点と終点は例外として同じである. これらは図 1.11 に示されている. 単純路 (単純閉路) は初等路 (初等閉路) であるが, 逆は正しくない.

　$G$ が有向グラフである場合も, 上の路と閉路の定義を自然に拡張することができる. ただし, 式 (1.2) において, 各辺 $(v_{i_j}, v_{i_{j+1}})$ は $v_{i_j}$ から $v_{i_{j+1}}$ への有向辺でなければならない. すなわち, 有向グラフの路 (閉路) では辺の方向にしたがって進むことができる. 有向であることを強調して**有向路** (directed path), **有向閉路** (directed circuit) と呼ぶこともある. 初等路 (閉路), 単純路 (閉路) も無向グラフ

---

[*4] $G$ が多重グラフであれば, $v_{i_j}$ と $v_{i_{j+1}}$ を端点とする辺が複数本存在することがある. そのような場合は, どの辺かを指定する必要がある.

(a) 初等路(長さ = 5)

(b) 初等閉路(長さ = 7)

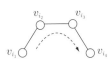

(c) 単純路(長さ = 3)

(d) 単純閉路(長さ = 5)

**図 1.11** 路と閉路

の場合と同様に定義する.

　有向グラフ $G$ が長さ 1 以上の有向閉路をもたないならば, 非巡回的 (acyclic) であるという (図 1.12). $n$ 点をもつ非巡回グラフ $G$ では, 全点に 1 から $n$ まで の番号を付し $v_1, v_2, \ldots, v_n$ とするとき, すべての辺 $(v_i, v_j)$ が $i < j$ をみたすよ うにできる (練習問題 (12)).

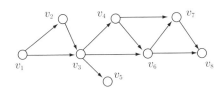

**図 1.12** 非巡回グラフ

　**部分グラフと補グラフ**　　$G = (V, E)$ を無向あるいは有向グラフとする. $V$ と $E$ の部分集合 $V' \subseteq V$ と $E' \subseteq E$ によって定まる $G' = (V', E')$ がグラフで あるとき (つまり, $e = (u, v) \in E'$ ならば, その両端点は $u, v \in V'$ をみたす), $G'$ は $G$ の部分グラフ (subgraph) であるという (図 1.13(b)). $V$ の部分集合 $V'$ が 与えられたとき, $u, v \in V'$ をみたす $E$ の辺 $e = (u, v)$ をすべて集めて得られる 部分グラフ $G' = (V', E')$ (つまり, $E' = \{(u, v) \in E \mid u, v \in V'\}$) を $G$ の $V'$ による**生成部分グラフ** (induced subgraph; **誘導部分グラフ**) と呼ぶ (図 1.13(c)).

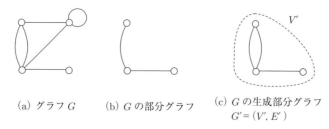

(a) グラフ $G$     (b) $G$ の部分グラフ     (c) $G$ の生成部分グラフ
$G' = (V', E')$

**図 1.13** 部分グラフ

$V'$ が与えられると, $G$ の $V'$ による生成部分グラフは一意的に定まる.

単純グラフ $G = (V, E)$ に対し, 同じ点集合 $V$ をもち, 辺の存在と非存在を逆転して得られるグラフ $\bar{G} = (V, \bar{E})$ を $G$ の補グラフ (complement graph) という (図 1.14). つまり $\bar{E} = \{(u, v) \in V \times V \mid (u, v) \notin E\}$ である.

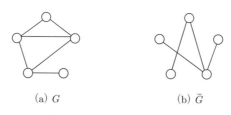

(a) $G$        (b) $\bar{G}$

**図 1.14** $G$ とその補グラフ $\bar{G}$

**グラフの同形性**　　2 つのグラフ $G_1 = (V_1, E_1)$ と $G_2 = (V_2, E_2)$ の点集合 $V_1$ と $V_2$ の間に全単射 $\varphi : V_1 \to V_2$ が存在して, $\varphi(E_1) = E_2$ が成立するとき, $G_1$ と $G_2$ は同形 (isomorphic) であるという. ただし, $\varphi(E_1)$ の定義は

$$\varphi(E_1) = \{(\varphi(u), \varphi(v)) \mid (u, v) \in E_1\}$$

である. すなわち, 点 $u, v \in V_1$ を点 $\varphi(u), \varphi(v) \in V_2$ に対応させたとき, $(u, v)$ が $G_1$ の辺であるならば, 対応先の点対も $G_2$ の辺であること, またその逆も成立するという性質である. グラフの点の名前や位置は異なるように描かれていても, 辺の存在だけに着目するなら同じグラフである, ということを意味している. 図 1.15 の 2 つのグラフ (a) と (b) は一見異なって見えるが同形である. 実際

$$\varphi : v_i \mapsto u_i, \quad i = 1, 2, \ldots, 6$$

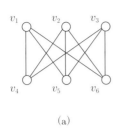
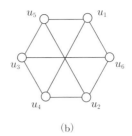

(a)　　　　　　　(b)

**図 1.15**　同形グラフ

の対応によって $\varphi$ を定めると, $\varphi(E_1) = E_2$ の条件が成立している.

# 1.5　命題と述語

　一般に何らかの事実を記述した文章を言明 (statement) という. その言明が正しいことを述べていれば真 (true) であり, 正しくなければ偽 (false) である. 内容によっては直ちに真か偽か定まらないこともある. 真か偽かがはっきりしている言明を命題 (proposition) という. この「真」と「偽」を値と考え, それぞれ 1 と 0 で表し, 真理値 (truth value) (あるいは論理値) という[*5].

　たとえば,「地球は太陽の惑星である」(真),「7 は 2312 の約数である」(偽),「素数の数は無限である」(真) などはすべて命題である. しかし,「$x = 1$」や「$x+y = 100$ をみたす非負整数 $y$ が存在する」などは, $x$ の値によって真であったり偽であったりするので, 命題ではない.

　**命題論理**　$p$ と $q$ を命題を表す変数とする. これらを組み合わせて新しい命題を作ることができるが, そのための代表的な演算に $\wedge, \vee, \Rightarrow, \Leftrightarrow, \neg$ がある. すなわち, 命題 $p$ と $q$ がそれぞれ真か偽か (つまり, 値が 1 か 0 か) に応じて, どのような条件で演算結果が真になるかを以下に述べる. また, 表 1.2 の真理値表に $p$ と $q$ の値のすべての組み合わせに対する演算結果を示す.

　(i)　$p \wedge q$:　$p$ と $q$ の両方が真 (conjunction, AND, 論理積),

---

[*5] 真を $T$, 偽を $F$ など, 特別な記号を導入することもあるが, 本書では第 2 章以下の論理関数との整合性を考えて 1, 0 とする.

(ii) $p \lor q$： $p$ と $q$ の少なくとも一方が真 (disjunction, OR, 論理和),

(iii) $p \Rightarrow q$： $p$ が真ならば $q$ も真 (implication, 含意),

(iv) $p \Leftrightarrow q$： $p$ が真のときかつそのときに限り $q$ も真 (equivalence, 等価),

(v) $\lnot p$： $p$ は偽 (negation, NOT, 否定).

**表 1.2** 命題演算の真理値表

| $p$ | $q$ | $p \land q$ | $p \lor q$ | $p \Rightarrow q$ | $p \Leftrightarrow q$ | $\lnot p$ |
|---|---|---|---|---|---|---|
| 0 | 0 | 0 | 0 | 1 | 1 | 1 |
| 0 | 1 | 0 | 1 | 1 | 0 | 1 |
| 1 | 0 | 0 | 1 | 0 | 0 | 0 |
| 1 | 1 | 1 | 1 | 1 | 1 | 0 |

これらの演算を繰り返して用いると，たとえば

$$(p \Rightarrow q) \Leftrightarrow ((p \land \lnot q) \Rightarrow 0) \tag{1.3}$$

のような式を作ることができる．ただし，0 は常に値 0 (偽) をとる命題である．この式の値が $p$ と $q$ の値に応じてどのように定まるかは，表 1.2 の真理値表にしたがって求めることができる．実際，$p$ と $q$ に 0 と 1 のすべての場合を代入して確かめると，式 (1.3) の値は常に 1 であることがわかる (練習問題 (14)).

以上のように，命題およびそれらの演算からできる式に基づいて物事の論理的構造を明らかにする分野を**命題論理** (propositional logic) と呼んでいる．これらは本書の第 2 章で扱われる論理関数と密接に関わっている．

**さまざまな証明法**　　数学における証明とは，命題間の関係を明らかにしつつ，要素となる命題を組み合わせて，真なる命題 (つまり，補題とか定理) を作り上げるプロセスと考えることができる．第一の基本プロセスは $p \Rightarrow q$ である ($p$ が成り立つならば $q$ も成り立つ) ことを示すというものであるが，$p$ を $q$ の**十分条件** (sufficient condition)，$q$ を $p$ の**必要条件** (necessary condition) という．命題の等価性 $p \Leftrightarrow q$ を示すとき，条件 $q$ を主体に考える場合[*6]，$p \Leftarrow q$ の方向を**十分性** (sufficiency) ($q$ は $p$ であるための十分条件)，また $p \Rightarrow q$ を**必要性** (necessity)

---

[*6] $p$ と $q$ の役割を逆にしてもよい．

(q は p の必要条件) といい, 両者を別個に証明するのが普通である. $p \Leftrightarrow q$ は「p の必要十分条件は q である」あるいは「条件 p と q は等価である」とも読まれる.

証明の中ではいろいろな論法を用いるが, それらの正当性を命題式に基づいて説明することができる. まず, $p \Rightarrow q$ であることを示すために, その**対偶** (contraposition)「q が成り立たなければ p も成り立たない」を示すという方針がよくとられる. 後者は, $\neg q \Rightarrow \neg p$ と書かれる. この 2 つの証明法が等価であることは, 命題式

$$(p \Rightarrow q) \Leftrightarrow (\neg q \Rightarrow \neg p)$$

の値が常に 1 (真) であることに他ならない. 実際, この式の値は, p と q のすべての真理値の組み合わせに対して表 1.2 を用いて確かめると, 常に 1 である.

同様に, $p \Rightarrow q$ の証明にあたって, 「p が成り立つという前提の下に q が成り立たないとすると矛盾を生じる」ことを示す**背理法** (proof by contradiction) は, $(p \wedge (\neg q)) \Rightarrow 0$ (偽), と書かれる. この 2 つの証明法が等価であることは, すでに式 (1.3) が常に 1 であることから確かめられている.

**述語論理**　言明の中にいくつかの変数を含み, その変数の値に応じて真になったり偽になったりするものを**述語** (predicate) という. すなわち, 述語 P とは, 変数がとる値の集合 A から集合 {0 (偽), 1 (真)} への写像 $P : A \to \{0,1\}$ である. たとえば,「整数 x は素数である」という述語 $P(x)$ を考えると, $A = \mathbb{Z}$ であり, $x \in \mathbb{Z}$ が素数のとき $P(x) = 1$, そうでないときには $P(x) = 0$ となる.

述語に含まれる変数に対し**全称記号** (universal quantifier) $\forall$, あるいは**存在記号** (existential quantifier) $\exists$ が付されることがある. $\forall x P(x)$ は 1 つの命題であって, すべての $x \in A$ に対し $P(x) = 1$ ならばその値は 1 (つまり, この命題は真), そうでなければ 0 (偽) をとる. $\exists x P(x)$ も命題であって, $P(x) = 1$ となる $x \in A$ が 1 つでも存在すればその値は 1, それ以外 (つまり, どの $x \in A$ に対しても $P(x) = 0$) ならば値 0 をとる. 述語に複数個の変数が含まれている場合, たとえば $P(x,y)$ では, $\forall x P(x,y)$ や $\exists x P(x,y)$ にはまだ変数が残っているので, これらは命題ではなく述語である.

【**例題 1.6**】　$P(x,y,z)$ を $x = yz$ が成立するときに真となる $\mathbb{N}^3$ 上の述語

とする. そうすると $\exists z P(x, y, z)$ は「$x$ は $y$ で割り切れる」ことを示す述語であって, $x$ と $y$ の 2 変数をもつ. この述語を $Q(x, y)$ と示す. つぎに

$$\forall y \, [Q(x, y) \Rightarrow (y = 1 \lor y = x)]$$

という述語は, $x$ が $y$ で割り切れるならば $y = 1$ か $y = x$ である (要するに, $x$ は 1 あるいは自分自身以外では割り切れない) ことを述べている. つまり, 「$x$ は素数である」ことを言明する述語である. この述語を $S(x)$ と記そう. さらに $\exists x S(x)$ を考えると, これは「素数は存在する」という命題であって, よく知られているようにこの命題は真である.

---

　人間が行う論理的な理解や思考過程を, 記号を用いて表現する命題論理や述語論理のような数学の分野を, 一般的に **記号論理学** (symbolic logic) あるいは **数理論理学** (mathematical logic) と呼んでいる. AI (人工知能) は, 人間の知能の働きを論理的に捉えることを目標の 1 つとしているから, 記号論理学はそのための不可欠な道具である.

## 1.6　数学的帰納法

　数学の定理は, 述語 $P(x)$ から作られる命題 $\forall x P(x)$ や $\exists x P(x)$ が真であることを主張していることが多い. 本節では $\forall x P(x)$ のタイプを考える. $x$ が所属する集合が有限ならば, 可能なすべての $x$ を実際に調べることで $\forall x P(x)$ の真偽を検証することができる. もちろん $A$ が無限集合であれば, この手法は使えない. しかし, 離散数学に現れる無限集合 $A$ は, 自然数の集合 $\mathbb{N}$ であることが多いが, これに対しては**数学的帰納法** (mathematical induction) (単に帰納法ともいう) という強力な手段がある.

　**自然数の集合と数学的帰納法**　　自然数の集合 $\mathbb{N} = \{1, 2, \ldots\}$ を考える[*7]. これは無限集合であるが, 出発点となる 1 の存在と, 任意の $k \in \mathbb{N}$ に対しそのつぎの自然数 $k + 1 \in \mathbb{N}$ が定義されているという 2 つの性質によって, 完全に記述さ

---

[*7] $\mathbb{N}$ には 0 を含めることも多い. その場合でも, 本節の議論は 1 を 0 に読み替えることで, ほぼそのまま成立する.

れる. つまり, つぎの自然数を求めるというステップを反復すれば, 任意の自然数を生成できるのである. したがって, $\mathbb{N}$ 上の命題 $\forall n P(n)$ が真であることを証明するには, つぎの (a), (b) を示せばよい. これを数学的帰納法と呼んでいる.

(a) $P(1)$ は真である,

(b) $k$ を任意の自然数とする. $P(k)$ が真ならば $P(k+1)$ も真である.

性質 (a) を帰納法の**基礎** (basis), (b) を**帰納ステップ** (induction step) という.

---

**【例題 1.7】** 任意の自然数 $n$ に対し

$$P(n): \sum_{i=1}^{n} i = n(n+1)/2$$

が成り立つことを帰納法によって証明しよう.

(基礎) $n=1$ のとき, 左辺と右辺の両方とも 1 となるので等号は成立する.

(帰納ステップ) $n=k$ のとき $P(k)$ が成立する, つまり

$$\sum_{i=1}^{k} i = k(k+1)/2$$

であるとすると

$$\sum_{i=1}^{k+1} i = \sum_{i=1}^{k} i + (k+1)$$
$$= (k(k+1)/2) + (k+1) = (k+1)(k+2)/2$$

となるので $P(k+1)$ が成立する.

---

# 1.7 アルゴリズムとその複雑さ

数学では, さまざまな問題の数学的性質を明らかにし, 定理といった形に記述するだけでなく, その問題を解くための計算手順を明らかにすることを求める. 計算手順とは, 足し算, 引き算, 掛け算, 割り算などの四則演算や, 必要なデータを読み

出す, 計算結果を書き込む, つぎの計算ステップを決めるために計算結果の符号を
調べる, などの基本ステップをどのような順序で実行するかを記述したものであ
る. コンピュータ上で実行されるプログラムはそのような例であるし, 自然言語で
書かれたものであってもよい. この計算手順が, 必ず有限回の基本ステップの実行
のあと停止し, 正しい答えを出力するならば, それをアルゴリズム (algorithm) と
呼ぶ.

すべてのアルゴリズムは, ある問題 (problem) を解くという目的で書かれる.
1 つの問題は, 有限個のパラメータを含み, このパラメータの値をデータとして
指定することで 1 つの問題例 (problem instance) が定まる. たとえば, 2 つの自
然数 $a_0$ と $a_1$ の最大公約数 (greatest common divisor, GCD) を求める問題は,
$a_0$ と $a_1$ がパラメータであって, その値を指定することによって無数の問題例を
定義することができる. 最大公約数問題 GCD とは, そのような問題例すべての
集合を指しているのである.

GCD
入力: 2 個の自然数 $a_0$ と $a_1$.
出力: $a_0$ と $a_1$ の最大公約数.

問題 GCD を解くアルゴリズムとは, GCD の無数の問題例のどれが入力されて
も, 有限ステップの計算で正しい最大公約数を出力するものでなければならない.
必要なステップ数は, 問題例によって変化し, $a_0$ と $a_1$ が大きくなれば, 当然必要
なステップ数も大きくなるであろう. この様子を定量的に評価するため, アルゴリ
ズムの計算量を入力データ長の関数として評価することが求められる. GCD の
入力データは自然数 $a_0$ と $a_1$ であって, それらを $d$ 進数 ($d$ は 10, あるいは 2 が
普通) として入力するとき, それぞれ $\log_d a_0$ と $\log_d a_1$ 桁必要であることから[8],
$\log_d a_0 + \log_d a_1$ が入力データ長である. データ長を簡単のため $N$ と書く. (な
お, GCD を解くアルゴリズムが練習問題 (17) にある.)

**計算量の評価**　　アルゴリズムの計算量 (complexity) として, **時間量** (time
complexity) (すなわち, ステップ数) と**領域量** (space complexity) (計算途中の

---

[8] 正確には $a$ の桁数は $\lceil \log_d(a+1) \rceil$ であるが, 大雑把に記述している. $\lceil \cdot \rceil$ は整数への切り
　　上げの記号.

データを蓄えるために必要な記憶領域の広さ) がしばしば議論される. これらを入力データ長 $N$ の関数として評価するのである. しかし, これら計算量を厳密に知ることは困難であることが多いので, 通常そのオーダー (order) を求める. 計算量 $T(N)$ が $f(N)$ のオーダーであるとは, ある正定数 $c$ と $N_0$ が存在して, すべての $N \geq N_0$ に対し

$$T(N) \leq cf(N)$$

が成立するという意味である. これを $T(N) = O(f(N))$ と書く. $N_0$ の役割は $N$ として有限個の例外は許すことであり, $c$ の役割は定数倍の違いには目をつぶるという意味である. 例として, $N^2$, $1000N^2$, $1000 + 5N + 2N^2$ などはすべて $O(N^2)$ と書ける. これらは $O(N + N^2)$, $O(N^3)$ であるとしても間違いではないが, 前者の場合 $O(N^2)$ の方が簡単であるし, 後者については $O(N^2)$ の方が精度がよい. なお, オーダーを含む等式では, 等号 = の意味を緩和して使うので, 注意が必要である. すなわち, 矛盾を避けるため, 右辺が左辺より精度の高い情報を与えることはないという制約を加える. その結果, たとえば $T(N) = O(f(N))$ は正しいが, $O(f(N)) = T(N)$ と書くのは許されない.

ところで, 同じ $N$ をもつ問題例はたくさん存在して, それぞれの計算量は異なるのが普通であろう. これら全体を評価するためにつぎの 2 種がよく用いられる.

**最悪計算量** (worst-case complexity) : データ長 $N$ をもつすべての問題例の中で最大の計算量に着目する.

**平均計算量** (average complexity) : データ長 $N$ をもつすべての問題例に対する平均計算量に着目する.

前者は解析が比較的容易であることが多く, しかもどんな問題例であってもそれ以下でよいという安心感がある. しかし, ごく少数の異常な問題例にひきずられ, 悲観的な評価になる危険性がある. 一方後者は実用上より意味があるが, 問題例の確率分布が既知である場合は稀で, また分布がわかっても平均値の導出が数学的に容易でないことが多い.

計算量としては, 時間量と領域量のどちらも重要であるが, アルゴリズムの性能を端的に表すのは時間量であることが多い. 時間量を入力データ長 $N$ のオーダーによって評価するとき, ある定数 $k$ に対して $O(N^k)$ であれば, **多項式オーダー**

(polynomial order) であるという. 多項式オーダーではないものには, $N$ の指数オーダー $O(k^N)$ や階乗オーダー $O(N!)$, さらに $O(N^{\log N})$, $O(N^N)$, $O(k^{N^N})$ などいろいろな形のものがあるが, いずれも多項式オーダーに比べると $N$ と共に急激に増大するのが特徴である. そこで, 多項式オーダーならば実用性があると解釈し, そのようなアルゴリズムを**多項式時間アルゴリズム** (polynomial time algorithm) という. 多項式オーダー $O(N^k)$ であっても $k$ が大きければ, 必ずしもこの解釈は正しくないが, 理論的に扱いやすい1つの目安として理解しておきたい.

たとえば, 1.4 節で言及したグラフの同形性判定問題は, 多項式オーダー時間で解けるかどうかは未解決であって, グラフ理論の大きな話題の1つである. グラフの次数に制限を加えるなどグラフを限定すると, 多項式オーダー時間で判定できる場合がいろいろ知られているので, 任意のグラフに対しても多項式時間アルゴリズムが可能ではないかと予想されている.

**NP 困難性**　　解くべき問題に対し, 多項式時間アルゴリズムを見つけることができれば, 実用性の観点から肯定的に解決されたことになる. 一方, いろいろ工夫してもそのようなアルゴリズムが得られないとき, 努力が不足しているのか, あるいはその問題に対してはそもそも多項式時間アルゴリズムが存在しないのかを知りたい. 後者の結論を得るには, その問題がもつ本質的な困難さを定量的に明らかにすることが必要であって, 数学的に高度な内容を含むことが予想される.

個々の問題の困難さを明らかにする研究は, **計算の複雑さ** (computational complexity) の分野で進められてきたが, 1970 年代に入って大きく進展した. 成果の1つに **NP 困難性** (NP-hardness) および **NP 完全性** (NP-completeness) の概念がある[*9]. これらの内容は本書の範囲を超えるので, ここでは, ある問題 $A$ が NP 困難 (あるいは NP 完全) であることが証明されると, それは $A$ に対し多項式時間アルゴリズムが存在しない (すなわち本質的に難しい) ことの大きな根拠であることのみ述べておく. この根拠が本当に正しいかどうかは, 実は, 計算の複雑さの分野の最大の未解決問題である P≠NP 問題の解決を待たなければならない.

---

[*9] 完全性は, 答えに yes あるいは no を求める**決定問題** (decision problem, 判定問題ともいう) に関する概念であり, 困難性は, 最適化や関数値を求めるなど, それ以外の問題に対しても適用できる.

　しかし，ある問題が NP 困難 (あるいは NP 完全) であること自体は比較的容易に証明できることが多い．本書でも，いくつかの問題について，それらの NP 困難性 (NP 完全性) に (証明なしに) 言及することがある．

　ところで，ある問題が現実的に重要であるならば，仮に NP 困難であるとしても，何とか解決を図らなければならない．このような場合，厳密解でなくても，それに近いものであればよいという立場から，近似アルゴリズムなど，現実的な解決策が種々研究されている．本書にあるディープラーニングをはじめ，種々の AI 手法も，そのための代表的なアプローチと考えることができる．

# 1.8 文献と関連する話題

　離散数学は人工知能，さらに広く情報学の基礎知識であるので，本書の他にも全般的な教科書が何冊も出版されている．たとえば，巻末にある文献リストの 1-1,2,…,7) などである．1.1 〜 1.3 節の集合，写像，関係の基礎知識はこれらに共通して述べられている．1.4 節のグラフは，第 4 章と第 5 章で改めて述べるように，グラフ理論およびネットワーク理論として大きく発展した．関連文献もそこで与える．

　1.5 節の命題と述語は数理論理学の基礎をなす概念で，情報学の 1 つの柱の役割を担っている．本書では論理関数に話題を限定して，関連文献も含め，第 2 章で扱う．数理論理学の他の側面については，多くの成書が出版されているが，ここでは入門書として 1-13) を挙げておこう．

　1.6 節の数学的帰納法は，本書のあちこちで利用する大変便利な論法である．上記の離散数学の教科書の多くに解説がある．1.7 節で簡単に紹介したアルゴリズムと計算の複雑さは，本書の主題ではないが，密接に関連した分野である．この分野の教科書には 1-8,9,…,12,14,15) などがある．本書の姉妹編というべき 1-12) もその中の一冊である．NP 完全性の話題は 1-10,15) に詳しい．

## 練習問題

(1) $A, B, C$ はすべて有限集合であるとする．このとき，つぎの等式を示せ．

$$|A \cup B| = |A| + |B| - |A \cap B|,$$

$$|A \cup B \cup C| = |A| + |B| + |C| - |A \cap B| - |B \cap C| - |C \cap A|$$
$$+ |A \cap B \cap C|.$$

(2) $A \oplus B = (A - B) \cup (B - A)$ を集合 $A$ と $B$ の**対称差** (symmetric difference) という. $A$ と $B$ が有限集合であれば, $|A \oplus B| = |A| + |B| - 2|A \cap B|$ が成立することを示せ.

(3) 普遍集合 $U$ の部分集合に対し, 1.1 節の性質 (vi)(vii)(viii)(ix) を証明せよ.

(4) 直積集合に関するつぎの性質を示せ.

    (a) $A \times B \subseteq C \times D$ の必要十分条件は $A \subseteq C$ かつ $B \subseteq D$,
        $A \times B = C \times D$ の必要十分条件は $A = C$ かつ $B = D$.

    (b) $(A \cup B) \times C = (A \times C) \cup (B \times C)$,
        $(A \cap B) \times C = (A \times C) \cap (B \times C)$,
        $(A \cap B) \times (C \cap D) = (A \times C) \cap (B \times D)$.

(5) $A = \{a, b\}$ のとき, 集合 $2^A$ および $2^{2^A}$ を求めよ.

(6) 有限集合 $A$ の位数が $n$ であるとき, 集合 $2^{2^A}$ の位数を求めよ.

(7) 写像に関するつぎの性質を示せ.

    (a) $f : A \to B$ が全単射である必要十分条件は, 逆写像 $f^{-1} : B \to A$ が全単射であること.

    (b) $f : A \to B$, $g : B \to C$ を写像とする. 写像 $h : A \to C$ を $h(a) = g(f(a))$ と定める (写像の**合成** (composition)). このとき, $f$, $g$ ともに単射であれば $h$ も単射である. さらに, $f$, $g$ ともに全単射であれば $h$ も全単射である.

(8) $\mathbb{Z}$ 上の 2 項関係である $c$ を法としての合同, $a \equiv b \pmod{c}$ (すなわち, $a - b$ は $c$ の倍数) が同値関係であることを示せ.

(9) $A$ を平面上に描かれた有限個の 3 角形の集合とし, 3 角形 $a$ と $b$ が相似であるとき $aRb$ と定義する. この $R$ は $A$ 上の同値関係であることを示せ.

(10) $A$ をある町の住民の集合とする. $aR_1b$ は $a$ と $b$ の年齢が同じであること, さらに $aR_2b$ は $a$ の年齢が $b$ の年齢以下であること, と定義する. $R_1$ は $A$ 上の同値

関係, $R_2$ は $A$ 上の擬順序関係であることを示せ. つぎに, 商集合 $A/R_1$ を考え, $R_2$ をつぎのように $A/R_1$ 上の 2 項関係に拡張する.

$[a]R_2[b]$ : $A$ 上の $R_1$ による同値類 $[a]$ と $[b]$ に対し, 任意の $a' \in [a]$ と任意の $b' \in [b]$ が $a'R_2 b'$ をみたす.

このとき, $R_2$ は $A/R_1$ 上の全順序関係であることを示せ.

(11) $A$ をある大学の学生全体の集合とする. $A$ 上の 2 項関係を, $aRb \Leftrightarrow$ 学生 $a$ と $b$ の誕生日の星座が同じ, と定義する.

(a) $R$ が同値関係であることを示せ.

(b) $R$ の各同値類がどのような学生の集合であるかを述べ, 商集合 $A/R$ を求めよ.

(12) $G = (V, E)$ を $n$ 点をもつ非巡回有向グラフとする. このとき, 全点に $v_1, v_2, \dots, v_n$ のように番号を付し, 任意の有向辺 $(v_i, v_j) \in E$ が $i < j$ をみたすようにできることを示せ. さらにそのような番号付けを行うアルゴリズムを具体的に与え, その時間量が多項式オーダーであることを示せ.

(13) 任意の無向グラフ $G = (V, E)$ において, 全点の次数の和は偶数であることを示せ.

(14) 1.5 節の命題式 (1.3) の値が, $p$ と $q$ の任意の値に対し, 常に 1 であることを確かめよ.

(15) 以下に示す命題式の対が等価であることを示せ. (b) と (c) はド・モルガンの法則 (1.1 節の性質 (ix) および第 2 章 2.3 節の性質 (x) 参照) と呼ばれている.

(a) $p \Rightarrow q$ と $\neg p \lor q$.

(b) $\neg(p \lor q)$ と $(\neg p) \land (\neg q)$.

(c) $\neg(p \land q)$ と $(\neg p) \lor (\neg q)$.

(16) 帰納法を用いて以下を証明せよ.

(a) $\sum_{i=1}^{n} i(i+1) = \frac{1}{3}n(n+1)(n+2)$.

(b) $\sum_{i=1}^{n} \frac{1}{i(i+1)} = \frac{n}{n+1}$.

(c) $F_0 = 1$, $F_1 = 1$, $F_n = F_{n-2} + F_{n-1}$ ($n \geq 2$) で定義される数列 (フィ

ボナッチ数列[10]) は次式をみたす.

$$F_n = \frac{1}{\sqrt{5}}\left(\frac{1+\sqrt{5}}{2}\right)^{n+1} - \frac{1}{\sqrt{5}}\left(\frac{1-\sqrt{5}}{2}\right)^{n+1}, \ n = 0, 1, \ldots \quad (1.4)$$

(17) 2つの自然数 $a_0$ と $a_1$ の最大公約数を求めるアルゴリズムであるユークリッドの**互除法**[11] の動作原理である以下の性質を示せ. ただし, $a_0 \geq a_1$ とする.

(a) $a_0$ を $a_1$ で割った商を $q_1$, 余りを $a_2$, すなわち

$$a_0 = a_1 q_1 + a_2, \ 0 \leq a_2 < a_1 \quad (1.5)$$

とする. このとき, $a_0$ と $a_1$ の最大公約数は $a_1$ と $a_2$ の最大公約数に等しい.

(b) 上の手順を反復し, 一般に

$$a_{i-1} = a_i q_i + a_{i+1}, \ 0 \leq a_{i+1} < a_i, \ i = 1, 2, \ldots \quad (1.6)$$

であるとする. このとき, $a_1 > a_2 > a_3 > \cdots \geq 0$ が成立し, ある $i = k$ に対し $a_{k+1} = 0$ となる. この $k$ に対する $a_k$ は $a_0$ と $a_1$ の最大公約数である.

(c) 上の反復において, 一般に $a_{i+2} < a_i/2$ が成立する. したがって, $k+1 \leq 2\lceil \log_2 a_0 \rceil$ [12] をみたすある $k+1$ に対し $a_{k+1} = 0$ を得る. (つまり, (b)のアルゴリズムの反復回数は $O(\log a_0)$ であり, 式 (1.6) は割り算1回の計算なので, 全体の時間量は, 入力長 $\log a_0 + \log a_1$ ($\leq 2\log a_0$) の多項式オーダーである.)

---

[10] 例題 6.13 および 第6章あとの「ひとやすみ」参照.
[11] ユークリッド (Euclid) は紀元前3世紀の著名な数学者. ユークリッドの幾何学はとくに有名. ユークリッドの互除法は歴史上最初のアルゴリズムとされている.
[12] 実数 $x$ に対し, $\lceil x \rceil$ は $x$ を下まわらない最小の整数 (つまり $x$ の切り上げ) を示す. 一方, $\lfloor x \rfloor$ は $x$ を上まわらない最大の整数 ($x$ の切り下げ) を示す記号である.

## ひ・と・や・す・み

### ― 放浪の数学者エルデシュ ―

ハンガリーの生んだ数学者ポール・エルデシュ (Paul Erdös) は 1996 年 9 月 20 日に亡くなった. 83 歳であった. 当時, テレビ番組で彼の生涯が紹介されたり, 関係の書物も出版されたので, 記憶している方も多いに違いない. 天才と狂気は紙一重といわれるが, 彼の生き方は我々凡人とかけ離れていて, この点に話題が集中していたようである.

ハンガリーは, 東欧の小国であるが, 数学には長い伝統をもち, とくに離散数学に強く, 著名な数学者を輩出している. 小学生, 中学生の頃から, 数学の才能をもつ子供を見つけ, 英才教育を与える制度ができている. エルデシュも離散数学を中心に活躍した.

私が初めてエルデシュの名前を知ったのは, 50 年ほども前, カナダのウォーター ルー大学でしばらく過ごす機会を得たときである. そこの客員教授のリストに彼の名前があり, 所属が World となっていた. 無知な私は, そういう名前の会社なのかと考えていたが, しばらくして, この人は有名な数学者であり, まさに「世界」に所属しているのだということを教えてもらった. 彼はどこの大学の教授でもないが, 世界中の大学を気が向くままに自由に訪問し, 数学者たちと議論をするのだという. まもなく, ウォータールー大学にも来られたが, 話に聞いていたとおり, いつもサンダル履きで, 他の人の講演のときは眠っているように見えるのに必ず的確な質問をすることなど, 改めて確認できて, 感激したものである.

エルデシュは自分の講演のとき, 必ず未解決問題を提示することで知られていた. しかもその難度を, この問題は 100 ドルというように, 懸賞金でランク付けするところがユニークで, 若い研究者たちは競って彼の問題に挑戦したのである. 彼は通常の意味の生活能力をもたない人で, 家計の管理ができないとか, 冷蔵庫や洗濯機の使い方がわからないとか, 昼と夜の区別がないとか, いろいろな逸話が語られている. 要は能力のすべてが数学に捧げられたということであろう. ワルシャワでの学会を終えて, つぎの会議へ行く途中で亡くなったそうであるが, ある意味で大変幸せな人生を送り, ハンガリーのすべての人たちに (もちろん世界中の数学者たちにも) 愛されつつ生涯を終えたのである.

第 **2** 章

# 論理関数とその応用

　1.5 節で述べたように, 命題論理の命題 $p$ は偽 (0) と真 (1) の 2 値をとる変数と見なすことができる. 本章では, $n$ 個の 0 -1 変数 $x_1, x_2, \ldots, x_n$ をもち, 0 あるいは 1 の値をとる関数 $f : \{0, 1\}^n \to \{0, 1\}$ を考える. 各変数は論理変数 (logic variable), 関数 $f$ は論理関数 (logic function), あるいはブール関数 (Boolean function) [*1] と呼ばれる. 論理関数は, コンピュータなどのディジタル機器の論理設計, あるいは世の中のさまざまな現象の論理的記述などに幅広い応用をもつ. 以下では, 論理関数を表現する論理式の簡単化と充足可能性問題のアルゴリズムを中心に考察する. 後者は複数の条件を記述した論理式に対して解の存在を判定する問題で, 実用上広い応用をもつ.

## 2.1　論理関数の表現

　**真理値表とカルノー図**　　論理関数 $f$ の定義域 $\{0, 1\}^n$ は有限集合であるので, 定義域の要素である $n$ 次元 0 -1 ベクトル $x = (x_1, x_2, \ldots, x_n)$ に対する関数値を明記すれば $f$ を定義できる. $f(x) = 1$ をみたす 0 -1 ベクトル $x \in \{0, 1\}^n$ を真ベクトル (true vector), $f(x) = 0$ をみたすものを偽ベクトル (false vector) という. $f$ の真ベクトルの集合を $T(f)$, 偽ベクトルの集合を $F(f)$ と記す.

　たとえば, 表 2.1 は $n = 3$ の場合の 1 つの論理関数を与えており, $f$ の真理値表 (truth table) という. このとき各ベクトル $x$ は $n$ 次元座標上の超立方体の頂点になっている. この $n = 3$ の例では, $T(f) = \{(010), (100), (101), (110), (111)\}$,

---

[*1] 19 世紀の数学者 ブール (G. Boole) に由来.

**表 2.1** 論理関数 $f$ の真理値表

| $x_1$ $x_2$ $x_3$ | $f$ |
|---|---|
| 0 0 0 | 0 |
| 0 0 1 | 0 |
| 0 1 0 | 1 |
| 0 1 1 | 0 |
| 1 0 0 | 1 |
| 1 0 1 | 1 |
| 1 1 0 | 1 |
| 1 1 1 | 1 |

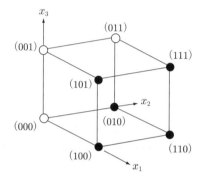

**図 2.1** 3 次元立方体による論理関数 $f$ の図示

$F(f) = \{(000), (001), (011)\}$ である. 真ベクトル (偽ベクトル) の頂点を黒く (白く) 塗ると, 図 2.1 が得られる.

また, $\{0, 1\}^n$ の要素を図 2.2 のように並べ, 対応するセル (区画) に関数値を記したものを $f$ のカルノー図 (Karnaugh diagram) という[*2]. すなわち, $x_i$ の中カッコで指定された列 (あるいは行) は $x_i$ の値が 1 であること, それから外れた列 (あるいは行) は $x_i$ が 0 であることを意味する. その結果, 各セルの $x_1, x_2, x_3$ の値が定まり, そのセルに対応する関数値 $f(x_1, x_2, x_3)$ が書かれる. 図 2.2(a) は真理値表 2.1 の $f$ のカルノー図である. さらに, 図 2.2(b) はカルノー図の一般的構成法を $n = 4$ の場合について示したものである. 16 個のセル $f_k$ には 10 進数 $k$ の 2 進数展開 (たとえば, $k = 13$ ならば (1101), $k = 6$ ならば (0110)) で得ら

---

[*2] 提案者 カルノー (M. Karnaugh) に因んだ名前.

れる 0-1 ベクトルに対する関数値が記入される. カルノー図は小さな $n$ にしか使えないが, 論理関数の直感的な理解に便利である.

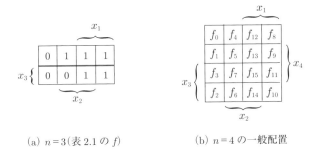

(a) $n=3$(表 2.1 の $f$)　　　　(b) $n=4$ の一般配置

**図 2.2**　論理関数のカルノー図

**論理式による表現**　　つぎに, 1.5 節で導入した演算 $\vee$ (論理和), $\wedge$ (論理積) および $\neg$ (否定) を用いて, 任意の論理関数を記述できることを示す. ただし, 記号をコンパクトにして, 論理積 $x \wedge y$ を $x \cdot y$ あるいは $xy$ のように書き, また, 否定 $\neg x$ を $\bar{x}$ のように記す. これら演算の定義は命題論理として 1.5 節で与えたが, 関数 $f = x \vee y$, $f = xy$, $f = \bar{x}$ を改めて図 2.3 のカルノー図に示しておこう.

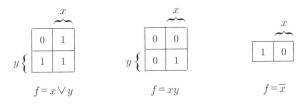

$f = x \vee y$　　　　　　$f = xy$　　　　　　$f = \bar{x}$

**図 2.3**　演算 $\vee, \wedge, {}^{-}$ のカルノー図

変数 $x$ に対し, $x$ と $\bar{x}$ をリテラル (literal) という. $x$ を肯定リテラル, $\bar{x}$ を否定リテラルと区別することもある. 個々の 0-1 ベクトルに対応して, その要素 $x_i$ の値が 1 であれば $x_i$, $x_i = 0$ であれば $\bar{x}_i$ を対応させ, $n$ 個のリテラルの論理積を作る. たとえば, (010) に対しては $\bar{x}_1 x_2 \bar{x}_3$, (110) に対しては $x_1 x_2 \bar{x}_3$ である. $f$ の真ベクトルに対するこれらの論理積を $f$ の**最小項** (minterm) という. 表 2.1 の $f$ の最小項はつぎの 5 個である.

$$\bar{x}_1 x_2 \bar{x}_3, \quad x_1 \bar{x}_2 \bar{x}_3, \quad x_1 \bar{x}_2 x_3, \quad x_1 x_2 \bar{x}_3, \quad x_1 x_2 x_3.$$

各最小項は, その元となった 0-1 ベクトルに対して値 1 となるが, それ以外に対してはすべて値 0 をとる. そこで, これらの最小項の論理和をとると, 次式を得る[*3].

$$f = \bar{x}_1 x_2 \bar{x}_3 \vee x_1 \bar{x}_2 \bar{x}_3 \vee x_1 \bar{x}_2 x_3 \vee x_1 x_2 \bar{x}_3 \vee x_1 x_2 x_3. \tag{2.1}$$

すなわち, $f$ は最小項の少なくとも 1 つが値 1 であれば 1 という値をとり, すべての最小項の値が 0 であれば値 0 をとる. その結果, 式 (2.1) は表 2.1 の $f$ を正確に表現していることがわかる.

この議論は任意の論理関数に適用でき, つぎの結論を得る.

[論理式による表現] 任意の論理関数は, 論理変数に論理和, 論理積および否定を用いた論理式で表現できる.

しかし, $f$ の論理式による表現は 1 つだけではない. たとえば, 式 (2.1) の $f$ は

$$f = x_1 \vee x_2 \bar{x}_3 \tag{2.2}$$

という簡単な式で書くこともできる. (8 個の 3 次元 0-1 ベクトルのすべてについて $f$ の値を計算すると, 式 (2.1) と式 (2.2) の $f$ が一致することを確認できよう.) このような論理式の簡単化については 2.3 節で扱う.

なお, 論理式の表記には, 演算の適用順序に優先順位を付けて, カッコを節約した見やすい表現を用いる. 順位は, 高いものから, 否定, 論理積, 論理和の順で, たとえば式 (2.2) にカッコを付して順位を明示すると $x_1 \vee (x_2(\bar{x}_3))$ である.

## 2.2 論理回路への応用

コンピュータなどのディジタル機器の内部では, 数字やデータはすべて 0 と 1 を要素とする記号で表現され, 論理回路によって処理されている. これらの論理回路の記述や設計には論理関数の知識が不可欠である. 以下, 加算器を例にとって, 論理関数がどのように利用されるかを説明してみよう.

---

[*3] 厳密には, このような記述には注意が必要である. 右辺は論理式であり, 左辺の $f$ はその論理式が表す関数である. 本書では, 混乱のない場合は両者を厳密に区別せず, このような記述をしばしば用いる.

**2進加算器**　　表 2.2 は 6 桁の 2 進数 $x = (010110)$ と $y = (011011)$ の足し算の様子を示したものである. ただし, $x = (x_6, x_5, \ldots, x_1)$ では右側に 2 進数の最小桁, 左側に最大桁がくる. ベクトル $c$ は各桁での桁上げの有無を示し, 足し算の結果は $z$ に置かれる. $c$ と $z$ は入力ベクトル $x$ と $y$ から計算される.

表 **2.2**　2 進数 $x$ と $y$ の足し算

| $i$ | 6 | 5 | 4 | 3 | 2 | 1 |
|---|---|---|---|---|---|---|
| $x_i$ | 0 | 1 | 0 | 1 | 1 | 0 |
| $y_i$ | 0 | 1 | 1 | 0 | 1 | 1 |
| $c_i$ | 0 | 1 | 1 | 1 | 1 | 0 |
| $z_i$ | 1 | 1 | 0 | 0 | 0 | 1 |

この足し算の計算において, 第 $i$ 桁の $c_i$ と $z_i$ に着目すると, 2 進数の足し算の規則から, 次式が得られる. ただし, 便宜上 $c_0 = 0$ と定めている.

$$c_i = x_i y_i \vee y_i c_{i-1} \vee x_i c_{i-1} \tag{2.3}$$

（$x_i, y_i, c_{i-1}$ の 2 個以上が 1 ならば $c_i = 1$, さもなければ $c_i = 0$）,

$$z_i = x_i y_i c_{i-1} \vee x_i \bar{y_i} \bar{c}_{i-1} \vee \bar{x}_i y_i \bar{c}_{i-1} \vee \bar{x}_i \bar{y_i} c_{i-1} \tag{2.4}$$

（$x_i, y_i, c_{i-1}$ のうち奇数個が 1 ならば $z_i = 1$, 偶数個ならば $z_i = 0$）.

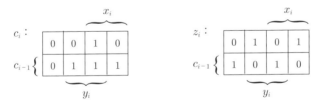

図 **2.4**　$c_i$ と $z_i$ のカルノー図

図 2.4 は, これら $c_i$ と $z_i$ のカルノー図である. その結果, 第 $i$ 桁の $c_i$ と $z_i$ を計算する論理回路をこれらに基づいて作れば, それらを直列接続することによって, 図 2.5 のような $n$ 桁の加算器が完成する.

**MOSFET による論理回路**　　論理回路を実現する電子素子は種々のものがあるが, 現在最も広く用いられているのはシリコンチップの表面を加工して作ら

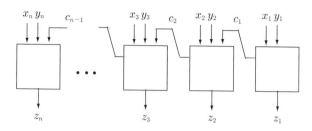

**図 2.5** $n$ 桁の 2 進加算器

れた**金属酸化物半導体電界効果トランジスタ** (metal oxide semiconductor field effect transistor), 略して MOSFET である. その動作を図 2.6 を用いて簡単に説明する. 図 (a) は 1 つの MOSFET である. 外部から加えられる電圧 $x$ が高いと上端と下端は導通状態 (抵抗値減少) になるが, $x$ が低いと遮断状態 (抵抗値増大) になる. したがって, たとえば高電圧を 1, 低電圧を 0 に対応させれば, $x$ の論理値によって MOSFET の動作を制御できるわけである.

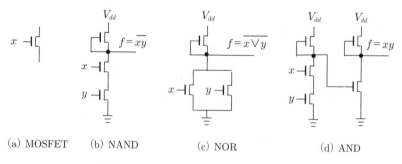

(a) MOSFET    (b) NAND      (c) NOR      (d) AND

**図 2.6** MOSFET による論理関数の実現

図 2.6(b) は 3 つの MOSFET を用いた回路の一例である. $V_{dd}$ は電源を示し, その下の MOSFET は 1 つの抵抗器として動作する. その下に入力 $x$ と $y$ の 2 つの MOSFET があるが, 両方が導通状態 (つまり, $x = y = 1$) のとき出力 $f$ の電圧は下がり, $f = 0$ を表す. それ以外では $f$ の電圧は高く, $f = 1$ である. すなわち, 同図 (b) の出力値 $f$ は $\overline{(xy)}$ (NAND) という論理関数を表している. 同様に, 図 2.6(c) は $x$ と $y$ の少なくとも一方が導通状態のとき $f$ は低電圧となるので, $f = \overline{x \vee y}$ (NOR) を実現する. これらは互いに接続することができて, 同図 (d)

では $\overline{(xy)}$ を右側の回路に入力しているので, それが反転され, $f = xy$ (AND) が実現される.

**論理ゲートによる論理回路の実現**　基本的な演算である論理積, 論理和, 否定などを実現する回路を論理ゲート (logic gate) と呼び, それぞれ AND, OR, NOT ゲートという. これらを図 2.7 のようなシンボルで示す. 論理ゲートを MOSFET で実現する場合, たとえば AND ゲートの内部は, 図 2.6(d) のようになっているわけである. 図 2.7 のゲートの入力数は 1 あるいは 2 であるが, 多変数の論理積や論理和も 2 変数のゲートを組み合わせて実現できる. たとえば, 図 2.8 は 4 変数の論理和を実現している. その結果, AND, OR ゲートに 3 本以上の入力を許すことにする. 図 2.6 の NAND や NOR は, 練習問題 (1) に示すように, そのタイプ 1 つを組み合わせて任意の論理関数を実現できるという性質があり, しかも MOSFET として AND や OR より簡単なので, 実用上重要な論理ゲートである.

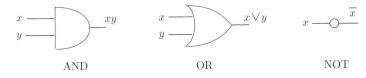

**図 2.7**　論理ゲート

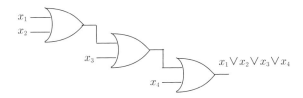

**図 2.8**　多変数の論理和の実現

一例として, 図 2.9 のように論理ゲートを接続すると, 式 (2.3) の桁上げ $c_i$ が実現される.

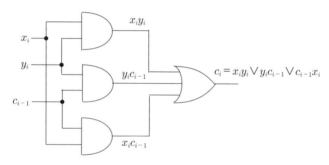

**図 2.9** 桁上げ $c_i$ の論理回路

## 2.3 論理式と簡単化

**基本的な性質**　論理変数 $x, y, z$ と論理和 $\vee$, 論理積 $\wedge$ ($\cdot$ あるいは省略することも多い), 否定 $\bar{\ }$ の演算は以下の性質をもつ. ただし, 等号 $=$ は左辺と右辺が論理関数として等しいことを示している.

(i) **べき等法則**: $x \vee x = x$,　$xx = x$,

(ii) **交換法則**: $x \vee y = y \vee x$,　$xy = yx$,

(iii) **結合法則**: $x \vee (y \vee z) = (x \vee y) \vee z$,　$x(yz) = (xy)z$,

(iv) **吸収法則**: $x \vee xy = x$,　$x(x \vee y) = x$,

(v) **分配法則**: $x(y \vee z) = xy \vee xz$,　$x \vee yz = (x \vee y)(x \vee z)$,

(vi) **2重否定**: $\bar{\bar{x}} = x$,

(vii) **相補法則**: $x \vee \bar{x} = 1$,　$x\bar{x} = 0$,

(viii) **単位元**: $x \vee 0 = x$,　$x1 = x$,

(ix) **零元**: $x \vee 1 = 1$,　$x0 = 0$,

(x) **ド・モルガンの法則**: $\overline{(x \vee y)} = \bar{x}\bar{y}$,　$\overline{(xy)} = \bar{x} \vee \bar{y}$.

これらの性質は, 実は 1.1 節の集合演算のところで述べた性質 (i)～(ix) に対応している (順番は若干異なる). 論理変数 (命題) $x$ を, 普遍集合の中で $x = 1$ となる部分集合を表すと考え, $\vee$ と $\cup$, $\wedge$ と $\cap$, 否定と補集合, 定数 1 と普遍集合, 定数 0 と空集合, などを対応させると, 上の性質を集合演算として解釈できる. もちろん, これらの性質は, 論理演算の定義に基づいて直接的に証明することもでき

る. すなわち, 変数 $x, y, z$ のそれぞれに 0 および 1 の値を代入し, すべての場合について, 両辺の値が等しくなることを確かめればよい. たとえば, ド・モルガンの法則の 1 つ $\overline{(x \vee y)} = \bar{x}\bar{y}$ は表 2.3 のように, $x$ と $y$ のすべての値の組み合わせに対し両辺が等しくなることから, 正しいことが証明される.

表 2.3　ド・モルガンの法則の検証

| $x$ | $y$ | $x \vee y$ | $\overline{x \vee y}$ | $\bar{x}$ | $\bar{y}$ | $\bar{x}\bar{y}$ |
|---|---|---|---|---|---|---|
| 0 | 0 | 0 | 1 | 1 | 1 | 1 |
| 0 | 1 | 1 | 0 | 1 | 0 | 0 |
| 1 | 0 | 1 | 0 | 0 | 1 | 0 |
| 1 | 1 | 1 | 0 | 0 | 0 | 0 |

　なお, 論理式自身も 0 あるいは 1 の 2 値をとるので, 性質 (i) 〜 (x) の変数のところへ論理式を代入して, 議論を一般化できる. たとえば, ド・モルガンの法則 $\overline{(x \vee y)} = \bar{x}\bar{y}$ に $y = u \vee v$ を代入すると

$$\overline{(x \vee u \vee v)} = \overline{(x \vee (u \vee v))} \text{ (結合法則)}$$
$$= \bar{x}\overline{(u \vee v)} \text{ (ド・モルガンの法則)}$$
$$= \bar{x}(\bar{u}\bar{v}) \text{ (ド・モルガンの法則)} = \bar{x}\bar{u}\bar{v} \text{ (結合法則)}$$

となり, 3 変数 $x, u, v$ のド・モルガンの法則が得られる. このように, ド・モルガンの法則は任意個数の変数に一般化でき, さらに任意の関数 $f, g$ に対する関係

$$\overline{(f \vee g)} = \bar{f}\bar{g}, \quad \overline{(fg)} = \bar{f} \vee \bar{g}$$

も成立する[*4]. また, 吸収法則 $x \vee xy = x$ において, $x$ と $y$ に適当な論理式を代入すると

$$xz \vee xyz = xz, \quad x \vee xyz = x, \quad \ldots$$

など, より一般的な等式が得られる. 他の性質についても同様である.

　**論理式の簡単化**　　性質 (i) 〜 (x) およびそれらから導出されるいろいろな性

---

[*4] したがって, 上記の 10 の性質では, 変数 $x, y, z$ でなく, 任意の論理式を表す記号を用いるのがより一般的である. 本書では, わかりやすさを優先して, 上のように書いた.

質を利用すると，論理式は次々と変形され，簡単化できる場合がある．たとえば，式 (2.1) の $f$ を変形すると

$$f = \bar{x}_1 x_2 \bar{x}_3 \vee x_1 \bar{x}_2 \bar{x}_3 \vee x_1 \bar{x}_2 x_3 \vee x_1 x_2 \bar{x}_3 \vee x_1 x_2 x_3$$

$$= (\bar{x}_1 \vee x_1) x_2 \bar{x}_3 \vee (\bar{x}_2 \vee x_2) x_1 \bar{x}_3 \vee (\bar{x}_2 \vee x_2) x_1 x_3$$

$$\text{(交換法則，分配法則，べき等法則)}$$

$$= x_2 \bar{x}_3 \vee x_1 \bar{x}_3 \vee x_1 x_3 \text{ (相補法則，単位元)}$$

$$= x_2 \bar{x}_3 \vee x_1 (x_3 \vee \bar{x}_3) \text{ (分配法則)}$$

$$= x_2 \bar{x}_3 \vee x_1 \text{ (相補法則，単位元)} = x_1 \vee x_2 \bar{x}_3 \text{ (交換法則)}$$

のように，式 (2.2) を得ることができる．

### 2.3.1　論理和形の簡単化

いくつかのリテラルの論理積を項 (term) あるいは積項 (product term) という．ただし，同じ変数の 2 つの異なるリテラルが同時に含まれることはない (両者の積は 0 になるから)．$x_1$, $x_1 x_3$, $x_1 \bar{x}_2 x_3$, $\bar{x}_3$ などは項の例である．2 つの論理関数 $f(x)$ と $g(x)$ が，$g(a) = 1$ をみたすすべての 0-1 ベクトル $a$ に対し $f(a) = 1$ という性質をもつとき (すなわち，$T(g) \subseteq T(f)$ のとき)，$g \Rightarrow f$ と記す．

なお，$\Rightarrow$ は 1.5 節で用いた含意であって，つぎのように言い換えることができる．

[含意]　$g \Rightarrow f$ の必要十分条件は $g \vee f = f$ が成立すること．　　　(2.5)

[証明]　必要性．$g \Rightarrow f$ のとき $g \vee f = f$ をいえばよい．論理和の定義より，$a \in \{0, 1\}^n$ に対し $f(a) = 1$ ならば $(g \vee f)(a) = g(a) \vee f(a) = 1$ が成立する．一方，$f(a) = 0$ ならば，$g \Rightarrow f$ より $g(a) = 0$ が導かれるので $g(a) \vee f(a) = 0 \vee 0 = 0$ である．したがって，任意の $a$ に対し $(g \vee f)(a) = f(a)$，つまり $g \vee f = f$ である．

つぎに十分性を示すため，$g \vee f = f$ を仮定する．これは，$a \in \{0, 1\}^n$ に対し $f(a) = 0$ のとき，$g(a) \vee f(a) = 0$，つまり $g(a) = 0$ が成立することを意味する．この対偶をとると，$g(a) = 1$ ならば $f(a) = 1$，すなわち $g \Rightarrow f$ である．　　　□

任意の項 $\alpha$ は 1 つの関数でもあるから，$\alpha \Rightarrow f$ などの記法は意味をもつ．$\alpha \Rightarrow f$ が成立するとき (つまり $\alpha \vee f = f$)，$\alpha$ は $f$ の 内項 (implicant) であるという．$\alpha, \beta, \ldots, \gamma$ を $f$ の内項とするとき，その論理和は

$$\alpha \vee \beta \vee \cdots \vee \gamma \Rightarrow f$$

という性質をもつ. 証明は, $\alpha \vee f = f$ などを用いて

$$(\alpha \vee \beta \vee \cdots \vee \gamma) \vee f = (\beta \vee \cdots \vee \gamma) \vee f = \cdots = \gamma \vee f = f$$

のように示すことができる.

$f$ の内項 $\alpha, \beta, \ldots, \gamma$ をいくつか集めて $f = \alpha \vee \beta \vee \cdots \vee \gamma$ と書けるとき, これを $f$ の**論理和形** (sum of products, disjunctive normal form (DNF)) という. すでに述べた式 (2.1) と式 (2.2) は表 2.1 の関数 $f$ の論理和形であって, このことからわかるように論理和形は一意に定まるものではない. 特別な論理和形として, 式 (2.1) のような $f$ のすべての最小項の論理和を**論理和標準形** (canonical DNF) と呼ぶ. しかし, 実用上, できるだけ簡単な論理和形が望ましいので, そのために開発された組織的な手順を以下に紹介する.

**内項の判定法** $\alpha$ が $f$ の内項であるかどうかの判定は, いろいろな文脈で要求される. すべてのベクトル $x \in \{0,1\}^n$ についてチェックすればもちろん可能であるが, より簡単な, 論理式の処理による方法と, カルノー図による方法を説明しておこう. 前者の説明のため, 式 (2.5) の条件が

$$(\alpha \vee f = f) \Rightarrow ((\alpha \vee f)\alpha = f\alpha) \Rightarrow (\alpha \vee f\alpha = f\alpha) \Rightarrow (\alpha = f\alpha)$$

となることに注意する. 式の変形には, べき等法則, 分配法則, 吸収法則などを使っている. 同様の議論で逆方向, 最後の等式から最初の等式を示すこともできるので

$$(\alpha \vee f = f) \Leftrightarrow (\alpha = f\alpha) \tag{2.6}$$

が成立する. 場合によっては, 右辺の条件の方が扱いやすい.

たとえば, 式 (2.1) の表現をもつ $f$ に対し, 式 (2.2) の $\alpha = x_2\bar{x}_3$ が内項であることは, 相補法則などを使ってつぎのように変形すれば結論できる.

$$f\alpha = (\bar{x}_1 x_2 \bar{x}_3 \vee x_1 \bar{x}_2 \bar{x}_3 \vee x_1 \bar{x}_2 x_3 \vee x_1 x_2 \bar{x}_3 \vee x_1 x_2 x_3)x_2\bar{x}_3$$
$$= \bar{x}_1 x_2 \bar{x}_3 \vee x_1 x_2 \bar{x}_3 = (\bar{x}_1 \vee x_1)x_2\bar{x}_3 = x_2\bar{x}_3 = \alpha. \tag{2.7}$$

上記の議論をカルノー図 (2.1 節) を用いて改めて説明してみよう. 図 2.10(a) の 4 変数カルノー図において, 各セルに関数値 0 か 1 を書いて $f$ を定義する. 1 つの

項 $\alpha$ が与えられたとき, それを関数とみて, その真ベクトル集合 $T(\alpha)$ の領域を考える. その領域のすべてのセルにおいて $f$ の値が 1 であれば, 定義から, $\alpha$ は $f$ の内項である. 例として, 図 2.10(a) では, 項 $x_1 x_2$, $x_1 x_4$, $x_3 \bar{x}_4$, $x_2 \bar{x}_3 x_4$, $x_1 x_2 \bar{x}_3 \bar{x}_4$ の真ベクトル領域がそれぞれ示されているが, すべて内項であることがわかる.

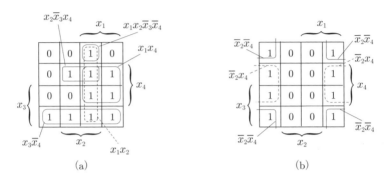

**図 2.10** カルノー図上の内項

1 つの項 $\alpha$ の $T(\alpha)$ の領域が, カルノー図においてどのような形をしているかを見ておこう. ベクトル $a \in \{0,1\}^n$ は, $\alpha$ の全リテラルの値に合っていさえすれば (リテラルが $x_i$ ならば $a_i = 1$, $\bar{x}_i$ ならば $a_i = 0$), それ以外の変数については 0 と 1 のどちらであっても $T(\alpha)$ に入る. たとえば, 図 2.10(a) の $\alpha = x_3 \bar{x}_4$ という項を考えると, $a_3 = 1$, $a_4 = 0$ をみたす $a = (0010), (0110), (1010), (1110)$ が $T(\alpha)$ を与える. これらを一般化して解釈すると, 1 つの項 $\alpha$ の $T(\alpha)$ が作る領域は, 自由な形をとることはできず, つぎの性質がある.

1. $T(\alpha)$ のセルは互いに隣接し, 長方形の領域を作る.

2. $T(\alpha)$ のセルの個数は 2 のべき乗 $|T(\alpha)| = 2^{n-|\alpha|}$ である. ただし, $|\alpha|$ は $\alpha$ に含まれるリテラルの個数である.

なお, カルノー図では左端と右端, また上端と下端はそれぞれ反対側と連続していると見なすので, 1 つの長方形がいくつかの部分領域に分散して示されることもある. 図 2.10(b) はそのような例である.

**主項論理和形** $\alpha$ を論理関数 $f$ の内項とする. $\alpha$ からどのリテラルを除いても得られる項 $\alpha'$ がもはや $f$ の内項ではないとき $\alpha$ を $f$ の**主項** (prime implicant)

と呼ぶ. すなわち, それより短くすることはできない内項のことである.

　例として, 式 (2.1) (および式 (2.2)) の $f$ に対し, $x_2\bar{x}_3$ が内項であることは式 (2.7) で示した. つぎに, $x_2\bar{x}_3$ からリテラルを 1 つ除いて得られる項 $x_2$ と $\bar{x}_3$ はどちらも $f$ の内項ではない. たとえば $x_2$ については, (011) は $x_2$ の値を 1 にするが, $f(011) = 0$ となるので内項ではない. (もちろん, 式 (2.6) を用いて $x_2 \neq x_2 f$ を示してもよい.) $\bar{x}_3$ についても同様に示せる.

　$f$ の任意の論理和形が与えられたとき, その 1 つの内項 $\alpha$ に着目し, 内項という性質を保ちつつ, $\alpha$ から可能な限りリテラルを除去していくと, 主項 $\beta$ が得られる. (リテラルを除去する順序によって得られる主項は一般に異なる.) この論理和形において $\alpha$ を $\beta$ に置きかえても, 得られる式は $f$ を表現しているので (練習問題 (2)), これも $f$ の論理和形である. この手順を可能な限り適用すると, 主項のみからなる論理和形が得られる. そのような論理和形を**主項論理和形** (prime DNF) と呼ぶ. すなわち,

　　[主項論理和形]　すべての論理関数は主項論理和形をもつ.

　主項論理和形は, 式 (2.1) のような最小項による表現に比べると, より短い項によって $f$ を表現しているので, 簡単化の意味で一歩進んだものである. この関数の例では式 (2.2) が主項論理和形の 1 つである.

　しかし, 主項論理和形は一意的に決まるものではない. そこで, 簡単化の出発点として, すべての主項を生成しそれらの論理和形を作る. これを**完全主項論理和形** (complete prime DNF) という. そこから冗長な主項を除いて, 短い表現を求めるというのが, この後の方針である.

　**共有項による主項の生成**　　2 つの項から共有項と呼ばれる新しい項を作る操作を導入し, この操作を反復適用すればすべての主項を生成できることを示す.

　　[共有項]　2 つの項 $\alpha$ と $\beta$ がある変数 $x$ を用いて $\alpha = x\alpha'$ および $\beta = \bar{x}\beta'$ と書かれるとする. このとき $\alpha'\beta' \neq 0$ ならば, $\alpha'\beta'$ から重複したリテラルを除いたものを $\alpha$ と $\beta$ の**共有項** (consensus, コンセンサス) という.

　たとえば, $\alpha = x_1\bar{x}_2x_3$ と $\beta = x_2x_3x_5$ は, $\alpha' = x_1x_3$ と $\beta' = x_3x_5$ とおけば

$\alpha = \bar{x}_2\alpha'$ と $\beta = x_2\beta'$ と書けるので, 共有項は $\gamma = x_1x_3x_5$ である. $\alpha'$ と $\beta'$ の一方は空であることも許し, たとえば $\alpha = x_3$ と $\beta = x_2\bar{x}_3\bar{x}_4$ の共有項は $\gamma = x_2\bar{x}_4$ である. また, 特別な場合として, $\alpha'$ と $\beta'$ の一方に $y$, 他方に $\bar{y}$ として現れる変数 $y$ が存在すると $\alpha'\beta'$ は相補法則によって $0$ となる. たとえば, $\alpha = x_1\bar{x}_2x_3$ と $\beta = \bar{x}_1x_2x_4$ から $x_1$ を用いて $\alpha'\beta'$ を作ると, $\alpha'\beta' = x_2\bar{x}_2x_3x_4 = 0$ である. この場合, $\alpha'\beta'$ は定義によって共有項ではない.

項 $\alpha$ と $\beta$ の共有項が $\gamma$ であるとき

$$\alpha \vee \beta \vee \gamma = \alpha \vee \beta \tag{2.8}$$

が成立する. つまり, $\gamma \Rightarrow \alpha \vee \beta$ である.

[証明] 一般性を失うことなく, $\alpha = x\alpha'$, $\beta = \bar{x}\beta'$, $\gamma = \alpha'\beta'$ とする. $\gamma$ などを関数と見なし, ある $a \in \{0,1\}^n$ に対し $\gamma(a) = 1$ であるとする. 簡単のため, $a$ の $x$ 要素が $1$ の場合を考える. ($0$ の場合は, 以下の議論で $\alpha$ と $\beta$ の役割を交換する.) 定義より $\alpha'$ は $\gamma$ の部分項 (subterm) である (つまり, $\alpha'$ のすべてのリテラルは $\gamma$ にも含まれている). したがって, 2.3 節の吸収法則を一般化して適用すると

$$\alpha' = \alpha' \vee \gamma$$

を得る. 含意の性質 (式 (2.5)) によって $\gamma \Rightarrow \alpha'$ であるから, 仮定 $\gamma(a) = 1$ から $\alpha'(a) = 1$ が結論される. さらに $a$ において $x = 1$ を仮定しているので, $\alpha(a) = x\alpha'(a) = \alpha'(a) = 1$ である. つまり $(\alpha \vee \beta)(a) = 1$ となり, $\gamma \Rightarrow \alpha \vee \beta$ が示された. □

**すべての主項の生成** $f$ の論理和形が与えられたとき, 共有項 $\gamma$ を加えても, 式 (2.8) によって, $f$ の論理和形であるという性質は変化しない. つぎに, 新しい論理和形の任意の 2 項 $\alpha$ と $\beta$ を考えるとき, $\beta$ が $\alpha$ の部分項であるならば, 吸収法則によって $\alpha \vee \beta = \beta$ が成立するので, 長い方の $\alpha$ を除いてもやはり $f$ を表現している. 下のアルゴリズムは, 以上の手順を可能な限り反復するものであって, 最終的に $f$ の完全主項論理和形を得ることができる.

---

アルゴリズム PRIME_DNF

入力：論理関数 $f$ の論理和形 (一般性を失うことなく, どの項も他の項の部分項ではないとする).

出力： $f$ の完全主項論理和形.

1. 入力された $f$ の論理和形から始める.
2. 現在の論理和形の中にまだテストしていない項の対が存在すれば, その 1 つ $\alpha$ と $\beta$ を選ぶ. そのような対が存在しなければ計算終了.
(a) $\alpha$ と $\beta$ の共有項 $\gamma$ を作る. このとき, 共有項が存在しないか, あるいは元の論理和形の項 $\gamma'$ で $\gamma$ の部分項 ($\gamma$ に等しい場合も含む) であるものが存在すれば, そのまま 2. へ戻る.
(b) $\gamma$ を論理和形に加える. 論理和形の中に $\gamma$ を部分項とする項 $\delta$ が存在すれば, そのような $\delta$ はすべて除く. 2. へ戻る.

【例題 2.1】 PRIME_DNF をつぎの論理和形から始める.

$$f = x_1 x_4 \vee \bar{x}_1 \bar{x}_4 \vee \bar{x}_2 \bar{x}_4 \vee x_2 x_3 \bar{x}_4 \vee x_1 \bar{x}_2 x_3. \tag{2.9}$$

ステップ 2 では, $x_1 x_4$ と $\bar{x}_1 \bar{x}_4$ は共有項を作らないので, まず $\alpha = x_1 x_4$ と $\beta = \bar{x}_2 \bar{x}_4$ を選ぶ. ステップ 2(a) で共有項 $\gamma = x_1 \bar{x}_2$ を作ると, これは $x_1 \bar{x}_2 x_3$ の部分項であるので, 後者を論理和形から除く (ステップ 2(b)).

$$f = x_1 x_4 \vee \bar{x}_1 \bar{x}_4 \vee \bar{x}_2 \bar{x}_4 \vee x_2 x_3 \bar{x}_4 \vee x_1 \bar{x}_2.$$

以下, ステップ 2 を反復し

$\alpha = \bar{x}_2 \bar{x}_4$ と $\beta = x_2 x_3 \bar{x}_4$ の共有項 $\gamma = x_3 \bar{x}_4$,
$\alpha = x_1 x_4$ と $\beta = x_3 \bar{x}_4$ の共有項 $\gamma = x_1 x_3$,

を作り, 論理和形に加える. この間, $x_2 x_3 \bar{x}_4$ は $x_3 \bar{x}_4$ を部分項とするので除去される. この時点で, 新しい共有項を生成する項の対はなくなり, 計算は終了する. 得られた

$$f = x_1 x_4 \vee \bar{x}_1 \bar{x}_4 \vee \bar{x}_2 \bar{x}_4 \vee x_1 \bar{x}_2 \vee x_3 \bar{x}_4 \vee x_1 x_3 \tag{2.10}$$

は完全主項論理和形である.

[完全主項論理和形が得られることの証明]　すでに述べたように, 他の項を部分項としてもつ項は主項ではないので, ステップ 2(a) および 2(b) によってそれを除いてもよい. その結果, 同じ項が複数個残ることはなく, 可能な項の数が有限であることから, ステップ 2 の反復は必ず計算終了に至る. 結局, まだ生成されていない主項が存在する限り, ステップ 2(a) の共有項の生成が続くことを示せば, PRIME_DNF によって完全主項論理和形が得られることが証明される.

さて, アルゴリズムのある時点の論理和形を考え, 主項 $\delta$ がまだ生成されていないと仮定しよう. $\delta$ は主項であるから, 現在の論理和形のどの項も $\delta$ の部分項ではない. そこで, $\delta$ を部分項としてもつが, 論理和形のどの項をも部分項としてもたないという性質をもつ $f$ の内項の中で最長のもの (最も多くのリテラルをもつもの) を考え, その 1 つを $\lambda$ とする ($\lambda = \delta$ もあり得る). この $\lambda$ がすべての変数のリテラルをもつとすると, $\lambda$ は $f$ の最小項であって, 現在の論理和形が $f$ を表現していることから, そのどれかの項を部分項とするので仮定に反する. したがって, $\lambda$ に含まれない変数の 1 つ $x$ を選び, 項 $x\lambda$ と $\bar{x}\lambda$ を考える. $\lambda$ が内項であることから, $x\lambda$ と $\bar{x}\lambda$ はともに $f$ の内項であり, $\lambda$ の最長性の仮定を考えると, それぞれ論理和形の中のある項 $\alpha$ と $\beta$ を部分項とする. $\alpha$ と $\beta$ の一方は $x$ をリテラルとしてもち, 他方は $\bar{x}$ をリテラルとしてもつので (そうでなければ $\alpha$ あるいは $\beta$ は $\lambda$ の部分項となってしまい矛盾), $\alpha = x\alpha', \beta = \bar{x}\beta'$ として一般性を失わない. その共有項 $\gamma = \alpha'\beta'$ を考えると, $\alpha'$ と $\beta'$ はどちらも $\lambda$ の部分項なので, $\gamma$ も $\lambda$ の部分項である. $\lambda$ は現在の論理和形のどの項も部分項とはしないと仮定していたから, ($\lambda$ より短い) $\gamma$ も同じ性質をもつ. すなわち, アルゴリズムのステップ 2(a) と 2(b) によって, 新しい共有項 $\gamma$ が論理和形に加えられることになり, 計算はさらに進行する. 以上で証明は完了する. □

**カルノー図による説明**　主項の定義をカルノー図で解釈してみよう. 主項は他のどの内項も部分項としてもたないことから, 主項 $\alpha$ の領域 $T(\alpha)$ は, 他の内項 $\beta$ の領域 $T(\beta)$ に含まれることはない. 先の図 2.10(a) では, たとえば内項 $x_1x_2\bar{x}_3\bar{x}_4$ の領域は他の内項 $x_1x_2$ の領域に含まれるので, 主項ではない. しかし, $x_1x_2$ は他の内項に含まれることはなく, 主項である.

つぎに共有項を構成する操作が, カルノー図上でどのように行われるかを図 2.11 によって説明する. 図の (a) と (b) はそれぞれ

(a)　$\alpha = x_1x_2, \ \beta = \bar{x}_1x_4 \longrightarrow \gamma = x_2x_4,$

(b)　$\alpha = \bar{x}_3x_4, \ \beta = x_3x_4 \longrightarrow \gamma = x_4$

という共有項 $\gamma$ の生成を表している. 図からもわかるように, どちらの場合も共有項 $\gamma$ の領域 $T(\gamma)$ は 2 つの領域 $T(\alpha)$ と $T(\beta)$ の和集合に含まれている. これ

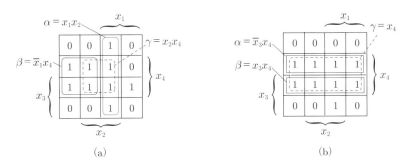

**図 2.11** 共有項の図解

が式 (2.8), $\alpha \vee \beta = \alpha \vee \beta \vee \gamma$, のカルノー図上での意味である.

論理関数 $f$ の論理和形とは, カルノー図では, $f$ の内項を表すいくつかの長方形を用いて, $f$ の値が 1 であるすべてのセルを覆うことに相当する.

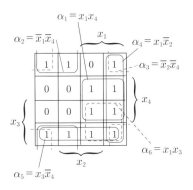

**図 2.12** 完全主項論理和形

図 2.12 は, 例題 2.1 で得られた完全主項論理和形の式 (2.10) の 6 個の主項を図示したものであって, 対応する長方形全体で値 1 のすべてのセルを覆っている. ただし, たとえば破線の長方形 $\alpha_3 = \bar{x}_2 \bar{x}_4$ (カルノー図の 4 隅からなっている) と $\alpha_6 = x_1 x_3$ を除外しても, 残った 4 個の実線の長方形ですべての値 1 のセルを覆っているので, 実は, これらの主項は冗長である.

### 2.3.2 最小主項論理和形の計算

論理関数 $f$ の簡単化のため, 完全主項論理和形から出発して, 最少数の主項を
もつ論理和形を求める. 以下, 前述の例題 2.1 を用いてこの手順を説明しよう.

まず, $f$ の真ベクトルそれぞれについて, それを覆う主項を少なくとも 1 つ選択
しなければならない. この条件を示すため, 式 (2.10) の 6 個の主項

$$\alpha_1 = x_1 x_4, \quad \alpha_2 = \bar{x}_1 \bar{x}_4, \quad \alpha_3 = \bar{x}_2 \bar{x}_4,$$

$$\alpha_4 = x_1 \bar{x}_2, \quad \alpha_5 = x_3 \bar{x}_4, \quad \alpha_6 = x_1 x_3$$

のそれぞれが, $f$ の 11 個の真ベクトル

$$0, 2, 4, 6, 8, 9, 10, 11, 13, 14, 15 \quad (10 \text{ 進表現})$$

のどれを覆うかを, $f$ のカルノー図 (図 2.12) と 10 進数の位置を示す図 2.2(b) を
利用して調べ, 表 2.4 を作成する. これを被覆表 (covering table) という.

**表 2.4** 主項による被覆表

| 真ベクトル $a$ (10 進表記) | 主項 | | | | | |
|---|---|---|---|---|---|---|
| | $\alpha_1$ | $\alpha_2$ | $\alpha_3$ | $\alpha_4$ | $\alpha_5$ | $\alpha_6$ |
| 0 | 0 | 1 | 1 | 0 | 0 | 0 |
| 2 | 0 | 1 | 1 | 0 | 1 | 0 |
| 4 | 0 | 1 | 0 | 0 | 0 | 0 |
| 6 | 0 | 1 | 0 | 0 | 1 | 0 |
| 8 | 0 | 0 | 1 | 1 | 0 | 0 |
| 9 | 1 | 0 | 0 | 1 | 0 | 0 |
| 10 | 0 | 0 | 1 | 1 | 1 | 1 |
| 11 | 1 | 0 | 0 | 1 | 0 | 1 |
| 13 | 1 | 0 | 0 | 0 | 0 | 0 |
| 14 | 0 | 0 | 0 | 0 | 1 | 1 |
| 15 | 1 | 0 | 0 | 0 | 0 | 1 |

被覆表では, 真ベクトル $a$ が主項 $\alpha_i$ に覆われているとき (つまり $\alpha_i(a) = 1$),
$a$ 行 $\alpha_i$ 列の要素は 1 であり, そうでなければ 0 が記入される.

[最小被覆問題 (minimum set covering problem)] 被覆表のどの行を
とっても, 選ばれた列の中に少なくとも 1 つの 1 が含まれている, という
条件をみたす最少数の列を選べ.

この問題は，論理式の簡単化以外にも多くの応用をもつ．その解法についても活発に研究されているが，ここでは，論理的な手法による 1 つの解法を紹介するにとどめる．

**最小被覆問題のアルゴリズム：展開法**　表 2.4 の行 0 を見ると，この行を覆うには $\alpha_2$ と $\alpha_3$ の少なくとも一方を選ばなければならない．行 2 からは $\alpha_2, \alpha_3, \alpha_5$ の少なくとも 1 つを選ばなければならない．他の行も同様に考えることができる．ここで，$y_i$ を主項 $\alpha_i$ の選択の決定変数とし，$y_i = 1$ ならば $\alpha_i$ を選び，$y_i = 0$ ならば選ばないと定める．すると，行 0 と行 2 の条件はそれぞれ

$$y_2 \vee y_3 = 1, \quad y_2 \vee y_3 \vee y_5 = 1$$

と書かれる．この条件はすべての行に対して成立しなければならないから，それらの論理積をとると

$$(y_2 \vee y_3)(y_2 \vee y_3 \vee y_5)y_2(y_2 \vee y_5)(y_3 \vee y_4)(y_1 \vee y_4)(y_3 \vee y_4 \vee y_5 \vee y_6)$$
$$(y_1 \vee y_4 \vee y_6)y_1(y_5 \vee y_6)(y_1 \vee y_6) = 1$$

という条件を得る．この論理式を，吸収法則を用いて $y_2(y_2 \vee y_5) = y_2$，$(y_3 \vee y_4)(y_3 \vee y_4 \vee y_5 \vee y_6) = y_3 \vee y_4, \ldots$ などが得られることに注意して変形したのち展開し，整理すると

$$y_1 y_2 y_3 y_5 \vee y_1 y_2 y_3 y_6 \vee y_1 y_2 y_4 y_5 \vee y_1 y_2 y_4 y_6 = 1$$

を得る．左辺の論理和形において，それぞれの項は被覆問題の 1 つの解を表している．各項に含まれるリテラル $y_i$ の個数が，求める $f$ の論理和形の主項の数を与えるので，最小被覆問題の解はリテラル数が最も少ない項によって与えられる．上の結果では，4 つの項はどれも 4 個のリテラルからなっているので

$\alpha_1, \alpha_2, \alpha_3, \alpha_5$ を選ぶ，　　$\alpha_1, \alpha_2, \alpha_3, \alpha_6$ を選ぶ，

$\alpha_1, \alpha_2, \alpha_4, \alpha_5$ を選ぶ，　　$\alpha_1, \alpha_2, \alpha_4, \alpha_6$ を選ぶ，

という 4 つの解を得る．例として 3 番目の解からは最小主項論理和形の 1 つである

$$f = \alpha_1 \vee \alpha_2 \vee \alpha_4 \vee \alpha_5 = x_1 x_4 \vee \bar{x}_1 \bar{x}_4 \vee x_1 \bar{x}_2 \vee x_3 \bar{x}_4 \tag{2.11}$$

が得られる. これは図 2.12 の実線の主項による解に対応する.

**計算の簡略化**　以上の計算において, 被覆表の特徴を利用したさまざまな簡略化が可能である. たとえば, 表 2.4 の行 4 と行 13 はちょうど 1 つの 1 をもつので, それらを覆うには, 対応する列 $\alpha_2$ と $\alpha_1$ を必ず選ばなければならない. これらを必須主項という. そうすると, $\alpha_1$ と $\alpha_2$ によってすでに覆われている行は考慮から除外でき, また, 列 $\alpha_1$ と $\alpha_2$ も消してよいから, 縮小された被覆表 2.5 が得られる. この表について, 上記のような論理計算をすれば手間ははるかに少ない.

**表 2.5** $\alpha_1$ と $\alpha_2$ を選択した後の被覆表

| 真ベクトル | 主　項 | | | |
|---|---|---|---|---|
| (10 進表記) | $\alpha_3$ | $\alpha_4$ | $\alpha_5$ | $\alpha_6$ |
| 8 | 1 | 1 | 0 | 0 |
| 10 | 1 | 1 | 1 | 1 |
| 14 | 0 | 0 | 1 | 1 |

簡略化を利用すれば, 以上のアルゴリズムは実用上高速に動作することが多いが, 理論的には, 主項数の多項式時間アルゴリズムであるとは言えない. 実際, 最小被覆問題は NP 困難の 1 つであることが知られている.

---

### ひ・と・や・す・み

#### ― ブール関数の誕生と歴史 ―

　ブール関数に名を残す数学者 ブール (G. Boole (1815 – 1864)) はイギリス中部の小さな町リンカーンに生まれた. 小学校の教育しか受けなかったが, 靴直しの父から数学を, また近くの図書館長からラテン語を学んだそうである (この頃の論文の多くはラテン語で書かれていた). 独学で数学の勉強を続けながら才能を開花させ, ケンブリッジ大学の数学雑誌や王立協会に論文を投稿し続け, 1857 年には王立協会会員となった. 論文の多くは微分方程式や差分法に関するものであるが, 1854 年に出版した "An investigation of the laws of thoughts" (思考の法則に関する研究) において論理を代数的に扱い, ブール代数を構築した. この本は, 友人のド・モルガンが巻き込まれた数学論争で, 彼を弁護するために書かれたと言われている.

　ド・モルガン (Augustus De Morgan (1806 – 1871)) はケンブリッジ大学を卒業し, その後ロンドン大学の数学教授となった. 記号論理学の先鞭を付けたとされてい

る 1847 年の論文 "Formal logic" を始め, 論理学において数々の業績を上げた. その
なかでも論理学における双対性を打ち立てたド・モルガンの法則は広く知られている.

　ブールやド・モルガンが活躍した 19 世紀にはもちろんコンピュータは存在せず,
彼らの研究は純粋に数学的興味からであった. ブール代数をコンピュータの論理設計
に利用し, その後の設計理論の発展の礎を築いたのは, シャノン (Claude E. Shannon
(1916–2001)) である. 彼は, 当時論理回路として利用されていたリレー回路の解析
と設計にブール代数を使い, 1938 年に, MIT (マサチューセッツ工科大学) の修士論文
として提出した. 実はそれ以前に, 日本の中島章も同様の問題にブール代数を応用し
ているが, 彼自身はブール代数の理論を知らなかったので, 自分でブール代数の構築
を試みている. シャノンはこの修士論文の後, 博士論文では, 1949 年に W. Weaver
と共著で出版することになる "The mathematical theory of communication" (通信
の数学的理論) の主要部分を完成している. この貢献によって, シャノンは情報理論
(通信理論ともいう) の創始者として, より著名である. 何とも恐るべき学生であった.

## 2.4　論理関数の双対理論

　2.3 節の始めに, 論理式を変形するための 10 個の性質を述べた. そこでは 2 重
否定を除いて 2 つの性質が対として書かれてあり, 一方は他方から, $\vee$ と $\wedge$ の交
換および 0 と 1 の交換を行うことによって得られている. (なお, 式中の $\wedge$ は · と
書くこともあれば省略することもある.) すでに述べたように, これらの性質は, 変
数のところへ論理式を代入して一般化することができる.

　[双対化] (dualization)　論理式中の $\vee$ と $\wedge$ の交換, および 0 と 1 の交
　換を行い新しい論理式を作ること.

　$L$ を 1 つの論理式とするとき, $L$ を双対化して得られる論理式を $L$ の双対論理
式 (dual formula) といい, $L^d$ と記す. たとえば

$$L = x_1 \vee x_2 \bar{x}_3 \qquad ならば \qquad L^d = x_1(x_2 \vee \bar{x}_3)$$

である. 定義より明らかなように, 双対化を 2 回行うと元に戻る. すなわち

$$(L^d)^d = L. \tag{2.12}$$

　論理式に関する 10 個の性質から, ある論理式をこれらの性質を用いて変形する
ことで, 論理式に関する 1 つの等式が得られるとすれば, その等式の両辺を双対化

して得られる新しい等式もやはり正しい. これを双対原理 (duality principle) と
呼ぶ.

たとえば, 2.3 節の論理式の簡単化のところで

$$\bar{x}_1 x_2 \bar{x}_3 \vee x_1 \bar{x}_2 \bar{x}_3 \vee x_1 \bar{x}_2 x_3 \vee x_1 x_2 \bar{x}_3 \vee x_1 x_2 x_3 = x_1 \vee x_2 \bar{x}_3$$

が成立することを述べたが, 双対原理によって

$$(\bar{x}_1 \vee x_2 \vee \bar{x}_3)(x_1 \vee \bar{x}_2 \vee \bar{x}_3)(x_1 \vee \bar{x}_2 \vee x_3)(x_1 \vee x_2 \vee \bar{x}_3)(x_1 \vee x_2 \vee x_3)$$
$$= x_1(x_2 \vee \bar{x}_3)$$

も正しい等式である.

双対原理を一般的に適用すると, $L$ に関する議論によって 1 つの性質を得たと
き, その議論を双対化することによって $L^d$ に関する性質がただちに得られる. こ
の後の 2.4.2 項で述べる論理積形はそのような例であって, 2.3 節の論理和形の双
対概念になっている. つまり, 論理積形に対するすべての議論は, 論理和形に対す
る 2.3 節の議論を双対化することによって対応できるのである.

### 2.4.1 双対関数

$f$ を任意の論理関数とし, それを表現する論理式を $L$ とする. $L$ の双対論理式
$L^d$ によって表現される論理関数を $f$ の双対関数 (dual function) といい, $f^d$ と
記す. たとえば

$$f = (x_1 \vee x_2 x_3)(\bar{x}_1 \vee \bar{x}_3) \tag{2.13}$$

の双対関数は次式である.

$$f^d = x_1(x_2 \vee x_3) \vee \bar{x}_1 \bar{x}_3. \tag{2.14}$$

さて, $f$ と $f^d$ は論理関数 $\{0,1\}^n \to \{0,1\}$ としてどのような関係にあるだろ
うか. $f$ と $f^d$ を結びつけるものがド・モルガンの法則である. 2.3 節のド・モル
ガンの法則は演算 $\vee$ あるいは $\wedge$ が 1 つの場合について述べているが, この規則を
反復かつ再帰的に適用するとつぎのように一般化することができる.

[一般化されたド・モルガンの法則]　論理式 $L$ の否定は, $L$ の双対論理
式 $L^d$ において, すべてのリテラルを否定したものに等しい.

たとえば, 式 (2.13) の論理式にこの結果を適用すると, 次式を得る.

$$\overline{(x_1 \vee x_2 x_3)(\bar{x}_1 \vee \bar{x}_3)} = \bar{x}_1(\bar{x}_2 \vee \bar{x}_3) \vee x_1 x_3.$$

逆にいうと, ある論理式 $L$ の否定を求めたのち, 得られた論理式のすべてのリテラルの否定をとると, (リテラルの 2 重否定は元のリテラルに戻ることから) 双対論理式 $L^d$ が得られるわけである. この $L^d$ が $f^d$ を表していることから, 以上の事実は, 任意の $a \in \{0,1\}^n$ に対し, $f^d(a) = 1$ (0) ならば $f(\bar{a}) = 0$ (1) であることを示しており ($\bar{a}$ は $a$ の 0, 1 要素をすべて逆転したベクトル), つぎのように書くことができる.

[双対関数]　$f^d(x) = \bar{f}(\bar{x}).$ (2.15)

【例題 2.2】　式 (2.13) と式 (2.14) の $f$ と $f^d$, および途中で必要となる $\bar{f}$ の真理値表を表 2.6 に与える. これらの間に式 (2.15) の関係が成立していることは容易に確かめられよう.

表 2.6　$f$ とその双対関数 $f^d$ の真理値表

| $x_1$ | $x_2$ | $x_3$ | $f$ | $\bar{f}$ | $f^d$ |
|-------|-------|-------|-----|-----------|-------|
| 0 | 0 | 0 | 0 | 1 | 1 |
| 0 | 0 | 1 | 0 | 1 | 0 |
| 0 | 1 | 0 | 0 | 1 | 1 |
| 0 | 1 | 1 | 1 | 0 | 0 |
| 1 | 0 | 0 | 1 | 0 | 0 |
| 1 | 0 | 1 | 0 | 1 | 1 |
| 1 | 1 | 0 | 1 | 0 | 1 |
| 1 | 1 | 1 | 0 | 1 | 1 |

## 2.4.2 論理積形

2.3 節では, 任意の論理関数 $f$ は論理和形 (DNF) をもつことを述べ, その簡単化について論じた. 論理和形の双対論理式を作ると, いくつかのリテラルの論理和 (これを節 (clause) と呼ぶ) を集めて, それらの論理積をとった形になる. たとえ

ば, 式 (2.1) の

$$f = \bar{x}_1 x_2 \bar{x}_3 \vee x_1 \bar{x}_2 \bar{x}_3 \vee x_1 \bar{x}_2 x_3 \vee x_1 x_2 \bar{x}_3 \vee x_1 x_2 x_3$$

に対して

$$f^d = (\bar{x}_1 \vee x_2 \vee \bar{x}_3)(x_1 \vee \bar{x}_2 \vee \bar{x}_3)(x_1 \vee \bar{x}_2 \vee x_3)$$
$$(x_1 \vee x_2 \vee \bar{x}_3)(x_1 \vee x_2 \vee x_3)$$

が得られる. ここで $f$ は任意の論理関数であったから, $f^d$ も任意である. すなわち, 任意の論理関数は複数個の節の論理積によって表現できるということを述べている. これを論理積形 (conjunctive normal form, CNF) と呼ぶ.

**関数 $f$ の 2 つの表現：論理和形と論理積形**　　双対関数を表す式 (2.15) を 2 回適用すると, 2 重否定を使って

$$(f^d)^d(x) = (\bar{f}(\bar{x}))^d = f(x) \tag{2.16}$$

を得る. すなわち, 2 回双対化を行うと元に戻る (もちろんこれは, 論理式に関する式 (2.12) に対応している). この性質を使うと, 1 つの関数 $f$ の論理和形と論理積形の 2 つの表現を得ることができる. 例として式 (2.11) の $f$ に対し $f^d$ の論理積形を求めた後, それを展開して (すなわち, 分配法則などを反復利用する), 論理和系を得る.

$$f = x_1 x_4 \vee \bar{x}_1 \bar{x}_4 \vee x_1 \bar{x}_2 \vee x_3 \bar{x}_4, \tag{2.17}$$
$$f^d = (x_1 \vee x_4)(\bar{x}_1 \vee \bar{x}_4)(x_1 \vee \bar{x}_2)(x_3 \vee \bar{x}_4)$$
$$= x_1 \bar{x}_4 \vee \bar{x}_1 \bar{x}_2 x_3 x_4. \tag{2.18}$$

そこで, 最後の式の双対関数を求める.

$$(f^d)^d = f = (x_1 \vee \bar{x}_4)(\bar{x}_1 \vee \bar{x}_2 \vee x_3 \vee x_4). \tag{2.19}$$

すなわち, 式 (2.17) と式 (2.19) によって同じ関数 $f$ を表す論理和形と論理積形が得られた.

$f$ がある概念を表す命題であると考えると, これらはその命題に対する 2 つの解釈を与えていて, 大変興味深い. 論理和形はその命題が成立する場合 (つまり,

その解) を 1 つずつ項として列挙しているのに対し, 論理積形はその命題が成り立つための複数の条件をそれぞれ節の形で記述し, そのすべてがみたされることを要求している. 換言すると, 論理和形は $f$ の内側からの解釈, 論理積形は外側からの解釈と考えることができる. 我々が解決すべき問題を論理的に記述しようとする場合には, その問題がみたすべき条件を列挙するという論理積形のアプローチの方が, 我々の思考過程にとってより自然に思える. AI の応用においても論理積形から入ることが多く, 大変重要な視点である.

【例題 2.3】 図 2.13(a) は 1 つのグラフを示しているが, これが 2 部グラフ (定義は 1.4 節の図 1.10) であるかどうかを判定したい. グラフの点 $a, b, \ldots, i$ を論理変数と考え, 変数 $x$ の値が 1 ならば $x$ を 2 部グラフの左側に置く, $x = 0$ ならば右側に置くと定めよう. 2 部グラフでは同じ側の点同士を結ぶ辺は存在しないので, たとえば, 辺 $(a, b)$ は, 点 $a$ と $b$ が異なる側に位置することを要求する. この条件は 2 つの節を用いて

$$(a \vee b)(\bar{a} \vee \bar{b})$$

と書ける. $(a \vee b)$ は $a$ と $b$ の両者が 0 であることを禁止し, $(\bar{a} \vee \bar{b})$ は両者が 1 であることを禁止する. すべての辺について同様の条件を書くと, つぎの CNF $f_1$ が得られ, $f_1 = 1$ とできることが, 2 部グラフであることの必要十分条件である.

$$\begin{aligned}
f_1 = {} & (a \vee b)(\bar{a} \vee \bar{b})(a \vee c)(\bar{a} \vee \bar{c})(a \vee d)(\bar{a} \vee \bar{d})(b \vee e) \\
& (\bar{b} \vee \bar{e})(c \vee e)(\bar{c} \vee \bar{e})(d \vee e)(\bar{d} \vee \bar{e})(h \vee i)(\bar{h} \vee \bar{i}). \quad (2.20)
\end{aligned}$$

$f_1$ では, たとえば $a = e = h = 1$, $b = c = d = i = 0$ とすれば, すべての節を充足し $f_1 = 1$ とできるので, 図 2.13(a) のグラフは 2 部グラフであると結論できる (同図 (b) 参照).

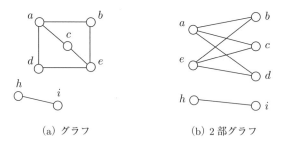

(a) グラフ　　　　　　(b) 2 部グラフ

**図 2.13** 2 部グラフ判定問題

【例題 2.4】　ある会社には $a, b, c, d, e$ の 5 人の社員がおり, 新しい製品を開発するためにチームを編成することになった. しかし, つぎのような条件を考えなければならない. なお, 各社員を表す変数は, 値が 1 であればチームに入る, 0 ならば入らないと約束する.

1. 製品に必要な知識をもつ人材を確保するために $a, b, c$ のうち 1 人はチームに入らなければならない: $(a \vee b \vee c)$. 同様に, $b, d, e$ のうち少なくとも 1 人がチームに入る必要がある: $(b \vee d \vee e)$.

2. 経費の観点から $c, d, e$ のうち最大 2 人までしかチームに入れたくない: $(\bar{c} \vee \bar{d} \vee \bar{e})$. 同様に, $a, c, e$ からは最大 1 人が可能である: $(\bar{a} \vee \bar{c})(\bar{c} \vee \bar{e})(\bar{e} \vee \bar{a})$.

3. 社員には相性があって, $d$ がチームに入るならば $a$ と $c$ は入らないと言っている: $(\bar{d} \vee \bar{a})(\bar{d} \vee \bar{c})$. 一方, $b$ は自分がチームに入るならば $c$ と $d$ のどちらかを入れてほしいと主張している: $(\bar{b} \vee c \vee d)$.

さて, これらのすべての条件をみたすようにチームを編成することは可能だろうか. すなわち, 全条件を合わせると

$$f_2 = (a \vee b \vee c)(b \vee d \vee e)(\bar{c} \vee \bar{d} \vee \bar{e})(\bar{a} \vee \bar{c})(\bar{c} \vee \bar{e})$$
$$(\bar{e} \vee \bar{a})(\bar{d} \vee \bar{a})(\bar{d} \vee \bar{c})(\bar{b} \vee c \vee d) \tag{2.21}$$

となる. この例では

$$a = c = e = 0, \ b = d = 1$$

が 1 つの解であって, $b, d$ の 2 人でチームを編成することができる.

**論理積形の簡単化**  以下に述べるように, 2.3 節の論理和形の簡単化の議論を双対化することによって, 論理積形の簡単化を進めることができる. 証明は論理和形の証明を双対化することによって得られるので, すべて省略する.

$C$ を 1 つの節とする. $f \Rightarrow C$ が成立するならば, $C$ を $f$ の**外節** (implicate) という. $C, D, \ldots, E$ を $f$ の外節とするとき, その論理積は

$$f \Rightarrow CD \cdots E$$

という性質をもつ.

さて, $b \in \{0,1\}^n$ を $f$ の偽ベクトルとする (つまり, $f(b) = 0$). このとき, $b_i = 0$ であればリテラル $x_i, b_i = 1$ であればリテラル $\bar{x}_i$ を考え, それら $n$ 個のリテラルの論理和を $f$ の**最大節** (maxclause) という. 表 2.6 の $f$ ならば, 5 個の偽ベクトルに対応して

$$(x_1 \vee x_2 \vee x_3), \ (x_1 \vee x_2 \vee \bar{x}_3), \ (x_1 \vee \bar{x}_2 \vee x_3),$$
$$(\bar{x}_1 \vee x_2 \vee \bar{x}_3), \ (\bar{x}_1 \vee \bar{x}_2 \vee \bar{x}_3)$$

の 5 個の最大節が存在する. その定義からわかるように, 偽ベクトル $b$ から作られた最大節は $b$ に対しては値 0 をとるが, それ以外の 0-1 ベクトルに対してはすべて値 1 をとる. $f$ のすべての偽ベクトルに対して作られた最大節を $C, D, \ldots, E$ とすると

$$f = CD \cdots E$$

を得る. これを $f$ の**論理積標準形** (canonical CNF) という.

**主節論理積形**  $C$ を $f$ の 1 つの外節とする. $C$ からどのリテラルを除いても得られる節 $C'$ がもはや $f$ の外節ではないとき, $C$ を $f$ の**主節** (prime implicate) と呼ぶ. たとえば, 表 2.6 の $f$ に対し $(x_1 \vee x_3), (x_2 \vee \bar{x}_3), (\bar{x}_1 \vee \bar{x}_3)$ などはす

べて主節である. これらが外節であることは, $f$ の真ベクトル $(011), (100), (110)$
のすべてに対し, それぞれが値 1 をとることからわかる. 主節であることは, これ
らからリテラルを 1 つ除いて得られる節 $x_1, \bar{x}_1, x_2, x_3, \bar{x}_3$ のどれもが外節でない
ことから確かめられる. 2.3 節の主項論理和形の議論と同様に, すべての論理関数
は**主節論理積形** (prime CNF) をもつ (練習問題 (5)). たとえば

$$f = (x_1 \vee x_3)(x_2 \vee \bar{x}_3)(\bar{x}_1 \vee \bar{x}_3) \tag{2.22}$$

は表 2.6 の $f$ の主節論理積形である. 実際, 右辺を $L$ とするとき, $f \Rightarrow L$ は $L$ の
各節が主節であることから明らか. $L \Rightarrow f$ は, $f$ の 5 個の偽ベクトル $b \in \{0,1\}^n$
がどれも 3 つの主節のどれかを満足しないことからわかる.

**導出節による主節の生成と完全主節論理積形**　　共有項に対応して, つぎの定
義を行う.

> [**導出節**]　2 つの節 $C$ と $D$ がある変数 $x$ を用いて $C = x \vee C'$ および
> $D = \bar{x} \vee D'$ と書かれるとする. このとき $C' \vee D' \neq 1$ ならば, $C' \vee D'$
> から重複したリテラルを除いたものを $C$ と $D$ の**導出節** (resolvent) と
> いう.

たとえば, $C = (x_1 \vee \bar{x}_2 \vee x_3)$ と $D = (x_2 \vee x_3 \vee x_5)$ の導出節は $E =$
$(x_1 \vee x_3 \vee x_5)$ である. $C'$ と $D'$ の一方は空であることも許す. たとえば, $C = x_3$
と $D = (x_2 \vee \bar{x}_3 \vee \bar{x}_4)$ の導出節は $E = (x_2 \vee \bar{x}_4)$ である. 特別な場合として, $C'$
と $D'$ の一方に $y$, 他方に $\bar{y}$ として現れる変数 $y$ が存在するならば, 相補法則に
よって $C' \vee D' = 1$ を得るので, これは導出節ではない.

節 $C$ と $D$ から導出節 $E$ が得られるなら

$$CDE = CD \tag{2.23}$$

が成立する. つまり, $CD \Rightarrow E$ である.

つぎに, 2 つの節 $C$ と $C'$ において, $C'$ 内のすべてのリテラルが $C$ 内にあると
き, $C'$ は $C$ の**部分節** (subclause) であるという. このとき

$$C'C = C' \tag{2.24}$$

が成立するので，論理積形から $C$ を除くことができる．たとえば，$(\bar{x}_1 \vee \bar{x}_3)$ は $(\bar{x}_1 \vee x_2 \vee \bar{x}_3)$ の部分節であって

$$(\bar{x}_1 \vee \bar{x}_3)(\bar{x}_1 \vee x_2 \vee \bar{x}_3) = (\bar{x}_1 \vee \bar{x}_3)$$

である．

　論理関数 $f$ の任意の論理積形が与えられたとき，上の式 (2.23) と式 (2.24) の性質を反復利用して，$f$ のすべての主節からなる論理積形を作ることができる．これを**完全主節論理積形** (complete prime CNF) という．これは，2.3 節のアルゴリズム PRIME_DNF に対応するものである．

---

アルゴリズム　PRIME_CNF

入力: 論理関数 $f$ の論理積形 (一般性を失うことなく，どの節も他の節の部分節ではないとする).

出力: $f$ の完全主節論理積形.

1. 入力された論理積形から始める.
2. 現在の論理積形の中にまだテストしていない節の対が存在すればその 1 つ $C$ と $D$ を選ぶ. そのような対が存在しなければ計算終了.
   (a) $C$ と $D$ の導出節 $E$ を作る. このとき，導出節が作れないか，あるいは元の論理積形の節 $E'$ で $E$ の部分節 ($E$ に等しい場合も含む) であるものが存在すれば，そのまま 2. へ戻る.
   (b) $E$ を論理積形に加える. 論理積形の中に $E$ を部分節とする節 $F$ が存在すれば，そのような $F$ はすべて除く. 2. へ戻る.

---

　完全主節論理積形から最小主節論理積形を求める方法についても 2.3 節の最小主項論理和形と同様に考えることができる．この問題も最小被覆問題に帰着して解くことになるが，詳細は省略する．

---

【**例題 2.5**】　例題 2.2 の表 2.6 に示した $f$ の論理積標準形

$$f = (x_1 \vee x_2 \vee x_3)(x_1 \vee x_2 \vee \bar{x}_3)(x_1 \vee \bar{x}_2 \vee x_3)(\bar{x}_1 \vee x_2 \vee \bar{x}_3)$$

$$(\bar{x}_1 \vee \bar{x}_2 \vee \bar{x}_3)$$

に PRIME_CNF を適用しよう. ステップ 2(a) の導出節の生成はつぎのように行われる (成功したもののみを記す).

$$(x_1 \vee x_2 \vee x_3), (x_1 \vee x_2 \vee \bar{x}_3) \rightarrow (x_1 \vee x_2),$$

$$(\bar{x}_1 \vee x_2 \vee \bar{x}_3), (\bar{x}_1 \vee \bar{x}_2 \vee \bar{x}_3) \rightarrow (\bar{x}_1 \vee \bar{x}_3),$$

$$(x_1 \vee x_2), (x_1 \vee \bar{x}_2 \vee x_3) \rightarrow (x_1 \vee x_3),$$

$$(x_1 \vee x_2), (\bar{x}_1 \vee \bar{x}_3) \rightarrow (x_2 \vee \bar{x}_3).$$

これらを論理積形に加え, 新しく加えられた導出節を部分節としてもつ節を除くと (ステップ 2(b)), 最終的に

$$f = (x_1 \vee x_2)(x_1 \vee x_3)(x_2 \vee \bar{x}_3)(\bar{x}_1 \vee \bar{x}_3)$$

を得る. これが完全主節論理積形である. 式 (2.22) の主節論理積形と比べると新しい主節 $(x_1 \vee x_2)$ が加わっていることがわかる.

## 2.5　充足可能性問題 (SAT)

1 つの論理積形 (CNF) が与えられたとき, それに含まれる変数の値を 0 あるいは 1 にうまく定めて, すべての節を充足する (値を 1 にする) ことによって論理積形の全体を充足できるか, という問いを**充足可能性問題** (satisfiability problem, SAT) という. 前出の例題 2.3, 2.4 などで述べたように, 解決すべき問題はしばしば論理積形に記述されているので, その解の存在を問うこの問題は, 実用上, 大変重要でああある.

SAT

入力:　$n$ 変数 $x_j$, $j = 1, 2, \ldots, n$ から作られた $m$ 個の節 $C_i$, $i = 1, 2, \ldots, m$.

出力:　すべての $C_i$ を 1 にする $x_j$ の値の組が存在すれば yes, さもなければ no.

　たとえば $C_1 = (x_3 \vee \bar{x}_5 \vee x_7)$ のとき, $x_3 = 1$, $x_5 = 0$, $x_7 = 1$ の少なくとも 1 つが成立すれば $C_1 = 1$ となり $C_1$ は充足される. CNF の例として

$$f_3 = (x_1 \vee x_2 \vee \bar{x}_3)(\bar{x}_2 \vee x_3)(x_1 \vee \bar{x}_2),$$
$$f_4 = (x_1 \vee \bar{x}_2 \vee \bar{x}_3)(\bar{x}_1 \vee \bar{x}_2 \vee x_3)x_2(\bar{x}_2 \vee x_3) \tag{2.25}$$

を考える. $f_4$ にあるように, 1 つのリテラルからなる $x_2$ も節であることに注意する. まず, $f_3$ は充足可能である. なぜなら, たとえば $x_1 = x_2 = x_3 = 1$ とすれば $f_3$ のすべての節が充足されるからである (他の組合せもある). 一方, $f_4$ は充足可能ではない. その証明には, 変数の値をどのように定めても充足されない節が残ることを示さなければならない. 以下 2.5.1 項から 2.5.3 項で, SAT を解くアルゴリズムを考察する.

### 2.5.1　SAT のアルゴリズム：展開法

　SAT を解く最も単純なアルゴリズムは, $n$ 変数 $x_1, x_2, \ldots, x_n$ のすべての組合せ, $(0, 0, \ldots, 0)$ から $(1, 1, \ldots, 1)$ までを試し, そのうち 1 つでも全部の節を充足する解があれば yes を出力し, さもなければ no を出力するというものであろう. この列挙法 (enumeration method) は正しいアルゴリズムであるが, $2^n$ 通りの組合せを調べなければならず, コンピュータを用いても $n = 30$ あたりで限界になる. したがって, このような列挙法によらないで SAT を解くことができるかどうかが問われているのである.

　**展開法**　　論理関数 $f$ の CNF 表現

$$f = CD \cdots E$$

の充足可能性を判定する. この $f$ は 2.4.2 項で言及したように, 論理和形 DNF によっても表現される.

$$f = \alpha \vee \beta \vee \cdots \vee \gamma.$$

　DNF の各項はそれぞれ $f$ の値を 1 にする変数の値を与えている. たとえば, $\alpha = x_2 \bar{x}_3 x_5$ ならば, $x_2 = 1$, $x_3 = 0$, $x_5 = 1$ とすれば $f$ の値を 1 にできるわけである. $f$ の値が 1 ということは, そのように変数の値を固定すれば, 元の CNF

のすべての節が充足されることを意味している. 逆に, $f$ が充足可能でないならば, $f$ の DNF に登場する項は存在せず, $f = 0$ が結論されるのである.

CNF から DNF を得るには, 本章で得た知識を利用して式を簡略化しつつ, CNF を展開すればよい. 例題 2.4 の式 (2.21) の $f_2$ を用いて説明する.

$f_2$ の最初の 2 つの節を展開すると (分配法則, 吸収法則, その他を用いる)

$$(a \vee b \vee c)(b \vee d \vee e) = ab \vee ad \vee ae \vee b \vee bd \vee be \vee cb \vee cd \vee ce$$
$$= b \vee ad \vee ae \vee cd \vee ce$$

を得る. つぎに, これに 3 番の節 $(\bar{c} \vee \bar{d} \vee \bar{e})$ を乗じると (相補法則も用いる)

$$(b \vee ad \vee ae \vee cd \vee ce)(\bar{c} \vee \bar{d} \vee \bar{e}) =$$
$$b\bar{c} \vee b\bar{d} \vee b\bar{e} \vee a\bar{c}d \vee ad\bar{e} \vee a\bar{c}e \vee ad\bar{e} \vee cd\bar{e} \vee c\bar{d}e$$

である. 以下, さらに $(\bar{a} \vee e)$ を乗じて, ... という具合に展開を進めると, 最後に $f_2$ の DNF である

$$f_2 = \bar{a}b\bar{c}d \vee \bar{a}bcd\bar{e}$$

が残る. 項 $\bar{a}b\bar{c}d$ は $a = 0$, $b = 1$, $c = 0$, $d = 1$ をみたす解 ($e$ は自由), つまり

$$(a, b, c, d, e) = (0, 1, 0, 1, 0), \ (0, 1, 0, 1, 1)$$

の 2 通りの充足解が存在することを示している. もう 1 つの項 $\bar{a}bcd\bar{e}$ からは

$$(a, b, c, d, e) = (0, 1, 1, 0, 0)$$

が得られる. 結局, $f_2$ の充足解は 3 通りあることがわかる.

　**展開法の問題点**　　展開法を用いると, すべての充足解を正確に計算できるが, この方法では, 論理式の知識を生かして簡略化に努めたとしても, 展開計算の途中で出てくる項の数が急速に増大して手に負えなくなる場合がある.

　**最小被覆問題との関係**　　上記の展開法と 2.3.2 項の最小被覆問題の展開法は, どちらも与えられた CNF を展開することによって解を求めている. ただし, 最小被覆問題の CNF には否定リテラルはなく, したがって展開するまでもなく充足可能である. そのかわり展開後の DNF の最短の項を求めるという点が SAT と異なる.

## 2.5.2 SAT のアルゴリズム: Davis と Putnam の方法

M. Davis と H. Putnam によって提案されたこの方法は, つぎの規則 I, II を利用することによって, 計算手間を削減する点に特徴がある.

I. 単一リテラル節 (unit clause): 現在の CNF に単一のリテラル $x_j$ (リテラル $\bar{x}_j$) からなる節が存在すれば $x_j = 1$ ($x_j = 0$) と固定する.

II. 純リテラル (pure literal): ある変数 $x_j$ が現在の CNF 全体に肯定リテラル $x_j$ のみで現れる (否定リテラル $\bar{x}_j$ のみで現れる) ならば, $x_j = 1$ ($x_j = 0$) と固定する.

---

**【例題 2.6】** 式 (2.25) の $f_3$ と $f_4$ に上の規則を適用してみよう. $f_3$ は純リテラル $x_1$ をもつので, $x_1 = 1$ と固定する. その結果 $f_3$ は $f_3' = (\bar{x}_2 \vee x_3)$ に変形される. ここでは $\bar{x}_2$ も $x_3$ も純リテラルなので, $x_2 = 0$ あるいは $x_3 = 1$ に固定できる. どちらからも $f_3' = 1$ を得るので, 元の $f_3$ は充足可能であることがわかる. まだ固定されていない変数は自由に設定できるので, 充足可能解は $(1, 0, 0), (1, 0, 1), (1, 1, 1)$ の 3 個である.

つぎに $f_4$ を考えると, 単一リテラル節 $x_2$ をもつので規則 I によって $x_2 = 1$ と固定する. その結果, $f_4' = (x_1 \vee \bar{x}_3)(\bar{x}_1 \vee \bar{x}_3)x_3$ に変形されるが, ここには単一リテラル節 $x_3$ があるので, さらに $x_3 = 1$ と固定し, $f_4'' = x_1\bar{x}_1 = 0$ (相補法則) を得る. すなわち, $f_4$ は充足可能でない.

---

以上の例では, 規則 I と規則 II を適用するだけで, 結論が得られたが, 問題によっては, どちらの規則も適用できない CNF で止まってしまうことがある. 後述の Davis と Putnam のアルゴリズムは, 任意の CNF に対して結論を得ることができるものであるが, その前に上記の規則の証明を与えておこう.

[規則 I と II の正当性の証明] まず単一リテラル節 $x_j$ (あるいは $\bar{x}_j$) があれば, その CNF の任意の充足解はこの節を充足しなければならず, それには $x_j = 1$ ($x_j = 0$) でなければならない. これが規則 I である.

つぎに, ある変数 $x_j$ が肯定リテラル $x_j$ でのみいくつかの節に現れるとする (否定リテラル $\bar{x}_j$ の場合も同様に考えることができる). そこで $x_j = 1$ と固定すると $x_j$ を含む節はすべて充足されるので, $x_j$ を含まない節のみが残る. 一方, $x_j = 0$ とすると, $x_j$ を含まない節に加え, $x_j$ を含んでいた節から $x_j$ を除いた節も残る. その結果, 後者を充足する ($x_j$ 以外からなる) 解は前者も充足するので, $x_j = 1$ とした前者だけを考えても充足性を見逃すことはない. これが規則 II である[*5].　□

**Davis と Putnam のアルゴリズム**　このアルゴリズムは, まず $f$ の与えられた CNF から出発し, 規則 I と II を適用する. その結果, 充足可能性に関する結論がまだ得られないならば, 1 つの変数を選んで 0 と 1 に固定することによって, その CNF をより小さな 2 つの CNF に分解する. この分解手順は反復されるので, 一般には CNF の集合 $\mathcal{C}$ が生成される. その中の CNF の 1 つでも充足可能であることがわかれば $f$ も充足可能であるが, どれも充足可能でないならば $f$ は充足可能でない. このどちらかの結論が得られるまで, CNF の分解は反復される. 分解を繰り返すという意味では列挙法に近いが, その都度規則 I と II を適用することによって, 計算手間を削減することができるのである. なお, このアルゴリズムは, $f$ が充足可能であるかどうかだけを判定するものであるが, 充足解が必要であれば, 計算プロセスを見れば, その 1 つを出力することができる.

---

アルゴリズム　DAVIS_PUTNAM
入力: $n$ 変数 $x_1, x_2, \ldots, x_n$ を含む CNF $f$.
出力: $f$ が充足可能ならば yes, さもなければ no.

1. $\mathcal{C} = \{f\}$ から始める.
2. $\mathcal{C} = \emptyset$ ならば no を出力して計算終了. $\mathcal{C} \neq \emptyset$ ならば, $g \in \mathcal{C}$ を 1 つ選び $\mathcal{C}$ から除く.
3. CNF $g$ に規則 I (単一リテラル節) あるいは規則 II (純リテラル) による変数の固定を, $g = 0$ が得られるか, もはや適用できなくなるまで (任意の順序で) 反復実行する. 前者の場合, $g$ は充足可能ではないのでただちに 2. へ戻る. 後者の場合, 最終的に得られた CNF $g'$ が $g' = 1$ (充

---

[*5] なお, $x_j = 0$ をみたす充足解も存在することがあるが, 規則 II を適用すると, そのような解は無視される.

足可能) ならば yes を出力して計算終了する. $g' \neq 1$ ならば CNF $g'$ を改めて $g$ と置き 4. へ進む.

4. CNF $g$ に含まれる変数の 1 つ $x_j$ を選び, $x_j = 0$ と $x_j = 1$ に固定し, その結果得られる CNF をそれぞれ $g_0$ と $g_1$ とする. $g_0$ と $g_1$ を $\mathcal{C}$ へ 加えたのち 2. へ戻る.

**【例題 2.7】** 例として

$$f_5 = (\bar{x}_1 \lor x_2 \lor \bar{x}_3)(x_2 \lor x_3)(\bar{x}_1 \lor \bar{x}_2)(\bar{x}_2 \lor \bar{x}_3)$$

を考える. $\mathcal{C} = \{f_5\}$ から始め, ステップ 2 で $f_5$ を選んだのちステップ 3 へ 進む. $f_5$ には純リテラル $\bar{x}_1$ が含まれるので, 規則 II によって $x_1 = 0$ と固 定し, $f_5' = (x_2 \lor x_3)(\bar{x}_2 \lor \bar{x}_3)$ を得る. この $f_5'$ には規則 I と II のどちらも適 用できないので, ステップ 4 へ進む. たとえば $x_2$ を選んで $x_2 = 0$ と $x_2 = 1$ のそれぞれへ固定する. その結果

$$f_5' \xrightarrow{x_2=0} f_5'' = x_3, \quad f_5' \xrightarrow{x_2=1} f_5''' = \bar{x}_3$$

となり, $\mathcal{C} = \{f_5'', f_5'''\}$, を得る. つぎのステップ 2 では $f_5''$ あるいは $f_5'''$ が 選ばれるが, どちらの場合も単一リテラル節の規則 I によって充足可能である ことが結論され (ステップ 3), yes を出力したのち終了する. なお, 充足解が 必要であれば, $f_5''$ あるいは $f_5'''$ に至るまでに固定された変数を見れば, (001) あるいは (010) を得ることができる.

**DAVIS_PUTNAM の実装と問題点**　　プログラムへの実装に際して

(A) ステップ 2 における $g \in \mathcal{C}$ の選択法,

(B) ステップ 4 において固定する変数 $x_j$ の選択法,

を定める必要がある. (A) については, 充足可能になりそうな CNF, たとえば節 の個数の少ないものを選ぶという方法がよくとられる. (B) については, 変数の固

定の結果, 影響を受ける節の個数が多くなるように, CNF $g$ において出現個数の多い変数を優先する, といった方法が有力である.

アルゴリズムのステップ4では1つの CNF $g$ が2つの CNF $g_0$ と CNF $g_1$ に分けられて $\mathcal{C}$ に加えられる. そのため, $\mathcal{C}$ の大きさがどんどん増大して, とくに充足可能でない場合, なかなか $\mathcal{C} = \emptyset$ に到達しない可能性がある. 実際, 充足可能性問題 SAT は困難な組合せ問題の代表選手として知られている. 理論的には, 1.7節で言及した NP 完全問題の1つであって, 実は, NP 完全であることが証明された最初の問題である.

### 2.5.3 SAT のアルゴリズム: ランダム探索法

つぎのアルゴリズム WSAT (あるいは Walk SAT) は, 与えられた CNF が充足可能ならば, 高い確率で比較的短時間に充足可能解を発見する. しかし, 充足可能でないならば, アルゴリズムはいつまでたっても停止しないので, 適当なところで打ち切って, 充足可能でないらしいことを結論する. 充足可能性問題を近似的に解くアルゴリズムの1つである.

---

アルゴリズム　WSAT

入力: $n$ 変数 $x_1, x_2, \ldots, x_n$ を含む CNF $f$.

出力: $f$ の充足可能解.

1. 解として $n$ 次元 0-1 ベクトル $a = (a_1, a_2, \ldots, a_n) \in \{0,1\}^n$ をランダムに選ぶ.

2. $a$ を $f$ に代入する. $a$ によって $f$ のすべての節が充足されるならば, $a$ を出力して計算終了.

3. $a$ によって充足されない節を1つ, さらにそこに含まれる変数 $x_j$ を1つ, それぞれランダムに選ぶ. $x_j$ の現在の値 $a_j$ を反転し $\bar{a}_j$ とする (他の変数の値は変化しない). このようにして得られる $n$ 変数の割当を改めて $a$ として 2. へ戻る.

---

**【例題 2.8】** CNF として式 (2.21) の $f_2$ を考えよう. ステップ 1 のランダムな割当として, たとえば $(a, b, c, d, e) = (1, 0, 1, 0, 0)$ を考える. これによって充足されない $f_2$ の節は

$$(b \vee d \vee e), \quad (\bar{a} \vee \bar{c})$$

の 2 個である. まず 2 番目の節をランダムに選び, さらにその中の変数の 1 つ $a$ をランダムに選んだとする (ステップ 3). $a$ の値を 1 から 0 に変更して得られる割当 $(a, b, c, d, e) = (0, 0, 1, 0, 0)$ がつぎの解となる. これによって充足されない節は

$$(b \vee d \vee e)$$

のみである. そこで, $b, d, e$ からランダムに $b$ を選び, $b$ の値を反転すると $(a, b, c, d, e) = (0, 1, 1, 0, 0)$ となる. この解は $f_2$ のすべての節を充足しているので, このベクトルを出力して計算を終了する (ステップ 2).

---

WSAT はきわめて簡単で実装も容易である. 上のように簡単に充足解を見つける場合は例外的であるが, コンピュータで実行すれば, 多数のランダム解を短時間でテストできるので, 実用的価値は高い. ステップ 3 の節と変数の選び方については, 他にも種々のルールが提案されている.

WSAT を実行すると, 解空間の中を一見ランダムに歩き回るように見えるが, ステップ 3 の変数の反転によって, その元となった未充足節は新しい解によって充足される (そのかわり, すでに充足されていた節が充足されなくなることはある) ので, 自然に CNF 全体の中を充足する方向に動くと考えられる.

### 2.5.4 2SAT を解く多項式時間アルゴリズム

SAT において, すべての節が 2 個以下のリテラルをもつ場合, 2SAT と呼ばれる. 2SAT の問題例に対しては, アルゴリズム DAVIS_PUTNAM を少し修正すれば, 最大 $n$ 回の反復で計算終了することを示せる. すなわち, 2SAT は多項式時間で解くことができる.

さて, DAVIS_PUTNAM のステップ 4 で $x_j$ を用いて CNF $g$ が $g_0$ と $g_1$ に

分解され $\mathcal{C}$ に加えられたのち, ステップ 2 でその 1 つ $g_e$ ($e$ は 0 あるいは 1) を選んだとしよう. 各節は 2 個のリテラルしかもたないことから, $g_e$ においてリテラル $x_j$ あるいは $\bar{x}_j$ を含む節は, 充足可能であるか, あるいはその節にあるもう 1 つのリテラルの単一リテラル節になって, 規則 I を適用できる (つまりその節の 2 つのリテラルは両方とも固定される). したがって, ステップ 3 で規則 I, II を反復すると

(i) $g_e = 0$ が結論されるか (この場合は $g_e$ は $\mathcal{C}$ から除かれる), あるいは $g_e = 1$ が結論されるか (この場合は yes を出力して計算終了), あるいは

(ii) それ以外 (つまり, ステップ 4 へ進む),

に分かれる. (ii) の場合, 2SAT では

[片方選択性] $g_{\bar{e}}$ ($g_e$ の相棒) を $\mathcal{C}$ から除いてよい,

という性質がある (その理由はあとで説明する). $\mathcal{C}$ の大きさ $|\mathcal{C}|$ は計算開始時 1 であるが, 上の性質があると, 一時的に $|\mathcal{C}| = 2$ となっても, (ii) の場合も $g_0$ と $g_1$ の一方 (を変形したもの) しか残らないので, 常に $|\mathcal{C}| \leq 1$ と考えてよい. したがって, ステップ 3 の反復のたびに新しい変数が固定されることを考えると, $n$ 回以下の反復ですべての変数が固定され, 計算終了を迎える. 1 回の反復にかかる計算時間は, 明らかに, 節の個数 $m$ の多項式時間であるので, 全体でもその $n$ 倍以下であり, 多項式時間である.

---

【**例題 2.9**】 例題 2.3 の式 (2.20) の CNF $f_1$ を考えよう. $f_1$ のすべての節はちょうど 2 個のリテラルをもっている. アルゴリズム DAVIS_PUTNAM のステップ 2 でまずこの $f_1$ が $g$ として選ばれる. ステップ 3 では規則 I と II のどちらも適用できないのでステップ 4 に進む. そこで変数 $a$ が選ばれ $a = 0$ と $a = 1$ に固定されたとする. その結果, 2 つの CNF

$$g_0 = bcd(b \vee e)(\bar{b} \vee \bar{e})(c \vee e)(\bar{c} \vee \bar{e})(d \vee e)(\bar{d} \vee \bar{e})(h \vee i)(\bar{h} \vee \bar{i}),$$
$$g_1 = \bar{b}\bar{c}\bar{d}(b \vee e)(\bar{b} \vee \bar{e})(c \vee e)(\bar{c} \vee \bar{e})(d \vee e)(\bar{d} \vee \bar{e})(h \vee i)(\bar{h} \vee \bar{i})$$

が作られ $\mathcal{C}$ に加えられる. つぎのステップ 2 で $g$ としてこの $g_0$ が選ばれた としよう ($g_1$ を選んでも結論は同じである). 今度はステップ 3 において規則 I が反復適用され, 順次 $b = 1$, $c = 1$, $d = 1$ さらに $e = 0$ と固定され

$$g_0' = (h \lor i)(\bar{h} \lor \bar{i}) \tag{2.26}$$

を得る. これを $\mathcal{C}$ に入れステップ 4 に進むが, この時点で上の片方選択性に よって, $g_1$ は $\mathcal{C}$ から除かれる. すなわち, $\mathcal{C} = \{g_0'\}$ である. 以後, $g_0'$ に対し 同様の手順が反復され, 充足可能の結論に至る.

[片方選択性の証明] 上記の議論で, ステップ 2 で $g_e$ ($e$ は 0 あるいは 1) を選んだの ち, (ii) の結果になったため, $g_e$ を規則 I, II によって $g_e'$ $(\neq 1)$ に変形したのちステッ プ 4 へ進んだとする. $g_e'$ のすべての節はちょうど 2 個のリテラルをもっているから, そ れらは元から $g$ に存在していたものである. したがって $g$ は

$$g = G g_e' \tag{2.27}$$

と書ける. この $G$ は $g$ の節で $g_e'$ に含まれないものすべての積である. たとえば, 例題 2.9 の $g$ (式 (2.20) の $f_1$) では式 (2.26) の $g_0'$ に対して, つぎのようになる.

$$G = (a \lor b)(\bar{a} \lor \bar{b})(a \lor c)(\bar{a} \lor \bar{c})(a \lor d)(\bar{a} \lor \bar{d})(b \lor e)(\bar{b} \lor \bar{e})$$
$$(c \lor e)(\bar{c} \lor \bar{e})(d \lor e)(\bar{d} \lor \bar{e}).$$

式 (2.27) は

$g$ が充足可能 $\iff$ $G$ と $g_e'$ の両方が充足可能,

という性質を示している. $x_j = e$ としたあと $g_e'$ が得られたということは, ステップ 3 でいくつかの変数を固定した結果, $G$ の部分が充足可能であったことを意味する. しか も, $G$ を充足するために固定された変数は $g_e'$ に影響を与えない. つまり, $g_e'$ の充足可 能性の判定は, それまでの変数の固定とは独立に行うことができる. 結局

$g$ が充足可能 $\iff$ $g_e'$ が充足可能,

である. これは, $g$ の充足可能性の判定に $g_{\bar{e}}$ ($g_e$ の相棒) が不要であることを意味し, 片 方選択性の正当性が示された. $\square$

第 4 章の 4.1.4 項では, 2SAT を解く別の多項式時間アルゴリズムを紹介する.

## 2.6 文献と関連する話題

　本章では，論理式および論理関数の基礎的な話題を扱った．論理関数と論理回路の話題の全般的な教科書には 2-2,3,4,5,7,8) などがある．論理回路の素子には，AND, OR, NOT の他にも，図 2.6 の NAND や NOR などが使われる．使用素子が異なると簡単化の手法も異なってくるが，本書の範囲外である．最小主項論理和形を求めるには，2.3 節で述べたように主項の生成と最小被覆問題のアルゴリズムが用いられる．共有項による主項の生成法は 2-6) によって提案されたが，元になるアイディアは 2-1) に記載されている．この他にも，たとえば，2-2,5) にはさまざまな主項生成アルゴリズムが述べられている．最小被覆問題のアルゴリズムは，組合せ最適化 (combinatorial optimization) の一環として詳しく研究されていて，最近では行と列の数がそれぞれ数万という大規模な問題も実用的に解かれている (たとえば 2-13,14))．

　本章で扱った論理回路は，その時点の入力値 $x_1, x_2, \ldots, x_n$ のみから出力値が決まるので，組合せ回路 (combinational circuit) とも呼ばれる．これに対し，過去の入力値にも依存して出力値の決まる回路 (記憶をもつ回路) を順序回路 (sequential circuit) と呼んでいる．順序回路の抽象的モデルとして，有限オートマトン，プッシュダウンオートマトン，さらにチューリング機械などがあり，本書には含まれないが，これらは計算機科学の根幹をなす話題である．

　2.5 節の充足可能性問題は，実用上重要であるばかりでなく，最初に証明されたNP 完全問題として，計算の複雑さの理論 (第 1 章の文献 1-8,9,10,15) など) で広く知られるところとなった．SAT 全体の詳細な記述が 2-11) にある．本書で取り上げた Davis-Putnam 法は 2-9)，WSAT 法は 2-12) によって提案された．2.5.4 項の 2SAT の多項式時間アルゴリズムは 2-10) による．これらを発展させて，一般の SAT を扱う実用性を主眼としたアルゴリズムでは，変数と節の数が数万という大規模な問題例も解けるようになっている．

## 練習問題

(1) NAND 素子 $\overline{(xy)}$ と NOR 素子 $\overline{(x \vee y)}$ に関するつぎの性質を示せ．

(a) NAND 素子を組み合わせて，AND, OR, NOT のそれぞれを実現でき
る (したがって，2.1 節で述べたように，任意の論理関数を実現できる)．

(b) NOR についても同様である．

(2) $f$ の論理和形が与えられている．その項の 1 つ $\alpha$ をその部分項である主項 $\beta$ で
置きかえても，得られた論理和形はまた $f$ を表現していることを示せ．

(3) つぎの論理和形のすべての主項を求めよ．

(a) $\bar{x}_1\bar{x}_2 \vee x_1x_2x_4 \vee \bar{x}_1x_2x_4 \vee \bar{x}_1x_3 \vee x_1\bar{x}_3\bar{x}_4 \vee x_2\bar{x}_4$,

(b) $x_1\bar{x}_2\bar{x}_4 \vee \bar{x}_2x_4x_5 \vee \bar{x}_1x_4x_5 \vee \bar{x}_1x_3x_5 \vee x_1x_2\bar{x}_4 \vee \bar{x}_1\bar{x}_2x_3\bar{x}_4 \vee$
$x_2x_3\bar{x}_4x_5 \vee \bar{x}_1x_2\bar{x}_3x_4 \vee x_1\bar{x}_3\bar{x}_4x_5 \vee x_1\bar{x}_2\bar{x}_3x_5 \vee x_1\bar{x}_2x_3x_4 \vee x_1x_3\bar{x}_4\bar{x}_5$.

なお，(a) についてはカルノー図を用いて，それぞれの主項の位置を示せ．

(4) 前問の (b) について求めた完全主項論理和形から始め，2.3.2 項の方法にしたがっ
て最小被覆問題を構成し，最小主項論理和形を求めよ．(被覆表の性質を利用した
計算の簡略化を適宜用いよ．)

(5) すべての論理関数 $f$ は必ず主節論理積形 (2.4.2 項) をもつことを示せ．

(6) CNF がつぎの (i) あるいは (ii) の性質をもつとき，どちらの場合も充足可能であ
ることを示せ．

(a) CNF のどの節にも肯定リテラルが 1 つ以上含まれている．

(b) CNF のどの節にも否定リテラルが 1 つ以上含まれている．

(7) $k \, (>3)$ 個の (肯定あるいは否定の) リテラル $z_i$ をもつ節 $C = (z_1 \vee z_2 \vee \cdots \vee z_k)$
を考える．新しい変数 $y_1, y_2, \ldots, y_{k-3}$ を導入して，論理積形

$$C' = (z_1 \vee z_2 \vee y_1)(\bar{y}_1 \vee z_3 \vee y_2)(\bar{y}_2 \vee z_4 \vee y_3) \cdots$$
$$(\bar{y}_{k-4} \vee z_{k-2} \vee y_{k-3})(\bar{y}_{k-3} \vee z_{k-1} \vee z_k)$$

を作る．このとき，$C$ は充足可能 $\Leftrightarrow$ $C'$ は充足可能，を示せ．この性質を利用し
て，SAT の問題例である任意の CNF $f$ に対し，各節に含まれるリテラルの個数
が 3 以下の 3SAT の CNF $f'$ で，$f$ は充足可能 $\Leftrightarrow$ $f'$ は充足可能，という性質を
もつものが作れることを示せ．

(8) つぎの CNF の充足可能性を, 展開法と Davis-Putnam 法によって判定せよ.

(a) $(\bar{x}_1 \vee x_2 \vee x_3)(\bar{x}_2 \vee \bar{x}_4)(x_1 \vee x_3)(x_2 \vee \bar{x}_3 \vee x_5)(\bar{x}_1 \vee \bar{x}_5)(x_3 \vee x_4)$
$(x_2 \vee \bar{x}_3 \vee x_4)$,

(b) $(\bar{x}_1 \vee x_2 \vee \bar{x}_3)(x_1 \vee x_3)(x_2 \vee \bar{x}_3)(x_2 \vee \bar{x}_4)(x_4 \vee x_5)(\bar{x}_2 \vee x_4)$
$(\bar{x}_4 \vee \bar{x}_5)(x_2 \vee \bar{x}_5)(\bar{x}_1 \vee \bar{x}_5)(x_3 \vee x_4)(\bar{x}_2 \vee \bar{x}_3 \vee x_4)$.

(9) ある CNF $L$ が与えられたとき, その双対論理式 $L^d$ を作ると DNF の形をしている. このとき, $L$ が充足可能である必要十分条件は $L^d$ の値を 0 (すなわち, $L^d$ のすべての項を 0) にする変数の値が存在すること, を証明せよ.

---

### ひ・と・や・す・み

#### ― 論理関数の拡張 ―

本章で論理関数といえば, $n$ 次元 0-1 ベクトルのすべてに対して関数 $f$ の値が定義されているとしたが, 一部のベクトルに対してのみ定義されていて, 他は未定義であってもよいとする**部分定義論理関数** (partially defined Boolean function) も実用上重要である. すなわち, $f$ がある概念を表すとして, 一部のデータ (ベクトル) には真偽が明示的にわかっているが, 他は未知といった状況に対応している. この場合, 未知のデータに対する $f$ の値を定めることによって, その概念の完全な姿を構築したい. ただし, それらの値を任意に定めるのでは意味がなく, 概念として論理的に受け入れられる $f$ でなければならない. この話題は, 人工知能における概念形成やデータマイニングなどと関連していて, 詳しい研究がある.

ところで, 論理変数と関数値がとる 1 と 0 の値は, 真と偽に対応しているが, 単純に真と偽に分けることはできないこともあるだろう. **擬ブール関数** (pseudo Boolean function) では, 0-1 変数 $x_i$ に対して関数値は実数値をとり, $3.0\,x_1 x_3 + 2.7\,x_2 x_3 x_4 - 1.8\,x_1$ などの表現を許している. すなわち, $\{0,1\}^n$ から $\mathbb{R}$ への関数を対象とするのである.

同様の発想から出た**多値論理** (many-valued logic) では, 名前のとおり, 0 と 1 以外の論理値を許している. たとえば真と偽の中間を表すために, $\{0, 1/2, 1\}$ を使うと 3 値論理になる. コンピュータの論理素子においても, 電圧の範囲を 3 つに分けて 3 値に対応させると, 得られる論理回路は, 2 値の場合よりコンパクトに作れることが知られている.

　さらに, 変数 $x_i$ の値として 0 と 1 の間の任意の実数値を許すこともできよう. 自然な解釈の 1 つは, $x_i$ の値を $x_i$ という事象が成立する **確率** (probability) と考えるものである. これによって, 論理と確率の橋渡しが期待できる.

　変数 $x_i$ が, たとえば,「A 君の背は高い」という命題を表しているとすると, 人によって基準が異なるだろう. つまり, 180cm 以上の背の高さならば, 誰もが「高い」と認め, 170cm 以下ならばそうとは認めないとしても, 170cm と 180cm の間ならば人によって, あるいは状況によって判断が異なる. この不確かさは確率ではなく, 判断の「あいまいさ」である. このような命題は**ファジイ論理** (fuzzy logic) によって扱うことができる. そこでは命題が成立する度合いを, メンバーシップ関数によって 0 と 1 の間の実数値で表す. 背の高さの例であれば, 身長が 170cm 以下の場合は値 0, 180cm 以上であれば値 1, 170cm と 180cm の間では 0 から 1 へ単調に増加する関数で表現するのである.

　次章で扱うニューラルネットワークでは, $x_i$ と $f$ の両者が実数値をとる. 入力と出力の間を非線形関数でつなぎ, 近似的に論理関数を表すところに特徴がある.

第**3**章

# しきい関数とディープラーニング

　人間の脳は膨大な数のニューロンから構成されたネットワークである. 1 つの
ニューロンの動作は, しきい関数という論理関数で表現される. それは実数値の重
みをもっていて, その値を変えれば, いろいろな関数を表すことができる. この特
性から, ニューロンを結合したネットワークにおいて, 構成ニューロンの重みを変
化させることによって学習過程を実現することが, 人工知能 (artificial intelligence,
AI) における重要な課題になっている. その 1 つの到達点がディープラーニング
(deep learning, 深層学習) である. 本章では, 3.1 節でしきい関数を定義し, その後
の節で, ディープラーニングにおけるネットワークの構造および学習アルゴリズ
ムについて述べる.

## 3.1　しきい関数とニューロン素子

### 3.1.1　しきい関数

　$n$ 変数論理関数 $f$ が重みベクトル (weight vector) $w \in \mathbb{R}^n$ およびしきい値
(threshold) $t \in \mathbb{R}$ をもち, 入力ベクトル $x \in \{0,1\}^n$ に対し, 以下のように動作
するとき, しきい関数 (threshold function) であるという. しきい値関数あるい
は多数決関数 (majority function) とも呼ばれる. $[w;t]$ を $f$ の構造 (structure)
という.

$$\sum_{j=1}^{n} w_j x_j \geq t \ \ ならば \ \ f(x) = 1,$$

$$\sum_{j=1}^{n} w_j x_j < t \quad \text{ならば} \quad f(x) = 0. \tag{3.1}$$

この条件は, $[w; t]$ に正数 $\alpha$ を乗じて $[\alpha w; \alpha t]$ としても変わらないので, $w$ と $t$ をそれぞれ整数ベクトルと整数に限定してもよい. さらに, 偽ベクトルの条件をつぎのようにすることもできる (練習問題 (1) 参照).

$$\sum_{j=1}^{n} w_j x_j \leq t - 1. \tag{3.2}$$

【例題 3.1】 構造 $[w; t] = [(2, 1, 1); 3]$ によって定まるしきい関数 $f$ は表 3.1 に示す $\sum w_j x_j$ の値と真理値をもつ. この関数は

$$f = x_1 x_2 \vee x_1 x_3$$

と書くこともできる. 構造 $[w'; t'] = [(1, -1, 1); 1]$ のしきい関数 $g$ も表 3.1 に示されており, その論理和形は次式である.

$$g = x_1 x_3 \vee x_1 \bar{x}_2 \vee \bar{x}_2 x_3.$$

なお, しきい関数の構造は一意的に定まるわけではない. たとえば, 上の $f$ は構造 $[(3, 2, 1); 4]$ によっても実現される. 一般に, 1 つのしきい関数に対し, 無限個の構造が存在する.

**表 3.1** 構造 $[w; t] = [(2, 1, 1); 3]$ と $[w'; t'] = [(1, -1, 1); 1]$ をもつしきい関数 $f$ と $g$

| $x_1$ | $x_2$ | $x_3$ | $\sum w_j x_j$ | $f$ | $\sum w'_j x_j$ | $g$ |
|-------|-------|-------|----------------|-----|-----------------|-----|
| 1 | 1 | 1 | 4 | 1 | 1 | 1 |
| 1 | 1 | 0 | 3 | 1 | 0 | 0 |
| 1 | 0 | 1 | 3 | 1 | 2 | 1 |
| 1 | 0 | 0 | 2 | 0 | 1 | 1 |
| 0 | 1 | 1 | 2 | 0 | 0 | 0 |
| 0 | 1 | 0 | 1 | 0 | -1 | 0 |
| 0 | 0 | 1 | 1 | 0 | 1 | 1 |
| 0 | 0 | 0 | 0 | 0 | 0 | 0 |

**【例題 3.2】** $n$ 変数 $x_1, x_2, \ldots, x_n$ を入力とし, 構造 $[w; t] = [(1, 1, \ldots, 1); n]$ をもつしきい関数は, 容易にわかるように論理積 $x_1 \wedge x_2 \wedge \cdots \wedge x_n$ を表す. 同様に, $[w; t] = [(1, 1, \ldots, 1); 1]$ は論理和 $x_1 \vee x_2 \vee \cdots \vee x_n$ である. さらに, 1 変数 $x$ に対する構造 $[w; t] = [-1; 0]$ は否定 $\bar{x}$ である. このことから, 2.1 節の最後で述べたように, しきい関数を組み合わせることによって, 任意の論理関数を実現できることがわかる.

### 3.1.2 しきい関数の必要十分条件

しきい関数は重みとしきい値を選ぶことによっていろいろな論理関数を表現できるが, すべての論理関数を表現できるわけではない. その様子を知るため, しきい関数の構造 $[w; t]$ に対し, $n$ 次元実数空間における

$$\sum_{j=1}^{n} w_j x_j = t \tag{3.3}$$

という線形方程式を考えてみる. これは $n = 2$ のとき直線, $n = 3$ のとき平面, 一般に $n > 3$ ならば超平面を表す. 図 3.1 は 2 次元の例であって, 黒丸は真ベクトル, 白丸は偽ベクトルである[*1]. すなわち, $f$ がしきい関数であると想定することは, 真ベクトルの集合と偽ベクトルの集合を図 3.1(a) のように直線 (一般には超平面) で分離できることを意味する. もちろん, 同図 (b) のように, 直線による分離が不可能な場合もあり, その場合には, しきい関数としては実現できない.

以上の考察から, 論理関数 $f$ の真ベクトル集合 $T(f) \subseteq \{0, 1\}^n$ と偽ベクトル集合 $F(f) \subseteq \{0, 1\}^n$ が与えられたとき (ただし, $T(f) \cap F(f) = \emptyset$ と $T(f) \cup F(f) = \{0, 1\}^n$ を仮定する), $f$ がしきい関数であるかどうかは, $w_j, j = 1, 2, \ldots, n$ と $t$ を変数とする 1 次不等式系

$$\sum_{j=1}^{n} w_j u_j \geq t, \qquad u \in T(f),$$

---

[*1] 厳密には, $n = 2$ のとき, 0-1 ベクトルは最大 4 個しか存在せず, しかもそれらの位置も定まっているので, 図 3.1 は $n > 2$ の場合を概念的に 2 次元に描いたものと理解願いたい.

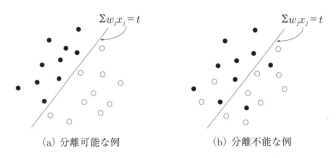

(a) 分離可能な例 (b) 分離不能な例

**図 3.1** 真ベクトル (黒丸) と偽ベクトル (白丸) の直線 (超平面) による分離

$$\sum_{j=1}^{n} w_j v_j \leq t - 1, \quad v \in F(f) \tag{3.4}$$

が解をもつかどうかに帰せられる. この 1 次不等式系は $n+1$ 個の変数と $2^n$ 個の不等式条件をもつ.

　1 次不等式系の解法は, **線形計画法** (linear programming) という分野で詳しく研究されており, シンプレックス法や内点法などのアルゴリズムによって効率よく解くことができる. そのためのソフトウェアも開発されている. しかし, ここでは別の観点から, 必要十分条件を導いてみる.

　集合 $T$ が $m$ 個の点 (ベクトル) $u^1, u^2, \ldots, u^m$ から構成されているとき, $\lambda \in \mathbb{R}^m$ を用いてつぎのように定義される集合

$$\mathrm{conv}\, T = \left\{ \sum_{i=1}^{m} \lambda_i u^i \,\middle|\, \sum_{i=1}^{m} \lambda_i = 1, \ \lambda_i \geq 0, \ i = 1, 2, \ldots, m \right\} \tag{3.5}$$

を $T$ の**凸包** (convex hull) という. これは, 集合 $T$ を包む最小の凸集合を意味する (図 3.2). なお, 集合 $S$ が凸であるとは, 任意の 2 点 $x, y \in S$ に対し, $x$ と $y$ を結ぶ線分全体が $S$ に含まれることをいう. 簡単にいえば, 内部の穴や境界面のへこみを許さない集合である. 式 (3.5) の $x = \sum_{i=1}^{m} \lambda_i u^i$ は, 端点 $u^i$ $(i = 1, 2, \ldots, m)$ の**凸結合** (convex combination) と呼ばれ, 凸包内の 1 つの点を表す. 各 $\lambda_i$ を条件の範囲で動かすと, 凸包内のすべての点を実現できる (練習問題 (2) 参照).

　集合 $F$ についてもやはりその凸包 $\mathrm{conv}\, F$ を考えることができる. 図 3.1 から想像できるように, $T$ と $F$ の超平面による分離可能性は, それらの凸包 $\mathrm{conv}\, T$ と $\mathrm{conv} F$ が, 図 3.2 に示すように, 互いに重ならないことと同じであることが, つ

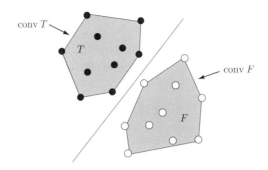

**図 3.2**　2 つの凸包の超平面による分離

ぎの定理からわかる.

　**[凸集合の分離定理]**　2 つの凸集合 $A$ と $B$ が超平面によって分離でき
るための必要十分条件は, $A \cap B = \emptyset$ が成立することである.

　もちろん, $A \cap B \neq \emptyset$ ならば $A$ と $B$ は分離できないので, 証明のポイントは,
$A \cap B = \emptyset$ のとき, 分離超平面を実際に引けるかという点にある. 凸集合の「へ
こみ」がないという性質を考えると, この事実は直感的には抵抗なく受け入れら
れるであろう. (しかし, 厳密な証明は, しかるべき数学的準備が必要である. 本書
では省略する.)

　結局, しきい関数による実現可能性は, 2 つの凸包が分離しているという条件,
conv $T \cap$ conv $F = \emptyset$, に帰着された. その否定, つまり 2 つの凸包に共通部分が
存在するという条件 (= しきい関数としての実現不可能性) は, 凸包を定義する式
(3.5) からつぎのように書くことができる.

　**[総和可能性]**　点集合 $T = \{u^1, u^2, \ldots, u^m\}$ と $F = \{v^1, v^2, \ldots, v^{m'}\}$
に対し, つぎの条件をみたす $\lambda \in \mathbb{R}^m$ と $\mu \in \mathbb{R}^{m'}$ が存在するとき, 総和
可能という.

$$\sum_{i=1}^{m} \lambda_i = \sum_{j=1}^{m'} \mu_j, \qquad \sum_{i=1}^{m} \lambda_i u^i = \sum_{j=1}^{m'} \mu_j v^j, \qquad (3.6)$$

$$\lambda_i \geq 0, \ i = 1, 2, \ldots, m, \quad \mu_j \geq 0, \ j = 1, 2, \ldots, m'.$$

$T$ と $F$ が総和可能でなければ総和不能 (asummable) であるという. なお, 凸包の定義によれば, 条件 $\sum \lambda_i = 1$ と $\sum \mu_j = 1$ が必要であるが, これらの全体を正数倍しても結果は変わらないので, 上式では $\sum \lambda_i = \sum \mu_j$ という条件に直してある. 以上の議論から, つぎの定理が得られる.

[総和不能性定理] $f$ がしきい関数である必要十分条件は, $f$ の真ベクトル集合 $T(f)$ と偽ベクトル集合 $F(f)$ が総和不能であること.

この定理は, 関数 $f$ がしきい関数でないことを示すために, しばしば用いられる.

【例題 3.3】 論理関数 $f = x_1 x_2 \vee x_3 x_4$ を考える. 真理値表を表3.2に与える. この表からわかるように

$$u^1 = (1100),\ u^2 = (0011) \in T(f),$$
$$v^1 = (1010),\ v^2 = (0101) \in F(f),$$
$$u^1 + u^2 = v^1 + v^2$$

が成立するので, $T(f)$ と $F(f)$ は総和可能である. よって, この $f$ はしきい関数ではない.

**表 3.2** 関数 $f = x_1 x_2 \vee x_3 x_4$ の真理値表

| $x_1$ | $x_2$ | $x_3$ | $x_4$ | $f$ | $x_1$ | $x_2$ | $x_3$ | $x_4$ | $f$ |
|---|---|---|---|---|---|---|---|---|---|
| 1 | 1 | 1 | 1 | 1 | 0 | 1 | 1 | 1 | 1 |
| 1 | 1 | 1 | 0 | 1 | 0 | 1 | 1 | 0 | 0 |
| 1 | 1 | 0 | 1 | 1 | 0 | 1 | 0 | 1 | 0 |
| 1 | 1 | 0 | 0 | 1 | 0 | 1 | 0 | 0 | 0 |
| 1 | 0 | 1 | 1 | 1 | 0 | 0 | 1 | 1 | 1 |
| 1 | 0 | 1 | 0 | 0 | 0 | 0 | 1 | 0 | 0 |
| 1 | 0 | 0 | 1 | 0 | 0 | 0 | 0 | 1 | 0 |
| 1 | 0 | 0 | 0 | 0 | 0 | 0 | 0 | 0 | 0 |

この議論によって，とくに変数の数が少ない場合，しきい関数でないことを簡単に証明できることが多い．2変数の論理関数でしきい関数でないのは，$f = x_1 \bar{x}_2 \vee \bar{x}_1 x_2$ のみで (練習問題 (3))，他はすべてしきい関数である．

### 3.1.3　ニューロンとパーセプトロン

人間の脳では，$10^{12}$ 個にも及ぶといわれるニューロン (neuron, 神経細胞) が互いに結合しあってニューラルネットワーク (neural network, NN) を構成している．図 3.3 は 2 個のニューロンを模式的に示している．ニューロンの細胞体 (cell body) へは，複雑に枝分かれした樹状突起 (dendrite) と呼ばれる部分から信号が入力される．入力に対する反応は 1 本の軸索 (axon) を通して出力され，末端で多数に枝分かれしているシナプス (synapse) という接合部分を経て他のニューロンの樹状突起へ伝えられる．1 つのニューロンは通常数百から数千，多いものでは数万というニューロンからシナプスを介して信号を受けているが，シナプスの結合度は，正負さらに大きさもさまざまである．これらの結合度は，重みベクトル $w$ に相当する．

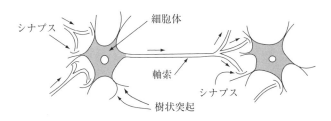

**図 3.3**　ニューロン

人は成長するにしたがって経験を積み，脳のネットワークを変化させるが，それは主にシナプスの結合度を変化させることによって実現される．シナプスを通して細胞体に集められた信号は，その和 $\sum w_j x_j$ がしきい値 $t$ を超えると細胞体を発火させ，出力信号を送り出す．実際のニューロンは，入出力信号を $0, 1$ ではなくアナログ量 (実数値) として処理し，しかも時間的に変動する動的な処理を行う非線形素子であるが，発火のメカニズムはしきい関数そのものである．ニューロンの働きを，論理関数として単純化したものが，しきい関数であるといえる．

ニューロン入力を実数ベクトル $u \in \mathbb{R}^n$ とし，これをある現象に対する 1 つの

データと考えよう. たとえば, 病院を訪れる個々の患者のデータが各ベクトル $u$ に記述されていて, $u_1$ は体温, $u_2$ は血圧値, $u_3$ は咳をしているか $(u_3 = 1)$ いないか $(u_3 = 0)$, などと解釈される. 医者は, これらの検査結果のデータから, 患者がたとえばインフルエンザにかかっているかどうかを診断する. インフルエンザと診断されれば $f(u) = 1$, 反対の結果ならば $f(u) = 0$ である. この関数 $f$ は, 全患者に対するインフルエンザの診断結果を集約したもの, すなわち医者のもっている知識を具現化したものと見なすことができる. そのような $f$ を具体的にどう構築するかが, 人工知能における研究課題の1つである.

つぎに, 図 3.4 には, A とおぼしき文字のデータが $6 \times 6$ のメッシュに書かれている. あるものは A と判定され, あるものはそうではないと判定される. メッシュの1区画をベクトルの1要素に対応させ, 色の強さを実数値として表すと, これらのデータはそれぞれ $6 \times 6 = 36$ 次元の実数ベクトル $u$ で表現される. $j$ 番目の区画が黒ければ $u_j = 1$, 白ければ $u_j = 0$, 中間ならばその間の値をとる. この場合も, $u$ を A と判定するか $(f(u) = 1)$ あるいはそうでないか $(f(u) = 0)$ が求める関数 $f$ である.

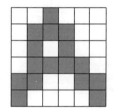 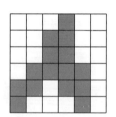 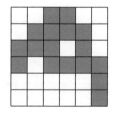

**図 3.4** メッシュ上の文字

このような応用では, 式 (3.1) のしきい関数の定義において, 入力を実数ベクトル $x \in \mathbb{R}^n$ と考えるのが自然である. 1950 年代から 60 年代にかけ, そのような素子をパーセプトロン (perceptron) と呼び, 詳しい研究がなされた. 重み $w$ としきい値 $t$ を変化させることによって, 学習過程を模擬できるところが注目されたのである. このパーセプトロンはニューラルネットワークの基本素子となるので, そのための記号をここで整理しておこう. しきい値 $t$ の代わりにバイアス (bias) $b$ を用いて入力和を

$$a = \sum_{j=1}^{n} w_j x_j + b \tag{3.7}$$

と置いて，出力 $y = h(a)$ を

$$h(a) = \begin{cases} 1, & a \geq 0 \text{ のとき,} \\ 0, & a < 0 \text{ のとき,} \end{cases} \tag{3.8}$$

と定める．もちろん $b = -t$ と考えれば，しきい関数の定義式 (3.1) にそのまま対応している．この入力和 $a$ に対して出力値 $z$ を決める関数 $h(a)$ は一般に**活性化関数** (activation function) と呼ばれている．パーセプトロンの活性化関数は式 (3.8) のステップ関数である．以上の様子を $n = 2$ として図 3.5 に示す．

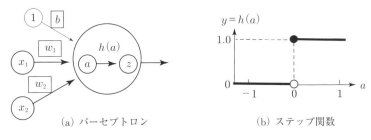

(a) パーセプトロン　　　　　　(b) ステップ関数

**図 3.5** パーセプトロンと活性化関数

しかし，3.1.2 項の議論からわかるように，パーセプトロン 1 つでは，対象を論理関数に限定しても，しきい関数という限られた世界しか表現できない．そのため，研究の興味は，それらを複数接続することを許したネットワークへ展開していった．複数の素子を結合したネットワークであれば，例題 3.2 に示したように任意の論理関数を実現できるからである．

## 3.2　ニューラルネットワーク (NN) の仕組み

複数のニューロン素子を結合したネットワークの中で，図 3.6 のような多層構造が詳しく研究されている．入力層から供給された入力値 (たとえば図 3.4 の各区画の値) は，この例では 2 層の隠れ層を通して左から右へ順に処理され，出力層に

送られる. 出力層も複数の素子からなり, たとえばアルファベット 26 文字の識別を目指すネットワークであれば, それぞれの文字に対応して, 26 素子が置かれる. 図 3.6 の上部に 1 とある素子は, 各素子へのバイアスの提供を表している. この図は大変小さなネットワークであって, 応用によっては, 入力変数の数は数千から数万, 隠れ層も数十層, また各隠れ層の素子の数もやはり数千から数万に及ぶことがある. 出力層も同様である. このようなネットワークをニューラルネットワーク (neural network, NN) と呼び, 以下 NN と略すことにする. 図は入力層を除くと 3 層から構成されているので, 3 層 NN である.

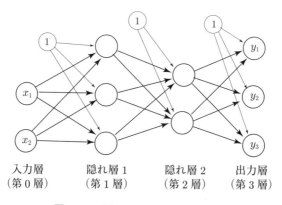

入力層　　　　隠れ層 1　　　隠れ層 2　　　出力層
（第 0 層）　（第 1 層）　　（第 2 層）　　（第 3 層）

**図 3.6**　3 層ニューラルネットワーク

　一般に, 多数のデータから, それらを説明する有用な規則, ルール, 知識表現などを抽出することを**機械学習** (machine learning) と呼び, 統計やデータマイニングを利用した手法などを含めて, さまざまなアプローチが研究されている.

　NN では, それを構成するすべての素子の重み $w_i$ とバイアス $b_j$ を, 適当な初期値から始め, 微小な変化を反復する学習過程によって, 目的の機能を実現することを目指す. この **NN による学習** (learning by NN) は, いうまでもなく機械学習の有力な手段の 1 つである. 本書ではこれ以後, とくに多層 NN の構造を学習によって決定することを考えるが, そのようなアプローチをディープラーニング (deep learning) と呼んでいる. 日本語では**深層学習** という.

　隠れ層は $k = 1, 2, \ldots, K$ の $K$ 層からなるとする. その第 $k$ 層の上から $j \in \{1, 2, \ldots, m^{(k)}\}$ 番目の素子の構造を図 3.7 に示そう. この素子へはバイアス

値 $b_j^{(k)}$ と 1 つ前の層からの出力値 $z_i^{(k-1)}$, $i = 1, 2, \ldots, m^{(k-1)}$ が重み $w_{ji}^{(k)}$ を通して加えられるので, 入力和は

$$a_j^{(k)} = \sum_{i=1}^{m^{(k-1)}} w_{ji}^{(k)} z_i^{(k-1)} + b_j^{(k)} \tag{3.9}$$

となる. もちろん, $k = 1$ であれば, その前の層の出力値は NN への入力値 $x_i$ である. 入力和 $a_j^{(k)}$ は活性化関数 $h_j^{(k)}(a_j^{(k)})$ によって出力値 $z_j^{(k)}$ に変換される.

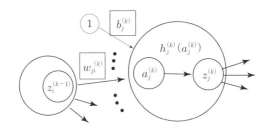

**図 3.7** 第 $k$ 隠れ層, 第 $j$ 素子の構造

隠れ層における活性化関数には, 式 (3.8) のステップ関数は適当でない. その理由は, NN の学習過程で, $b_j^{(k)}$ や $w_{ji}^{(k)}$ が微少量ずつ変化するが, その変化がステップ関数のような不連続関数では, 出力値 $z_j^{(k)}$ にスムーズに反映されないからである. しかし $h(a) = a$ のような線形関数ではなく, ステップ関数と同様, $a < 0$ と $a \geq 0$ の部分で挙動が変化するという非線形性ももたせたい. そのような考察から, いろいろな応用で広く用いられている代表的な活性化関数に, シグモイド関数 (sigmoid function)

$$h(a) = \frac{1}{1 + \exp(-a)} \tag{3.10}$$

と **ReLU 関数** (rectified linear unit)

$$h(a) = \begin{cases} 0, & a \leq 0 \text{ のとき,} \\ a, & a > 0 \text{ のとき,} \end{cases} \tag{3.11}$$

がある. それぞれの形を図 3.8 に与える. シグモイド関数に出てくる $\exp(-a)$ は指数関数 $e^{-a}$ のことで, $e$ はネイピア数あるいは自然対数の底と呼ばれていて, $e = 2.718\cdots$ という定数である. 微積分において重要な関数である. 活性化関数に

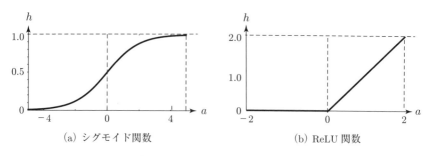

(a) シグモイド関数　　　　　　　(b) ReLU 関数

**図 3.8**　よく使われる活性化関数

は，この他にもいろいろな提案があって，詳細は省略するが，シグモイドと ReLU の中間に位置する Swish, Mish などが知られている．

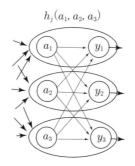

**図 3.9**　出力層のソフトマックス関数

　最後に，出力層の各素子には，隠れ層とは異なる活性化関数が用いられる．一般に $m$ 素子からなるが，図 3.9 は 3 素子の場合である．各素子 $j$ の入力和 $a_j$ をそのまま出力 $y_j$ とする場合もあるが，よく用いられるのは，ソフトマックス (softmax) 関数であり，入力和 $a = (a_1, a_2, \ldots, a_m)$ に対しつぎのように定義される．

$$h_j(a) = \frac{\exp(a_j)}{\sum_{i=1}^{m} \exp(a_i)}. \tag{3.12}$$

すなわち，$j$ 番目の素子の出力値は $y_j = h_j(a)$ である．容易にわかるように

$$0 \le y_j \le 1, \quad j = 1, 2, \ldots, m \quad \text{および} \quad \sum_{j=1}^{m} y_j = 1 \tag{3.13}$$

が成立する．すなわち，ソフトマックス関数の出力値は**正規化** (normalization) さ

れている. このとき, $y_j$ は, 外部からのデータに対し, $j$ 番目の出力素子が結論として選ばれる確率を表しているとも解釈できる. これはいろいろな応用において, 大変都合の良い性質である.

---

**【例題 3.4】** ソフトマックス関数に $a = (0.8,\ 3.4,\ 4.0)$ を入力すると $y = (0.026, 0.345, 0.629)$ を得る. 入力数字の大小関係が保存されていて, さらに正規化されていることを確認できる. 最大値をやや強調して出力していることから, ソフトマックスという名前の由来が理解できよう.

---

## 3.3 誤差逆伝播法による誤差の最小化

### 3.3.1 順方向 NN と誤差の評価

図 3.10 に, 隠れ層の 1 つの素子に着目して, 信号が左から右 (順方向) に流れる様子を示す. 図 3.7 に対応しているが, 見やすくするために, 変数の添え字などを簡略化し, また接続線の数も限られたものにしている. 前節と同様, $a$ は入力和

$$a = \sum_i w_i u_i + b$$

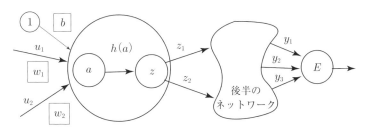

**図 3.10** 順方向 NN

を表す. この素子を出た信号は, この例では $z_1$ と $z_2$ に分かれ, 後半の NN の 2 個の素子へ進む. 後半の NN は, その直前の層からの信号のすべて (図には書かれていない) を受けて, それらを処理したのち, 最終的な出力 $(y_1, y_2, y_3)$ を $E$ へ送り, 誤差を評価する.

以下, いわゆる**教師あり学習** (supervised learning) を念頭において説明する. すなわち NN の入力層に加えられたデータ $x = (x_1, x_2, \ldots, x_n)$ に対する出力層の値 $y = (y_1, y_2, \ldots, y_m)$ の正しい値 $t = (t_1, t_2, \ldots, t_m)$ が教師によって与えられていて, $y$ をできるだけ $t$ に近づけることが目標である. $t$ の典型的な例としては, 1つの $j$ に対して $t_j = 1$ (正しい出力素子) であり, 他はすべて 0 の値をとるものが用いられる.

$y$ の $t$ に対する誤差は図 3.10 の最終素子によって $E$ と評価される. $E$ は**損失関数** (loss function) あるいは**誤差関数** (error function) と呼ばれる. すなわち $E$ を小さくするように NN 内のすべての重み $w_i$ とバイアス値 $b$ を調節することを学習と考えるのである. なおここでは, 一組のデータ $x$ についてのみ, $E$ の最小化を考えるが, 現実の応用では, もちろん多くのデータについて, 全体として誤差の最小化が求められる. その話題はつぎの 3.4 節で扱う.

損失関数 $E$ には, **2乗和誤差** (mean squared error)

$$E = \frac{1}{2} \sum_{j=1}^{m} (y_j - t_j)^2 \tag{3.14}$$

および**交差エントロピー誤差** (cross entropy error)

$$E = -\sum_{j=1}^{m} t_j \log y_j \tag{3.15}$$

などがよく用いられる. この log は自然対数であって, $y_j > 0$ に対して定義される. $y_j = 1$ のとき $\log y_j = 0$ であり, 1 より小さく 0 に近づくにつれて急速にマイナスに大きくなる (よって $0 < y_j \leq 1, t_j \geq 0$ ならば $E$ の値は非負である). なお, $t_j = 0$ の場合は $y_j = 0$ であっても $t_j \log y_j = 0$ と考える.

### 3.3.2 最急降下法

NN の構造および入力データ $x = (x_1, x_2, \ldots)$ と正しい出力 $t = (t_1, t_2, \ldots)$ が与えられたとき, 学習によって決定すべき変数は, すべての素子の重み $w = (w_1, w_2, \ldots)$ とバイアス $b = (b_1, b_2, \ldots)$ である. $E$ はこれらの変数によって決まる関数 $E(w, b)$ であるが, 大変複雑なので, 簡単に式で表現できるわけではない. しかし, 以下に述べるように, 各変数に対する偏微分 $\partial E / \partial w_i$ および $\partial E / \partial b_j$ を求める手段があるので, それに基づいて, 最小化のアルゴリズムを適用できる. な

お，ここでは読者の微分法に対する知識を前提とするが，詳しい知識がなくても議論の方向が直感的に理解できるように，簡単な説明は与えるつもりである．

偏微分 $\partial E / \partial w_i$ は他の変数の値が現在のまま固定され，$w_i$ のみが微少量変化したとき，関数 $E$ が 1 変数 $w_i$ の関数としてどのように変化するか，その傾きを与える．この様子を図 3.11 に示す．すなわち，$\partial E / \partial w_i$ は $w_i$ が現在の値から単位量増加したとき，$E(w_i)$ が現在の $w_i$ の値における接線に沿ってどれだけ変化するか，その傾きを与える量である．傾きが正ならば，$w_i$ を微少量増加すると $E(w_i)$ は増加し，逆に負ならば，その反対である．図は，傾きが負で $E(w_i)$ が減少する場合を示している．$\partial E / \partial b_j$ についても同様に解釈できる．

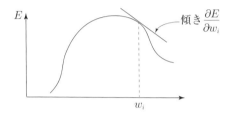

**図 3.11** $E(w_i)$ と $\partial E / \partial w_i$ の図示

すべての変数の偏微分が求まると，以上の性質から，全変数を微少量変化させるとき

$$-\left( \frac{\partial E}{\partial w_1}, \frac{\partial E}{\partial w_2}, \ldots, \frac{\partial E}{\partial b_1}, \frac{\partial E}{\partial b_2}, \ldots \right)$$

の方向が，$E$ を最も急速に減少させることが知られている．そこで

$$(w_1, \ldots, b_1, \ldots) \leftarrow (w_1, \ldots, b_1, \ldots) - \eta \left( \frac{\partial E}{\partial w_1}, \ldots, \frac{\partial E}{\partial b_1}, \ldots \right) \quad (3.16)$$

のように反復すると，その都度，損失関数 $E$ の減少が期待できる．この手順を反復するのが，非線形関数の代表的な最小化手法として知られている**最急降下法** (steepest descent method) である (**勾配降下法** (gradient descent method) とも呼ばれる)．$(w_1, \ldots, b_1, \ldots)$ の初期値には，類似の計算で得られた値があればそれを用いるのが望ましいが，そうでなければ，ランダムに設定することになる．

反復は，損失関数 $E$ が十分小さくなったと判断されたなら，そこで停止する．運がよく，$E$ を最小にする最適解に到達したとすると，そこでは

$$\left(\frac{\partial E}{\partial w_1}, \ldots, \frac{\partial E}{\partial b_1}, \ldots\right) = (0, 0, \ldots) \tag{3.17}$$

となるので, 反復しても $(w_1, \ldots, b_1, \ldots)$ は変化しない. しかし, $E$ の形が複雑で
あれば, この方法によって全体的な最適解を得るのは必ずしも容易ではない. その
ような関数では, $(\partial E/\partial w_1, \ldots, \partial E/\partial b_1, \ldots)$ を小さくすること自体が簡単である
とは限らない上に, 局所的な最適解がたくさん存在することは稀ではなく, そこに
陥ると, やはり式 (3.17) が成立するからである. それにもかかわらず, ディープ
ラーニングがいろいろな分野で成功を収めているのは, 多層 NN は, 複雑でありな
がら柔軟な構造をもっているので, 全体的な最適解でなくても, 品質の高い局所最
適解が多数存在するため, 最急降下法によってそれらへ至る経路を見出しやすい
からではないかと考えられる.

　なお, 式 (3.16) の $\eta$ は学習率 (learning rate) と呼ばれる係数で, 降下方向へ進
む際のステップ幅として動作する. 通常比較的小さな正の値に設定されるが, あま
り小さいと動きが遅いため収束も遅くなり, といって大き過ぎると, 反復ごとにあ
ちこち飛び回って, 収束しないこともある. 実際の適用において, 決まったルール
はなく, 実験を重ねながら有効な値を探索しなければならない.

　**最急降下法の変形**　　損失関数 $E$ の最小化の効率を上げるために, 最急降下
法の変形が種々提案されている. 直感的に考えて, 最適解から遠いところでは大
雑把に広い領域を探索し, 最適解に近づくと, より精密にその近傍を探索するとい
う機能をもたせることが望ましい. それを実現するには, 探索点の状況に応じて,
探索方向と学習率 $\eta$ をうまく制御しなければならない. その目的に, 詳細は省く
が, Momentum 法, Adagrad 法, Adam 法, Adamax 法, その他, いくつかのア
プローチが知られている.

### 3.3.3　誤差逆伝播法

　以上の説明からわかるように, NN に含まれる変数 $(w_1, \ldots, b_1, \ldots)$ に対する偏
微分 $\partial E/\partial w_i$, $\partial E/\partial b_j$ などが求まれば, 損失関数 $E$ に最急降下法を適用できる.
誤差逆伝播法 (backpropagation) はそのために開発された巧妙な方法である. 計
算は, NN の最後の素子から前方へ, 信号とは逆方向に進行するので, この名前が
付けられた. その基になるのは, 合成関数の微分における**連鎖律** (chain rule) の

原理である. たとえば, 関数 $z = (x+y)^2$ を

$$z = v^2, \quad v = x + y$$

のように $v$ を媒介にした合成関数と見なすと, 連鎖律によって

$$\frac{\partial z}{\partial x} = \frac{\partial z}{\partial v}\frac{\partial v}{\partial x}$$

と書ける. この例では

$$\frac{\partial z}{\partial v} = 2v, \quad \frac{\partial v}{\partial x} = 1$$

なので, つぎのように簡単に $\partial z / \partial x$ が求まる.

$$\frac{\partial z}{\partial x} = 2v \times 1 = 2(x + y).$$

この観点に立って NN を眺めると (たとえば, 図 3.10 参照), まず損失関数 $E$ は NN の出力層の出力 $y_1, y_2, \ldots$ の関数である, つぎに, 各 $y_j$ は, それを出力する素子への入力値 $a$ とソフトマックス関数によって決まる, 入力値 $a$ はその素子がもつ重みとバイアス, およびその前の層の素子の出力値の関数である. この議論は, 次々と前方の素子へ進めていくことができ, 最終的に NN の入力層で終了する. その結果, $E$ は NN に含まれる全変数 $w = (w_1, w_2, \ldots)$ および $b = (b_1, b_2, \ldots)$ の合成関数として構成される.

ここで, 図 3.10 に示された, 隠れ層の 1 つの素子に着目して, 誤差逆伝播法の計算がどのように進むのか, その様子を図 3.12 を使って説明する. この素子の出力側の $\partial E/\partial z_k$, $k = 1, 2, \ldots$ は $E$ からここまでの誤差逆伝播法の結果を 1 つにま

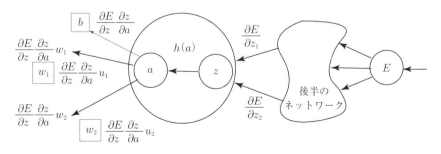

**図 3.12** NN における誤差逆伝播法

とめて書いたもので, 実際にはそれぞれ多数の偏微分の積である. つぎに, 図の $a$ は, 図 3.10 に示すように, 入力和

$$a = \sum_i w_i u_i + b$$

であり ($u_i$ は図 3.10 にあるように, 素子への入力値), 容易にわかるように

$$\frac{\partial a}{\partial w_i} = u_i, \quad \frac{\partial a}{\partial u_i} = w_i, \quad \frac{\partial a}{\partial b} = 1 \tag{3.18}$$

である. また出力 $z$ と $a$ との関係は, 活性化関数 $h$ によって

$$z = h(a)$$

である. その偏微分 $\partial z / \partial a$ は $h$ が決まれば計算できる (後述する).

この時点で, 以上の結果をまとめて, 素子への入力を与える変数 $b, u_i, w_i$ に対する偏微分の結果は, 連鎖律を適用することによって

$$\frac{\partial E}{\partial b} = \frac{\partial E}{\partial z}\frac{\partial z}{\partial a}\frac{\partial a}{\partial b} = \frac{\partial E}{\partial z}\frac{\partial z}{\partial a}$$

$$\frac{\partial E}{\partial u_i} = \frac{\partial E}{\partial z}\frac{\partial z}{\partial a}\frac{\partial a}{\partial u_i} = \frac{\partial E}{\partial z}\frac{\partial z}{\partial a}w_i, \quad i = 1, 2, \ldots \tag{3.19}$$

$$\frac{\partial E}{\partial w_i} = \frac{\partial E}{\partial z}\frac{\partial z}{\partial a}\frac{\partial a}{\partial w_i} = \frac{\partial E}{\partial z}\frac{\partial z}{\partial a}u_i, \quad i = 1, 2, \ldots$$

となる. 図 3.12 には各式の右側の結果のみを対応する $b, u_i, w_i$ のところに記している. なお, 出力 $z$ は一般に複数の $z_k, k = 1, 2, \ldots$ に分かれているため, 逆伝播の値, $\partial E / \partial z_k$ はそれぞれを逆に戻ってくる. したがって, 上式中の $\partial E / \partial z$ は全体の和をとって

$$\frac{\partial E}{\partial z} = \sum_k \frac{\partial E}{\partial z_k} \tag{3.20}$$

によって与えられる.

ここで, 上記の $\partial z / \partial a$ を, $h$ が式 (3.10) のシグモイド関数である場合について求めてみる. すなわち

$$z = \frac{1}{1 + \exp(-a)} = \frac{1}{1 + v}, \quad v = \exp(-a)$$

を用いて, 微分法の連鎖律を適用すると

$$\frac{\partial z}{\partial v} = \frac{-1}{(1+v)^2}, \qquad \frac{\partial v}{\partial a} = -\exp(-a) = -v,$$

$$\frac{\partial z}{\partial a} = \frac{\partial z}{\partial v}\frac{\partial v}{\partial a} = \frac{v}{(1+v)^2} = z(1-z) \tag{3.21}$$

を得る. この $z$ には, 順方向の計算 (3.2 節) によってすでに素子の出力値が求められているので, その値を用いる. なお, 活性化関数が式 (3.11) の ReLU 関数の場合は, 練習問題 (6) とする.

　なお, 損失関数 $E$ とその前の出力層の素子 (ソフトマックス関数) については, 上記とは異なる形をしているので, ここで考察しよう. $E$ として式 (3.14) の 2 乗和誤差を考えると

$$\frac{\partial E}{\partial y_j} = (y_j - t_j) \tag{3.22}$$

である. 式 (3.15) の交差エントロピー誤差については練習問題 (7) とする. また, 出力層のソフトマックス関数の計算を式 (3.12) と図 3.9 を参考にして求めると, やはり連鎖律を用いて

$$\frac{\partial y_j}{\partial a_i} = \begin{cases} y_j(1-y_j), & i = j \text{ のとき}, \\ -y_j y_i, & i \neq j \text{ のとき}, \end{cases} \tag{3.23}$$

を得ることができる. 詳しくは練習問題 (8) とする. これが図 3.9 の $a_i$ と $y_j$ を結ぶ線に逆伝播される偏微分である. 最終の $E$ からの逆伝播も含めて書くと

$$\frac{\partial E}{\partial y_j}\frac{\partial y_j}{\partial a_i}$$

である. $a_i$ からはすべての $y_j$ へ線があるので次式となる.

$$\frac{\partial E}{\partial a_i} = \sum_j \frac{\partial E}{\partial y_j}\frac{\partial y_j}{\partial a_i}. \tag{3.24}$$

　説明は前後したが, 以上の計算を NN の最後尾から前方へ順次実行していくと, 最終的にすべての偏微分が求まり, 最急降下法に必要な $(\partial E/\partial w_1, \ldots, \partial E/\partial b_1, \ldots)$ が得られるのである. NN を一度逆方向にスキャンするだけで計算できるので効率がよい. これが誤差逆伝播法である.

**【例題 3.5】** 小さな 2 層の NN に対して誤差逆伝播法を適用してみる. ただし, それでもデータ量が結構多いので, 出力層の結果のみを図 3.13 に示す.

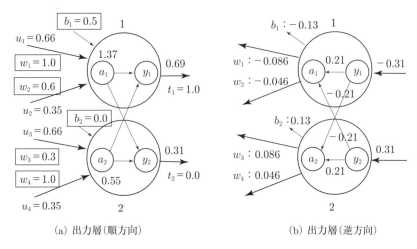

(a) 出力層（順方向）　　　　　　　(b) 出力層（逆方向）

**図 3.13** 誤差逆伝播法の計算例

　左側の順方向図 (a) の数字は, その前の層 (図には書かれてない) の計算結果を反映したものである. 矢線に付された数字はそこを流れる信号 $u_i$ の値, さらに, 重み $w_i$ と素子 $j = 1, 2$ のバイアス $b_j$ の現在の値も書かれている. それらに基づいて式 (3.7) の $a_i$ の値が得られる. 図の素子 1, 2 はソフトマックス関数を用いているので, 式 (3.12) によって $y_j$ を計算している. 図にはさらに, 2 個の出力値 $y_j$ に対する $t_j$ も書かれている.

　これに対する誤差逆伝播法の結果が右の図 (b) である. 誤差の評価に式 (3.14) の 2 乗和誤差を使うと

$$E = (0.69 - 1)^2 + (0.31 - 0)^2 = 0.19$$

である. $E$ に対する偏微分 $\partial E/\partial y_j$ は式 (3.22) によって求めて, 結果を右図の $y_j$ への線に記している. たとえば, $y_1$ への線に書かれた負の値 $-0.31$ は, $y_1$ を増加すれば損失関数 $E$ が減少することを示している. また, $y_j$ から $a_i$ の線に付されている数字は $\partial y_j/\partial a_i$, つまりソフトマックス関数に対する式 (3.23) の結果である. $w_i$ と $b_j$ には, 逆伝播量 $\partial E/\partial w_i$ と $\partial E/\partial b_j$ の値を付

している. これらの値を求めるには, 式 (3.24) にしたがって, まず

$$\frac{\partial E}{\partial a_1} = \frac{\partial E}{\partial y_1}\frac{\partial y_1}{\partial a_1} + \frac{\partial E}{\partial y_2}\frac{\partial y_2}{\partial a_1} = -0.31 \times 0.21 + 0.31 \times (-0.21) = -0.13$$

および, 同様に $\partial E/\partial a_2 = 0.13$ を求める. そのあと式 (3.19) および式 (3.18) を適用すればよい. ただし, 式 (3.19) に対して

$$\frac{\partial E}{\partial z}\frac{\partial z}{\partial a} = \frac{\partial E}{\partial a}$$

の関係に注意する (ここでは $\partial E/\partial a$ がすでに求まっているので). また素子が 2 つあるので, $a$ は $a_i$ と書かれる. その結果, たとえば

$$\frac{\partial E}{\partial w_1} = \frac{\partial E}{\partial a_1}\frac{\partial a_1}{\partial w_1} = \frac{\partial E}{\partial a_1}u_1 = -0.13 \times 0.66 = -0.086$$

を得る. 他も同様である. $\partial E/\partial w_1 < 0$ は $w_1$ を微少量増加すると $E$ がそれに応じて減少することを示している. 以上の結果に基づいて式 (3.16) の最急降下法の反復を $\eta = 1$ を用いて 1 回実行する. その結果, たとえば $w_1$ は

$$w_1 - \eta\frac{\partial E}{\partial w_1} = 1.0 - 1 \times (-0.086) = 1.086$$

へ更新される. 同様に, 新しい $w_i$ と $b_j$ は

$$w_1 = 1.086, \quad w_2 = 0.646, \quad w_3 = 0.214, \quad w_4 = 0.954,$$

$$b_1 = 0.63, \quad b_2 = -0.13$$

になる. このような計算を 2 層のネットワーク全体に適用し, その結果を用いて順方向の計算をしてみると, 前半部分の記述を省いているので結果だけになるが, 損失関数 $E$ は 0.19 から 0.10 に減少した. これによって, 最急降下法の効果を確認することができた.

# 3.4 NN による教師あり学習

前節では 1 つの入力データに対する誤差の最小化を考えたが, 実際に求められているのは, 多くの入力データを対象に誤差の平均を最小化することである. 3.1 節

の図 3.1 は多くの 2 次元データを，1 つの素子が実現する直線によって分離する様子を示しているが，直線だと分離能力に限界があって，誤分類されるデータが多数存在する場合もある．これに対し，多くの素子を用いる NN では，模式的に，図 3.14(a) のような非線形の曲線による分離が可能であり，より高い性能を期待できる．NN による学習とは，多次元空間で，そのような分離関数を求めるプロセスと考えることができる．

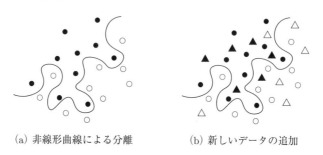

(a) 非線形曲線による分離　　　(b) 新しいデータの追加

**図 3.14** NN 学習の汎化能力

　教師あり学習では，まず，正しい答えがわかっている多数のデータが手元にあることが前提になる．たとえば，アルファベット 26 文字を識別する問題では，どの文字であるかが既知である多数の文字画像が入力データとなる．これらの教師データに対し，まず，全体の識別誤差を最小化することを目指す．しかし，それは最終的なゴールではない．求められるのは，教師データ以外の未知のデータも含めたあらゆる画像データに対して，可能な限り正しく動作するものである．この様子を図 3.14(b) に示す．図の 3 角の点は，新しいデータである．この図では，そのほとんどは黒と白に正しく分離されているが，少数の例外もある．教師データ以外の入力に対して，どの程度正しく動作するかを汎化能力 (generalization ability) と呼んでいる．つまり高い汎化能力を獲得することが求められているのである．

　汎化能力を調べるためによくとられる方法は，提供された入力データの全体 $X$ を訓練データ集合 $X_{\mathrm{train}}$ とテスト用のデータ集合 $X_{\mathrm{test}}$ に分割するものである．損失関数最小化の学習は $X_{\mathrm{train}}$ に対して行い，学習結果の汎化能力を，$X_{\mathrm{test}}$ に対する成績で測定する．両者の損失関数が共に小さくなれば，高い汎化能力が実現されたと判断することができる．なお，2 つの集合の大きさの比率は，全データ集合 $X$ の大きさや問題の性質に基づいて，経験的に決められることが多い．

しかし，このアプローチによって常に汎化能力の高い結果が得られるとは限らない．訓練データについてはよい性能が得られていても，テストデータに対しては性能が上がらない場合，さらにテストデータに対してうまく行っても，外部から新しいデータが提供されると満足できないこともある．このような現象を**過学習** (overfitting) と呼んでいる．過学習を避け，高い汎化能力を獲得することは，NN の学習における大きな目標である．

以上の議論を念頭において，つぎに $X_{\mathrm{train}}$ 全体に対する誤差最小化をどのように行うかを，前節の誤差逆伝播法に基づいて説明する．まず個々の訓練データ1つひとつに，その都度最急降下法の反復を適用するのは好ましくない．個々のデータに対する結果に引きずられて全体的な性能を得ることが難しい上に，計算時間の点からも問題がある．よく用いられるのは，全訓練データにおける変数の偏微分をそれぞれ求めたのち，その総和を使って最急降下法の反復を行う方法である．すなわち，データ $x \in X_{\mathrm{train}}$ に対する偏微分 $(\partial E/\partial w_1, \ldots, \partial E/\partial b_1, \ldots)$ を $\partial E(x)$ と略記すると，式 (3.16) の反復を

$$(w_1, \ldots, b_1, \ldots) \leftarrow (w_1, \ldots, b_1, \ldots) - \eta \sum_{x \in X_{\mathrm{train}}} \partial E(x) \tag{3.25}$$

とするのである．これによって，反復ごとに $X_{\mathrm{train}}$ 内のすべてのデータを睨みながら，降下方向へ進むので，過学習を避ける意味でも有効である．このようなアプローチを**バッチ学習** (batch learning) と呼んでいる．

バッチ学習では反復ごとに $X_{\mathrm{train}}$ 全体を考慮するが，そのサイズが大きいと，1回の反復に長時間かかってしまう．これを改善するため，$X_{\mathrm{train}}$ を複数のグループ $X_1, X_2, \ldots, X_m$ に分けたのち (通常ランダムに分ける)，それぞれのグループ順に

$$(w_1, \ldots, b_1, \ldots) \leftarrow (w_1, \ldots, b_1, \ldots) - \eta \sum_{x \in X_k} \partial E(x),$$
$$k = 1, 2, \ldots, m \tag{3.26}$$

の計算を行う．これをまとめて**エポック** (epoch) といい，エポックを何回か反復する．以上を**ミニバッチ学習** (minibatch learning) と呼んでいる．

ここで，バッチ学習を念頭に，大雑把であるが，教師あり学習の反復手順をアルゴリズムの形でまとめておこう．

アルゴリズム　SUPERVISED_LEARNING
入力: 多層 NN の構造, 教師あり入力データ $X_{\text{train}}$ と $X_{\text{test}}$, 学習率 $\eta$.
出力: 学習済みの多層 NN.

1. 多層 NN のすべての素子の重み $w_1, w_2, \ldots$ とバイアス $b_1, b_2, \ldots$ の初期値を定める.

2. $x \in X_{\text{train}}$ それぞれに対して, 順方向の計算によって損失関数値 $E(x)$ を求め, その平均

$$E_{\text{train}} = \frac{1}{|X_{\text{train}}|} \sum_{x \in X_{\text{train}}} E(x)$$

を得る. 同様の計算を $X_{\text{test}}$ に対しても行い, その平均誤差 $E_{\text{test}}$ を得る. 両者を比較して, 満足できると判断すれば, この時点の構造である $w_1, w_2, \ldots$ と $b_1, b_2, \ldots$ を出力して, 計算終了. そうでなければ 3. へ進む.

3. $x \in X_{\text{train}}$ それぞれに対して, 誤差逆伝播法によって, 上で定義した偏微分 $\partial E(x)$ を求め (実際には 2. の順方向計算の後で求めておくとよい), 式 (3.25) の更新

$$(w_1, \ldots, b_1, \ldots) \leftarrow (w_1, \ldots, b_1, \ldots) - \eta \sum_{x \in X_{\text{train}}} \partial E(x)$$

を実行する. 2. へ戻る.

入力の多層 NN の構造とは, NN の層の数と, 各層の素子数である (図 3.6 参照). ステップ 1 の重みとバイアスの初期値は, 適当な分布にしたがってランダムに決めることが多い. 問題に応じて, 類似の計算例などを参考にしながら細部を定めることになる. ステップ 2 の計算終了の判断は, $E_{\text{train}}$ と $E_{\text{test}}$ の動きを観測しながら, それらが満足できるレベルまで減少するか, あるいは反復を繰り返してもそれ以上減少しないと判断されたならば, そこで終了することになる. ただし, 終了のための具体的なレベル値は, 入力データの規模や性質に依存するため, 事前に決めておくことは難しい. 実験を繰り返しながら決定することになろう.

反復を繰り返しても十分な性能が得られない場合, あるいは $X_{\text{train}}$ と $X_{\text{test}}$ に

対する結果が大きく乖離していて, 過学習が結論される場合などは, 実験全体を見直す必要が出てくる. より多くの入力データを集める, 重みやバイアスの初期値の生成方法を再検討する, NN の結合構造自体を見直す, などの対策を考えなければならない.

**改善のための工夫**　　本節を終える前に, 上記の反復手順を改善するために提案されているいくつかのアイディアについて, ごく簡単に説明しておこう.

学習過程に何らかのランダム性を導入すると, その「くせ」を除くことが期待できるので, 過学習を避ける上で効果があるとされている. 先に述べたミニバッチ法においてグループ分けをランダムに行う, あるいはデータ 1 つずつに学習手順を適用する場合でも, その選択をランダムに行うなどがその例である. これらは総称して **SGD 法** (stochastic gradient descent) と呼ばれている. また, バッチあるいはミニバッチによる学習において, 反復ごとに NN の各層からいくつかの素子をランダムに除き, 残った素子に対して順方向と逆方向の計算を行うことを, ドロップアウト (dropout) と呼ぶ. もちろん反復ごとに除く素子を決め直すのである. これもランダム性導入の 1 つの方法である.

学習過程で, 素子の重みの限られた部分の値が異常に大きくなったり, 偏りが生じたりすると, バランスのとれた学習ができないと思われる. それを避けるために**重み減衰** (weight decay) あるいは**正則化** (regularization) という手法がある. これは, 出力層の損失関数 $E$ に, たとえば全素子の重みの 2 乗和

$$\frac{\lambda}{2} \sum_i w_i^2$$

を加えるものである. $\lambda \, (> 0)$ はあらかじめ設定するパラメータである. 学習過程はこれを含めて最小化を行うので, 重みの絶対値の増大を抑える効果がある.

NN の各層への入力データについても, 学習の反復ごとに, バランスのとれた値であることが望ましい. その目的に, つぎの**バッチ正規化** (batch normalization) が提案されている. あるバッチは $n$ 要素からなるデータを $m$ 個もっていて, ある層の出力データ

$$x_{ij}, \quad i = 1, 2, \ldots, m, \ j = 1, 2, \ldots, n$$

が, つぎの層の入力データになるとする. そのとき, まずその平均と分散 (データ

の広がり)

$$\mu_j = \frac{1}{m}\sum_{i=1}^{m} x_{ij}, \ j = 1, 2, \ldots, n, \quad \sigma^2 = \frac{1}{m}\sum_{i=1}^{m}\sum_{j=1}^{n}(x_{ij} - \mu_j)^2 \quad (3.27)$$

を求め, つぎのように正規化するのである.

$$\hat{x}_{ij} = \frac{x_{ij} - \mu_j}{\sqrt{\sigma^2 + \epsilon}}, \quad i = 1, 2, \ldots, m, \ j = 1, 2, \ldots, n. \quad (3.28)$$

$\epsilon > 0$ は分母が $0$ にならないように入れた小さな正数である. この結果, 新しい入力データ $\hat{x}$ の各要素の平均は $0$, 全体の分散は $1$ になる (練習問題 (9)). このあと, 必要ならば, 平均と分散を調整するため, パラメータ $\gamma$ と $\beta$ を用いて

$$y_{ij} = \gamma\hat{x}_{ij} + \beta \quad (3.29)$$

と変換することもある (練習問題 (10) 参照). バッチ正規化は, 活性化関数の前あるいは後ろに, 各層ごとに置かれることが多い. バッチ正規化によって収束速度が速くなること, また重みやバイアスの初期値にあまり依存しなくなるので, 初期値は適当に定めればよい, といった効果が報告されている.

## 3.5 畳み込み NN, その他

これまでの議論では, 図 3.6 のように, 各層のすべての素子は, つぎの層のすべての素子へ結合されているという全結合型のネットワークを前提にしてきた. このようなネットワークは一般性はあるが, たとえば図 3.4 に示したような 2 次元メッシュのデータを扱う場合, データの要素同士が隣接しているとか, 距離が近いといった位置情報を考慮していないため, 図形の特徴を取り扱うには効率が悪く, また不便である. このような難点を改善するために提案されたものの 1 つが, **畳み込みニューラルネットワーク** (convolutional neural network) である. 以後, 頭文字をとって CNN と略す.

図 3.15 の小さな例を用いて CNN の計算の流れを紹介する. 2 次元の入力データ (この場合は $4 \times 4$ のメッシュ) に対し小さな正方形サイズ (この場合は $2 \times 2$) のフィルター (filter) (核 (kernel) ともいう) を用いて畳み込み計算を行う. 星のマークが畳み込み計算を示している. 最初に, 入力データの左上部分にあるフィル

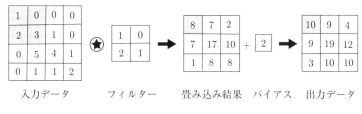

**図 3.15** 畳み込み計算の流れ

ターと同じサイズの影付き領域に着目し, そこにフィルターを重ねる. そして, 同じ位置にあるセル同士の積をとり, それら全体の和をとる. この例では

$$1 \times 1 + 0 \times 0 + 2 \times 2 + 3 \times 1 = 8$$

を得る. 結果の 8 を畳み込み結果の左上のセル (影付きのセル) に書き込む.

このあと, フィルターの位置を 1 列ずつ 2 回右へずらし, その都度同様の計算をすると, 畳み込み結果の, 上部の 3 セルが得られる. つぎに, 同様の計算をフィルターを 1 行下げて行うと, 畳み込み結果の 2 行目の 3 セル, さらにもう 1 行下げて同様の計算を行うと 3 行目が得られる. 以上の結果が, 畳み込み結果の 3 × 3 のメッシュである. 最後に, バイアスを導入する必要があれば, すべてのセルにバイアス値を加えて, 出力データとする. なお, この後, 式 (3.11) の活性化関数である ReLU 関数を通して出力データとする場合もある. (ReLU 関数は, 負の値を 0 に変えるだけで, 正の値は変更を加えない.)

以上の説明からわかるように, 畳み込み計算は, 入力データの中にフィルターが求めるパターンが, 大きな数字のデータとして含まれている場所を調べるものである. 上の例では, 入力データの中央部にそのようなパターンが強く存在していて, 畳み込み結果の中央セルの 17 はそのことを示している.

フィルターのパターンは, たとえば 2 次元図形の場合だと, 物の境界線, 形の曲がり角, 円形にまとまった塊など, 多種多様であろう. 現実の応用では多数のフィルター (数十から場合によっては数百) を準備し, それらをあらかじめ決めておくのではなく, 他の素子と同様, 学習によって改良するというプロセスをたどる. さらに, このような CNN 層を, 何層も重ねて利用することが多い. 層を経るごとに, 獲得する情報の抽象度が上がると理解されている.

本書では詳しく述べないが, CNN の設計にはいくつかのパラメータが含まれてい

る. まずフィルターの大きさ, つぎにフィルターのずらし幅 (ストライド (stride)) (上の例では1列, 1行ずつずらしたが, 複数列, 行も可能), さらに入力データの境界を強調するためその外部に値0の帯を加えるパディング (padding) を行うかどうか, などである. 計算の目的と入力データの大きさや性質を考慮しつつ, 決定しなければならない.

つぎに, 畳み込み計算の後処理に用いられるプーリング (pooling) の操作を説明する. 畳み込み計算で多数のフィルターを用いると, 計算結果のデータ量は膨大になるので, プーリングはデータ圧縮の手段として大変有効である.

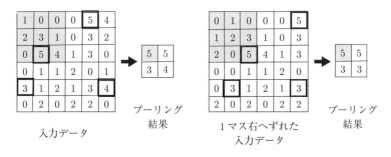

**図 3.16** プーリング計算とその変化

図 3.16 の左半分にプーリングの様子を示す. ここでの入力データは, 畳み込み計算における, あるフィルターの出力データに対応している. あらかじめプーリングを行う正方領域の大きさを決めておき (この例では 3 × 3), まずそれを入力データの左上に置く (図の影付きの領域). そして, その中の最大要素 (太枠の要素) の値を出力するのである (この場合の値は 5 でプーリング結果の左上影付きセル). つぎに領域を移動して同じ計算を行うが, 今度は領域が重ならないようにする (この場合は, 右に3列, 下に3行など). つまり, 入力データ全体を結果として分割するのである. (このとき領域が入力データの外側にはみ出てしまったならば, 外には0要素があるとして処理する.) この例では, 入力データの全体は4領域に分割され, それぞれの領域における最大値が 2 × 2 のプーリング結果に書かれている.

プーリング結果の各セルは, 対応する領域の中で, 元のフィルターが求めるパターンに最大合致した値を示しているので, フィルターが求める情報のエッセンスを保持していると考えられる. しかもデータサイズは, この例では 6 × 6 から

$2 \times 2$ に圧縮されている.

図 3.16 の右半分は, 入力データが表す図形が微少量移動しても, プーリングの結果は大きく変化しないことを示すものである. この例では, 元の入力データの全体が 1 マスずつ右に移動しているが (最右列の要素は消滅し, 最左列に新しい要素が入る), プーリング結果の変化はわずかである. このように, プーリング結果が入力データの微小な移動に関してロバストであることは, 図形データを扱う上で大きな特長になっている.

**時系列データ**　　ディープラーニングは広範な問題を対象としているので, 個別の問題に応じた工夫が, CNN の他にも種々提案されている. たとえば, 音声や動画など, 時間的に変動するデータを扱うことがしばしば求められるが, この場合, データは時系列として入力される. 時系列データでは, 通常, 時刻 $t$ の入力と時刻 $t+1$ の入力の間には強い相関があるので, 時刻 $t+1$ を処理している層に対して, 時刻 $t$ に対する結果をフィードバックしておくと, 解析がスムーズになされると考えられる. このような工夫を加えたネットワークに**回帰型 NN** (recurrent NN) および**再帰型 NN** (recursive NN) などがあり, まとめて RNN と書かれる. 1 つ前の結果を参考にすることを反復すると, 結局は過去の結果を参考にして現在の処理を行うことになる. このとき, どの程度の過去まで遡るのか, また現在と過去のデータの重要度をどのように定めるのかなど, 種々の考え方が議論されている. しかし, 本書では, これ以上の詳細には立ち入らない.

## 3.6　ディープラーニング展望

教師あり学習の枠組みの中で, いくつかのアイディアを紹介したが, それらを組み合わせると, ディープラーニングのネットワークとしていろいろな可能性が考えられる. 画像処理に限定すると, その中で標準的と見なされているのは, 図 3.17 のように, 何層かの畳み込み層 CNN とその後に全結合層を組み合わせるものである. CNN はプーリング層と対で用いられるが, すでに述べたように, ここを通るたびに, 画像に含まれる種々の特徴が抽出される. 層を重ねると, 抽出される特徴の抽象度が上がると考えられていて, そのような前処理を済ませたデータを, 最終的に何層かの全結合層で処理するのである. それぞれの CNN 層で用いられる

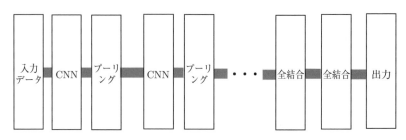

**図 3.17** CNN を用いた多層ネットワーク

フィルターの数は数十から数百個, CNN 層も何層も用いられるので, 全体として処理されるデータ量は膨大である.

ディープラーニングによる画像処理が広く認知されたのは, 国際コンペティション ILSVRC (ImageNet Large Scale Visual Recognition Challenge) において, 2012 年以降, 常に他の手法を圧倒したことがきっかけになった. このコンペティションは, 100 万枚を超える画像データを 1000 クラスに分類することを求めるものである. これからも想像できるように, ディープラーニングが成功を収めたのは, アルゴリズムの進歩だけでなく, それを支えるコンピュータの能力がきわめて強力になってきたことが背景にある. とくに, 学習のための計算は, 並列化できる部分が多いので, グラフィックス処理の専用プロセッサ GPU (graphical processing unit) を効果的に利用することがポイントとされている.

ディープラーニングの適用範囲は, 画像処理以外にもどんどん広がっている. たとえば, 音声認識, 自然言語処理, 異言語間の自動翻訳, 病気の診断, 乗物の自動運転, 人のように振る舞うロボット, 企業における経営判断や採用人事, また, 囲碁, 将棋, チェス, ポーカーなどのゲーム, その他にも留まるところを知らない. これまで人間が得意としてきた分野へも広がっているのが, 大きな特徴である.

ディープラーニングを具体的な問題に適用するにあたって, 必要なプログラムを一から開発するのは, 決して簡単ではない. そこで, この作業を容易にするためのプログラミング言語や, 定型的な使い方であれば, データの入力, NN 内の各層のデータ処理, および出力の処理と解析までの作業を, アプリケーションソフトとしてまとめたフレームワーク (framework) が種々開発され, 提供されている. この話題は実用上重要であるが, 現在大きく変化を遂げつつあるので, この時点での

詳細は省略する.

　最後に, 本書では教師あり学習のみを扱ったが, ディープラーニングには, **教師なし学習** (unsupervised learning) や**強化学習** (reinforcement learning) といったアプローチもあることに簡単に言及しておこう.

　教師なし学習では, 名前の通り, 正解を与える教師は存在しない. 与えられたデータの集合を, 類似の特徴をもついくつかのグループに分ける**クラスタリング** (clustering) が代表的な問題である. 分類に当たってどのような特徴に着目するのか, それに対する正解があらかじめ与えられているのではなく, 学習によってそれも見出すところがポイントである.

　強化学習の典型的な例として, 碁とか将棋のゲームを考える. ゲームのある局面で, つぎの手を決定するとしよう. この場合, どの手が正解であるかは誰にもわからない, つまり教師は存在しない. しかし通常, 各局面に対する何らかの評価値があるので, それにしたがってつぎの手を選ぶことになる. ゲームが進行して最終的にゲームの勝ち負けが決まると, 結果に基づいて, 使用した評価値を評価することができる. 強化学習では, このような学習プロセスを何度も試みることによって, 局面の評価値の精度を高めていくのである. この分野の代表的な成功例は, ディープラーニングによって設計された囲碁のプログラム AlphaGo であろう. 2015 年, 当時世界最強とされていたプロ棋士に勝利し, ディープラーニングが, 一般の人々を含めて, 広範な興味を引き起こすきっかけとなった.

## 3.7　文献と関連する話題

　3.1 節のしきい関数に関する全般的な話題は 3-2,3) に詳しく取り上げられている. その中で用いられた数理計画における凸集合や分離定理は, たとえば教科書 3-1) にある. しきい関数のニューロンモデルであるパーセプトロンは 1958 年 F. Rosenblatt 3-14) によって提案され, NN に関する研究の先駆けとなった.

　NN モデルはその後活発に研究され, とくに多層 NN によるディープラーニングは近年大きな関心を集めている. 本書では, 誤差逆伝播法の理論的側面を中心に説明したが, ディープラーニング全般を解説している教科書は多数ある. ここでは和書の 3-4,13,16) などを挙げておく. これらは Python 言語を用いて, 具体的に

開発するための説明も詳しく行っている. 開発のためのフレームワークを紹介しているものもある. なお, ディープラーニングの理論を形作った3人の研究者 Y. LeCun, Y. Bengio, G. Hinton による解説が 3-11) にある.

ディープラーニングにおける個々の話題に関する論文は, 活発な研究を反映して, 膨大な数にのぼる. ここではそれぞれの話題に関して, 初期の重要な文献を少数ずつ挙げるに留める.

損失関数に対する最急降下法を理論面から可能にした誤差逆伝播法は 1986 年の 3-15) などに始まる. 教師あり学習の反復の効率化や過学習を避けるためのアイディアとして, ドロップアウトは 3-17), 重み減衰は 3-5,10), バッチ正規化は 3-8) などにある. 3.5 節の畳み込み NN のアイディアは 3-12) にすでに見られる. そのつぎに言及した RNN は 3-15) から 3-6,7) に続いている.

ディープラーニングのモデルを具体的に構成し, 実際の問題に適用した研究はきわめて多い. ここでは, 画像処理において大きな成功を収めた, いわゆる Alexnet 3-9) を代表選手として挙げておこう.

## 練習問題

(1) 式 (3.1) によるしきい関数の定義において, $w$ と $t$ を整数に限定しても, また $f(x) = 0$ の定義を式 (3.2) としてもよいことを示せ.

(2) 2 次元平面上の 4 点 $u^1 = (0.0, 0.0)$, $u^2 = (1.5, 0.3)$, $u^3 = (1.8, 2.0)$, $u^4 = (0.5, 1.5)$ の凸結合 (式 (3.5)) をつぎの $\lambda$ に対して求め, 平面座標上に示せ.

$$\lambda = (0.0, 1.0, 0.0, 0.0), \ (0.0, 0.0, 0.5, 0.5), \ (0.25, 0.25, 0.25, 0.25),$$
$$(0.7, 0.1, 0.1, 0.1).$$

(3) 2 変数論理関数 $f = x_1\bar{x}_2 \vee \bar{x}_1 x_2$ はしきい関数でないことを示せ.

(4) $f$ と $g$ をしきい関数とする. このとき, $f \vee g$ と $f \cdot g$ はどちらもしきい関数とは限らないことを, 例によって示せ.

(5) 式 (3.14) と式 (3.15) の 2 乗和誤差と交差エントロピー誤差を考え, 教師データが $t = (0, 1, 0)$ のとき, 出力データ $y = (0, 1, 0), (0.2, 0.7, 0.1), (0.4, 0.3, 0.3)$ のそれぞれがどのような値をとるか求めよ.

(6) 式 (3.11) の ReLU 関数について, 誤差逆伝播法に必要な $\partial z/\partial a$ を求めよ.

(7) 式 (3.15) の交差エントロピー損失関数について $\partial E/\partial y_j$ を求めよ.

(8) 式 (3.12) のソフトマックス関数について, 式 (3.23) の結果を導け.

(9) バッチ正規化によって式 (3.28) の $\hat{x}_{ij}$ を定義すると, その平均は 0, 分散は 1 であることを示せ.

(10) バッチ正規化の後, 式 (3.29) の変換を受けた $y_{ij}$ の平均と分散を求めよ.

(11) 図 3.18 の素子に対し, 順方向の計算によって $a$ と $z$ の値を求めよ. ただし, 活性化関数 $h(a)$ はシグモイド関数とする. つぎに, 誤差逆伝播法によって $\partial E/\partial w_i$, $i = 1, 2$ および $\partial E/\partial b$ を求め, 式 (3.16) の反復を実行し, 新しい $w_1, w_2, b$ を求めよ. ただし, $\partial E/\partial z$ の値は図に記入のものを用い, また, $\eta = 1$ とする.

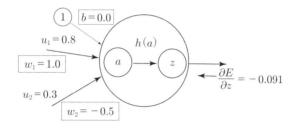

**図 3.18** ある素子の順方向と逆方向計算

(12) 図 3.16 にある $6 \times 6$ の入力データに対して, つぎの $3 \times 3$ フィルター

| 2 | 0 | 0 |
|---|---|---|
| 0 | 2 | 0 |
| 1 | 0 | 2 |

を用いた畳み込み計算の結果を求めよ.

### ひ・と・や・す・み

#### ― 人工知能小史 ―

コンピュータに人間と同じ知能をもたせることは, 1940 年代に最初のコンピュータが生まれた頃から, 人々の夢だった. 1950 年代から 1960 年代にかけ, 世の中の事物に対して人がもつ抽象的な概念を, どうすればコンピュータという機械に理解させるかが盛んに議論された. この時代, MIT の Marvin Minsky や Stanford 大学の John McCarthy らが活躍し, 人工知能 (AI, artificial intelligence) の父と呼ばれている. この時期を最初の AI ブームとすると, 我々はこれを含め 3 度のブームを経験している. 最初のブーム中に, 人間の脳を形作るニューロンについての研究も始まり, Frank Rosenblatt はその学習能力に着目し, 3.1 節のパーセプトロンを提唱した. しかし, そこで述べたように, パーセプトロン単体では能力に限界があることがわかり, 興味はニューラルネットワーク, NN, に移ったが, 当時のコンピュータの能力では, 大規模な NN を扱うことはできず, 壁に阻まれたのである.

1970 年代以降, AI の研究を主導したのは, 記号論理学に基づくアプローチである. 人間の論理的な思考内容を記号論理の言葉で表現し, コンピュータに実行させるという立場である. これが第 2 のブームである. このアプローチの代表的な成果物として, 種々のエキスパート・システムが開発された. たとえば, ある病気を診断するのであれば, その病気の専門家がもっている知識を, 記号論理を使ってルール化したモデルを作り, それを利用するのである. しかし, 病気のあらゆる側面をルール化することの困難さが認識されるにつれ, この方向の研究は次第に下火になった.

この間も, NN に対する研究は静かに進行していて, 誤差逆伝播法や畳み込みネットワークなどが提案されている. また, コンピュータの驚異的な進化により, 大規模で複雑な計算も高速に実行できるようになった. その結果, 21 世紀に入ると NN の研究は再び活発になり, AI の 3 度目のブームを迎えた. ディープラーニング (深層学習) という呼び名が定着したのも, この頃である.

3.6 節で言及したように, AI は広範な問題に適用され, 我々の生活に大きな影響を与えつつある. もしこのまま AI の能力が増大すると, やがて人間の能力を凌駕するのではないかと言われるまでになった. 未来学者はそれを**シンギュラリティ** (singularity) と呼んでいる. シンギュラリティは, 我々にバラ色の社会を提供してくれるのか, あるいは我々を AI の奴隷にしてしまうのか, 気になるところである. いろいろな立場から活発な議論がなされている.

# 第4章

# グ ラ フ 理 論

1.4 節で基本的な定義を与えたように, グラフは有限個の点とそれらを接続する何本かの辺からなる. 単純かつ自然な概念であるだけに, 現実のさまざまな問題やシステムを視覚的に表現するツールとして広く用いられている. しかし, 単純な定義から出発しているにもかかわらず, グラフに関する理論は数学的に深い内容をもち, 離散数学の代表的な分野となっている. 本章ではグラフ理論の基礎を形作る話題として, 連結性, グラフの探索, 平面的グラフ, 彩色数などについて述べる.

## 4.1 グラフの連結性

グラフの各部分がどの程度密に連結しているかを知ることは, いろいろな応用において重要である. たとえば, 通信ネットワークを表現しているグラフでは, 事故によって何個かの辺 (つまりリンク (link)) あるいは点 (つまりサイト (site)) が機能しなくなったとき, ネットワークの残りの部分が分離してしまうかどうかを知りたいであろう. 以下, 連結性とその拡張について述べる.

### 4.1.1 無向グラフの連結性

無向グラフ $G = (V, E)$ において点 $u, v \in V$ の間に路が存在するとき, $u$ と $v$ は連結している (connected) という, この関係を $uR_1v$ と書く. すなわち

[連結関係] $uR_1v : u$ と $v$ の間に路が存在する.

　この $V$ 上の2項関係は反射法則, 対称法則および推移法則をみたし, 同値関係 (1.3節) である. 反射法則 $vR_1v$ をみたすことは, 定義によって $v$ から $v$ への長さ0の路が存在することから明らかである. 対称法則, つまり $uR_1v$ ならば $vR_1u$ であることは, 無向グラフでは $u$ から $v$ への路は, 同時に $v$ から $u$ への路でもあることからわかる. 推移法則, つまり $uR_1v$ かつ $vR_1w$ ならば $uR_1w$ であることは, $u$ から $v$ への路に $v$ から $w$ への路をつなぐと $u$ から $w$ への路が得られることから導かれる.

　同値関係 $R_1$ は, $G = (V, E)$ の点集合 $V$ を同値類 $V_1, V_2, \dots, V_k$ に分割する (1.3節). 各 $V_i$ は元の点集合 $V$ の中で, 互いに連結している点を1つのグループにまとめたものである. $G$ の $V_i$ による生成部分グラフ $G_i = (V_i, E_i)$, $i = 1, 2, \dots, k$ を連結成分 (connected component) という (図 4.1(a)). $G$ が1つの連結成分からなる (つまり, 任意の $u$ と $v$ は $uR_1v$ をみたす) とき, $G$ は連結であるという (図 4.1(b)).

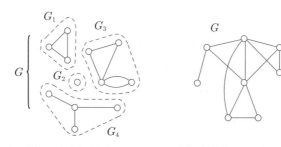

(a) 複数の連結成分をもつグラフ　　(b) 連結グラフ $G (= G_1)$

**図 4.1**　グラフの連結性

## 4.1.2　無向グラフの木とカットセット

　長さ1以上の閉路[*1] をもたないグラフを森 (forest, 林ともいう), さらに連結であれば木 (tree) という. 図 4.2 は木と森の例である. 次数1の点を, その木 (森) の葉 (leaf) という. グラフ $G = (V, E)$ の部分グラフ $G' = (V', T)$ が木であるとき, $G$ の部分木 (subtree) であるという. 辺集合 $T$ 自体を部分木と呼ぶこともあ

---

[*1] 1点のみからなる長さ0の自明な閉路は, どのようなグラフにも存在する.

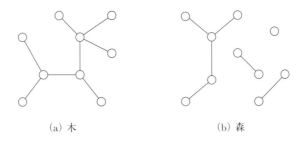

(a) 木　　　　(b) 森

**図 4.2** 木と森

る. さらに, 部分木 $G'$ が $V' = V$ をみたすならば, $G$ の**全域木** (spanning tree, 生成木, 全張木ともいう) であるという. 図 4.3 の太い辺は全域木の 1 つを示している.

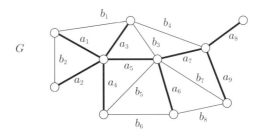

**図 4.3** $G$ の全域木 (太線の辺 $a_1, a_2, \ldots, a_9$)

$G = (V, E)$ を連結グラフとする. 辺集合 $F \subseteq E$ を $G$ から除いて得られるグラフ $G' = (V, E - F)$ が連結でないとき, $F$ を**カットセット** (cut-set, **切断集合**) という. カットセットの作り方の 1 つに, 点集合 $V$ を空でない $V_1$ と $V_2$ に分割し

$$F = \{(u, v) \in E \mid u \in V_1, \ v \in V_2\}$$

とするものがある. このとき, $F$ を除くことで, $G$ は $V_1$ と $V_2$ の生成部分グラフ $G_1$ と $G_2$ に分かれる. このようなカットセットをとくに**カット** (cut) といい, $F = (V_1, V_2)$ と書く. カットセット $F$ が, どの真部分集合もカットセットでないという性質をもつとき, **極小カットセット** (minimal cut-set) であるという. 極小カットセットは, 適当な分割によるカットであることを示すことができる (練習問題 (1)). しかし, 任意のカットが極小カットセットであるとはいえない.

**【例題 4.1】** 図 4.4 の連結グラフにおいて, $\{a_2, a_3, a_5, a_6\}$ はカットセット であるが, カットではない. $\{a_2, a_3, a_5\}$ はカットであるが, 極小カットセッ トではない. $\{a_2, a_3\}$ と $\{a_5\}$ はそれぞれカットであり, また極小カットセッ トである.

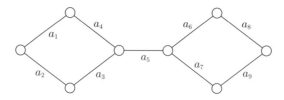

**図 4.4** 連結グラフ

**全域木と補木**　　連結無向グラフ $G = (V, E)$ の全域木 $T$ (辺集合) を考える. 辺集合 $E - T$ を $G$ における $T$ の補木 (cotree) という. $E$ の部分集合 $T \subseteq E$ に対するつぎの 5 条件は等価である. なお, 以下での閉路は, 長さ 1 以上の閉路を 指すものとする. また, $n = |V|$, $m = |E|$ である.

 (1)　$T$ は $G$ の全域木である,

 (2)　$T$ は閉路をもたず, $|T| = n - 1$ をみたす,

 (3)　$T$ は全点 $V$ を連結し, $|T| = n - 1$ をみたす,

 (4)　$T$ は全点 $V$ を連結する極小集合[*2]である,

 (5)　$T$ は 閉路をもたない極大集合である.

 [証明]　以下, (1) $\Rightarrow$ (2) $\Rightarrow \cdots \Rightarrow$ (5) $\Rightarrow$ (1) を示す[*3].
 (1) $\Rightarrow$ (2)：全域木は木だから閉路をもたない. $|T| = |V| - 1$ を帰納法 (1.6 節) によって示す. $|V| = 1$ のとき, 全域木は $G$ の唯一の点のみからなり, $T = \emptyset$ から $|T| = |V| - 1 = 0$ である. $|V| \leq k$ のとき, 任意の全域木 $T$ は $|T| = |V| - 1$ をみた すと仮定する. $|V| = k + 1$ のとき, 全域木 $T$ から任意の辺を 1 本除くと, 閉路をもたな

---

 [*2] 集合 $T$ は, $T$ からどの辺を除いても必要な性質を失うとき, **極小** (minimal) であるという. 同様に, $T$ にそれ以外のどの辺を付け加えても必要な性質を失うとき, **極大** (maximal) で あるという.
 [*3] 含意 (1.5 節) を示す $\Rightarrow$ は推移法則をみたすので, 任意の (i) と (j) に対し (i) $\Leftrightarrow$ (j) が結 論される.

いことから, $T$ は2つの連結成分 $T'$ と $T''$ に分かれる. $T'$ $(T'')$ の辺が接続している点の集合を $V'$ $(V'')$ とすると, $T'$ $(T'')$ は閉路をもたないことからそれぞれ $V'$ $(V'')$ の全域木であり, 帰納法の仮定によって, $|T'| = |V'| - 1$, $|T''| = |V''| - 1$ が成立する. したがって, 除いた1本の辺を戻して, $|T| = |T'| + |T''| + 1 = |V| - 1$ を得る.

(2) ⇒ (3):$V$ に $T$ の辺を1本ずつ加えていく. 最初, 辺の数は0であり, $V$ は $n$ 個の連結成分 (それぞれ1点からなる) に分かれている. 閉路がないという条件によって, 辺を加えるごとに2つの連結成分が1つに統合されて, 連結成分の個数は1つずつ減少する. したがって $T$ の $n-1$ 本の辺を加えると連結成分は1つ, つまり $T$ は $V$ の全点を連結する.

(3) ⇒ (4):$n-1$ 本より少ない辺で $n$ 点のすべてを連結することはできないことを容易に示せるので, $T$ は極小集合である.

(4) ⇒ (5):$T$ が閉路をもてば, その閉路の中の辺を1つ除いても $T$ はまだ $V$ の全点を連結する. これは $T$ の極小性に反するから, $T$ は閉路をもたない. さらに, $T$ は全点を連結しているから, $T$ 以外の辺をもう1本付け加えると必ず閉路ができる. つまり, $T$ は閉路をもたない極大集合である.

(5) ⇒ (1):$T$ が全点を連結していなければ, 異なる連結成分を接続する辺を $T$ に付け加えても $T$ は閉路をもたないから, 極大性に反する. つまり, $T$ は全点を連結している. さらに, (5) の条件によって $T$ は閉路をもたないから, $T$ は $G$ の全域木である. □

つぎに, 同様な特徴づけを補木に対して行う. $E$ の部分集合 $F$ に関するつぎの条件は等価である.

(a) $F$ は $G$ の補木である,

(b) $F$ は $|F| = m - n + 1$ をみたし, $G$ のカットセットではない,

(c) $F$ は $G$ のカットセットでない極大集合である.

証明は $T$ の場合と同様にできるので省略する (練習問題 (2)).

**基本閉路と基本カット** 連結無向グラフ $G = (V, E)$ の1つの全域木 $T$ を定める. 補木の辺 $b \in E - T$ のそれぞれに対し, $b$ と $T$ の辺 (のいくつか) を用いて閉路 $C_b$ がただ1つ定まる. これを $b$ による $T$ の**基本閉路** (fundamental circuit) (あるいは**基本タイセット** (fundamental tie set)) という. 補木辺は $m - n + 1$ 本存在するので, $T$ の基本閉路は $m - n + 1$ 個存在する. それらの全体を**基本閉路系** (system of fundamental circuits) と呼ぶ.

【例題 4.2】 図 4.3 のグラフ $G$ とその全域木 $T$ では, $b_1, b_2, \ldots, b_8$ が補木辺であり, つぎの 8 個の閉路が基本閉路系を構成する.

$C_{b_1}$: $b_1, a_1, a_3$ (辺の系列によって路を示す),

$C_{b_2}$: $b_2, a_1, a_2$,

$\vdots$

$C_{b_8}$: $b_8, a_6, a_7, a_9$.

一方, 全域木 $T$ の 1 つの辺 $a$ を $T$ から除くと, $T$ は 2 つの木 $T_1$ と $T_2$ に分かれる. $T_1$ の点集合を $V_1$, $T_2$ の点集合を $V_2$ とすると, $(V_1, V_2)$ は $V$ の分割であって, 1 つのカット $F_a$ ($V_1$ の点と $V_2$ の点を接続する辺の集合) を定める. これを $a$ による $T$ の**基本カット** (fundamental cut) という. $T$ は $n-1$ 本の辺をもつので, $T$ の基本カットは $n-1$ 個存在し, それらの全体を**基本カット系** (system of fundamental cuts) という.

【例題 4.3】 図 4.3 の全域木 $T$ の基本カット系は以下の 9 個からなる.

$F_{a_1}$: $\{a_1, b_1, b_2\}$,

$\vdots$

$F_{a_7}$: $\{a_7, b_4, b_7, b_8\}$,

$F_{a_8}$: $\{a_8\}$,

$F_{a_9}$: $\{a_9, b_7, b_8\}$.

## 4.1.3 無向グラフの高次連結性

再び話題をグラフの連結性に戻し, 高次の連結性について考察する.

**2 連結性** 無向グラフ $G = (V, E)$ の辺集合 $E$ 上の 2 項関係 $R_2$ を, つぎのように定義する. $a, b \in E$ に対し

[**2連結関係**]　$aR_2b$：$a = b$ あるいは $a$ と $b$ を通る単純閉路が存在する.

この $R_2$ はつぎの性質をもつ.

[**同値性**]　$R_2$ は $E$ 上の同値関係である.

[証明]　$R_2$ が反射法則と対称法則をみたすことは定義より自明. 推移法則をみたすことを示すため, 辺 $a = (u_a, v_a), b = (u_b, v_b), c = (u_c, v_c)$ に対し, $aR_2b$ かつ $bR_2c$ のとき $aR_2c$, つまり $a$ と $c$ を通る単純閉路が存在することをいう. まず, $a$ と $b$ を通る単純閉路 $C_{ab}$ と $b$ と $c$ を通る単純閉路 $C_{bc}$ は $b$ を共有する. $C_{ab}$ が $c$ を通るか, $C_{bc}$ が $a$ を通るなら, $aR_2c$ は自明なので, そうではないとすると, $C_{ab}$ と $C_{bc}$ は図 4.5 のように, $b$ を挟む2点 $x$ と $y$ で交わる ($u_a$ から見て最も近いものを $x$, $v_a$ から見て最も近いものを $y$ とする). そうすると, $u_a - v_a -^* y -^* v_c - u_c -^* x -^* u_a$ は $a$ と $c$ を通る単純閉路である. ただし, $-^*$ は長さ 0 以上の単純路を表す. □

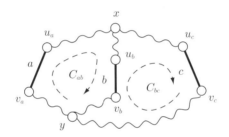

**図 4.5**　$R_2$ の推移法則の証明

同値関係 $R_2$ は辺集合 $E$ を $E_1, E_2, \ldots, E_k$ に分割する. 各 $E_i$ に対しそれらの辺の端点の集合を $V_i$ と記し, グラフ $G_i = (V_i, E_i)$ を $G$ の **2連結成分** (2-connected component) あるいは**非可分成分** (nonseparable component) と呼ぶ. 図 4.6(a) にその例を示す. もとのグラフ $G$ が連結で2個以上の2連結成分をもつならば, 各2連結成分 $G_i$ は, 他のいくつかの2連結成分 $G_j$ とそれぞれ1つの点を介して接続している ($G_i$ と $G_j$ が複数の点を介して接続するならば, 両者は1つの2連結成分に含まれているはずだから). この $\{v_{ij}\} = V_i \cap V_j$ をみたす点 $v_{ij}$ を**関節点** (articulation vertex) と呼ぶ. 図 4.6(a) には5個の関節点 (黒丸) が存在する.

つぎに, これらの2連結成分を点で表し, $G_i$ と $G_j$ が関節点を介して接しているとき辺 $(G_i, G_j)$ を加えて, 新しいグラフ $G_2^*$ を作る (図 4.6(b)). この $G_2^*$ は

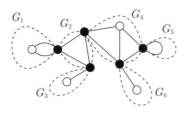 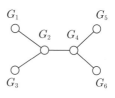

(a) $G$ の2連結成分(黒丸は
　　関節点を示す)

(b) 2連結成分の
　　構造木 $G_2^*$

**図 4.6** グラフの2連結成分

すべての $G_i$ を連結する木であって，**2連結構造木** と呼ばれる．$G_2^*$ が連結である
ことは，元の $G$ で任意の $G_i$ と $G_j$ の間に路が存在することからしたがう．閉路
が存在しないのは，もし $G_2^*$ に長さ2以上の閉路が存在すれば，その上のすべての
$G_i$ は $G$ の1つの2連結成分に入ってしまい，矛盾となるからである．

　グラフ $G$ が1つの2連結成分からなるならば，$G$ は **2連結** (2-connected) あ
るいは非可分 (nonseparable) であるという．

　**$k$ 点および $k$ 辺連結性**　　無向グラフ $G = (V, E)$ の連結性の概念は一般の
$k$ に基づく連結性に拡張できる．ただし，$k$ は1以上の整数であり，$k$ 点連結性に
ついては $|V| \geq k+1$ を仮定する．図 4.7 は点連結と辺連結の例である．

　　**$k$ 点連結**[*4] ($k$-vertex connected)：$G$ の任意の $(k-1)$ 個の点およびそ
　　れらに接続する辺を除いても，残されたグラフは連結である．

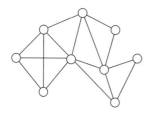 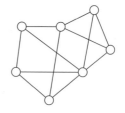

(a) 2点連結かつ2辺連結

(b) 2点連結かつ3辺連結

**図 4.7** $k$ 点連結と $k$ 辺連結

---

[*4] 書物によっては，$k$ 点連結を単に $k$ 連結としている．辺連結は同じである．

***k* 辺連結** (*k*-edge connected)：*G* から任意の (*k* − 1) 本以下の辺を除いても，残されたグラフは連結である (つまり，除かれた辺集合はカットセットでない).

これらの高次の連結性は，第 5 章 5.2 節で扱うネットワークフローと密接に関連していて，それに基づいて，メンガー (K. Menger) はつぎの興味深い特性づけを与えている. 証明は 5.2.3 項で行う.

[メンガーの定理]　単純無向グラフ *G* に対し，つぎの等価性が成立する. ただし，1. では，*G* は *k* + 1 点以上をもつとする.

1. *G* は *k* 点連結である. $\iff$ *G* の任意の 2 点 $u, v$ に対し，$(u, v) \in E$ であるか，あるいは $u$ と $v$ の間に中間点を共有しない *k* 本以上の路が存在する.

2. *G* は *k* 辺連結である. $\iff$ *G* の任意の 2 点 $u, v$ に対し，$u$ と $v$ の間に辺を共有しない *k* 本以上の路が存在する.

先へ進む前に，*k* が小さい場合について少し考察しておく. 1 点連結性と 1 辺連結性は，定義から明らかなように，どちらも本節の最初に述べた連結性と同一概念である. しかし，2 点連結性と 2 辺連結性は異なる概念であり (図 4.7(b) 参照)，2 点連結性は前述の 2 連結性と関連している.

[**2 連結性**]　2 点連結性と 2 連結性は同一の概念である.

[証明]　まず，*G* は連結として一般性を失わない. *G* が 2 連結でないとすれば，関節点 $v$ が少なくとも 1 つ存在するが，この $v$ (と接続する辺) を *G* から除くと，*G* の残された部分は連結ではなくなる. したがって，*G* は 2 点連結でない. 一方，*G* が 2 点連結でないとすれば，ある 1 点 $v$ を除くことで，*G* を 2 個以上の連結成分に分離する. そのような $v$ に接続する辺 $a, b$ の中で，$v$ の反対側の端点が異なる連結成分に属するものを選ぶと，$a$ と $b$ を通る路は必ず $v$ を通るので，$a$ と $b$ を通る単純閉路は存在しないことがわかる. つまり，*G* は 2 連結ではないと結論できる. □

**連結度**　与えられた無向グラフ $G = (V, E)$ に対し，*G* が *k* 点連結である最大の *k* (すなわち，残されたグラフを非連結あるいは 1 点にするために除去すべき点の最少数) を *G* の**点連結度** (vertex connectivity) といい，$\kappa(G)$ と記す. $\kappa$ はギリシャ文字のカッパである. 同様に，*k* 辺連結という性質をもつ最大の *k* (すなわち，残

されたグラフを非連結にするために除去すべき辺の最少数) を $G$ の**辺連結度** (edge connectivity) といい, $\lambda(G)$ と記す. $\lambda$ はギリシャ文字のラムダである. 図 4.7(a) のグラフは $\kappa(G) = \lambda(G) = 2$, また同図 (b) のグラフは $\kappa(G) = 2$, $\lambda(G) = 3$ をみたす. $G$ が完全グラフ $K_n$ ならば, $\kappa(K_n) = \lambda(K_n) = n - 1$ である. なお, $|V| = 1$ の場合は, 便宜上, $\kappa(G) = \lambda(G) = 0$ と約束する.

連結無向グラフ $G = (V, E)$ の各点の次数 $\deg v$ の最小のものを $G$ の**最小次数** (minimum degree) といい, $\delta(G)$ と記す. これらの間にはつぎの関係がある.

$$\kappa(G) \le \lambda(G) \le \delta(G). \tag{4.1}$$

[証明] まず $\lambda(G) \le \delta(G)$ を示す. $G$ の最小次数の点を $v$ とし $v$ に接続する $\delta(G)$ 本の辺を除くと, $G$ は点 $v$ と点集合 $V - \{v\}$ の生成部分グラフに分離する. よって, $\lambda(G) \le \delta(G)$ である.

つぎに, $\kappa(G) \le \lambda(G)$ を示すため, $|F| = \lambda(G)$ をみたし, それを除くことによって $G$ を $G_1 = (V_1, E_1)$ と $G_2 = (V_2, E_2)$ に分離するカットセット $F \subseteq E$ を考える. 以下, $F$ の各辺の一方の端点をうまく選べば, それらの集合 $S$ は, $|S| \le |F|$ をみたし, $S$ を $V$ から除けば, $G$ が 2 個以上の連結成分に分かれることを示す (その結果, $\kappa(G) \le |S| \le \lambda(G)$ がいえる).

$F$ の端点の集合を $V^*$ とし, $V_1^* = V_1 \cap V^*, V_2^* = V_2 \cap V^*$ とおく. $V_1^* \subset V_1$ (真部分集合) ならば, 上記の $S$ として $V_1^*$ を選べばよい. $S$ を除いたあと, $G_1$ 側には少なくとも 1 つの点 $v$ と $G_2$ 側には $V_2^*$ が残るので (図 4.8(a)), $G$ は 2 個以上の連結成分に分かれる. $V_2^* \subset V_2$ の場合も同様である.

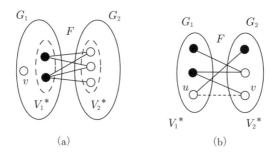

**図 4.8** 点集合 $S$ (黒丸の点) による $G$ の分離

そこで $V_1^* = V_1$, $V_2^* = V_2$ の場合を考える. $G$ が完全グラフであれば, $\kappa(G) = \lambda(G) = \delta(G) = n - 1$ となるので (ただし, $n = |V|$), $G$ は完全グラフでないとする. すなわち, $\delta(G) \le n - 2$ であって, $\lambda(G) \le \delta(G)$ より $|F| \le n - 2$ を得る. その結

果, $(u, v) \notin E$ なる $u \in V_1^*, v \in V_2^*$ が存在する (図 4.8(b) 参照). (そうでないなら, $|F| = |V_1^*||V_2^*| = |V_1^*|(n - |V_1^*|) = (|V_1^*| - 1)(n - 1 - |V_1^*|) + n - 1 \geq n - 1$ となり矛盾.) そこで $S$ の点として, $F$ の各辺の一方の端点を $u$ と $v$ 以外から選べば (図の黒丸), $|S| \leq |F|$ であり, $S$ の除去のあと少なくとも $u$ と $v$ が残って異なる連結成分に属する. □

**連結度の計算** 任意の無向グラフ $G$ の点連結度 $\kappa(G)$ と辺連結度 $\lambda(G)$ は, 多項式オーダー時間で計算できる. そのアルゴリズムは第 5 章 5.2.3 項で与える.

### 4.1.4 有向グラフの連結性

無向グラフの種々の連結性の概念は有向グラフにも拡張される. ここでは, 強連結性について述べる. $G = (V, E)$ を有向グラフとし, $V$ 上の 2 項関係 $R_s$ をつぎのように定める.

[強連結関係] $u R_s v$ : $u$ から $v$ および $v$ から $u$ への有向路がともに存在する.

なお, 定義中の 2 つの有向路は辺を共有してもよい. この関係 $R_s$ も容易に示せるように, $V$ 上の同値関係である (練習問題 (3)). そこで $V$ を $R_s$ の同値類 $V_1, V_2, \ldots, V_k$ に分割し, 各 $V_i$ による生成部分グラフを $G_i = (V_i, E_i)$ とすると, 元の $G$ は $G_i$, $i = 1, 2, \ldots, k$ とそれらの間をつなぐ辺で構成される (図 4.9(a)).

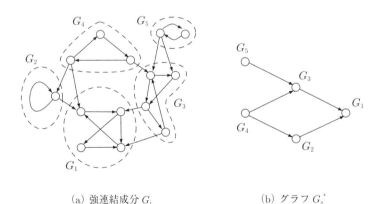

(a) 強連結成分 $G_i$     (b) グラフ $G_s^*$

**図 4.9** 強連結成分と半順序 $\preceq$

これらの $G_i$ を $G$ の**強連結成分** (strongly connected component) という. $G$ が 1 つの強連結成分からなるとき, $G$ は**強連結** (strongly connected) であるという.

つぎに, 強連結成分 $G_i$ と $G_j$ の間に 2 項関係 $\preceq$ を導入する.

$G_i \preceq G_j$ : $G_i$ のある点 $u$ から $G_j$ のある点 $v$ へ有向路が存在する.

強連結成分内のすべての点は互いに往来できるので, 上の条件は

$G_i$ の任意の点 $u$ から $G_j$ の任意の点 $v$ へ有向路が存在する,

と言い換えても同じである. 各 $G_i$ をそれぞれ点とする集合 $V^*$ と辺集合 $E^* = \{(G_i, G_j) \mid G_i \preceq G_j\}$ によって有向グラフ $G_s^*$ を定義する. 図 4.9(a) のグラフの例では, $G_2 \preceq G_1$, $G_3 \preceq G_1, \ldots$, $G_5 \preceq G_3$ などが成立し, 図 4.9(b) が得られる. ただし簡単のため, $G_i \preceq G_j$ と $G_j \preceq G_h$ から推移法則によって得られる $G_i \preceq G_h$ は図には示していない.

定義からわかるように, 2 項関係 $\preceq$ は反射法則と推移法則をみたす. さらに, 反対称法則もみたす. なぜなら, $G_i \preceq G_j$ かつ $G_j \preceq G_i$ であれば, $G_i$ と $G_j$ の相互間に有向路が存在することになるが, これは両者が同じ強連結成分であることを示しており, $G_i = G_j$ である. 以上から, $\preceq$ は $V^*$ 上の半順序 (1.3 節) であって, 強連結成分間の進行方向を示すものになっている. この結果, $G_s^*$ は非巡回的である.

$G_s^*$ は $G$ の全体構造をコンパクトに表示しているので, $G$ が表現するシステムの構造解析のツールとしてしばしば用いられる.

**2SAT の別解法**　　強連結性の応用例として, 第 2 章 2.5.4 項で扱った 2SAT 問題を再び取り上げる. 2 個のリテラル $a$ と $b$ からなる節 $(a \vee b)$ は, $\bar{a} \Rightarrow b$ ($a$ が偽 (0) ならば $b$ は真 (1)) と $\bar{b} \Rightarrow a$ という 2 つの含意と等価である. そこで, 与えられた 2SAT の CNF $f$ の各変数 $x_j$ に対応してリテラル $x_j$ と $\bar{x}_j$ の 2 点を準備したのち, $f$ の各節 $(a \vee b)$ に対し上記の含意を表す有向辺 $(\bar{a}, b), (\bar{b}, a)$ を加え, 得られた有向グラフを $G_f$ とする. $G_f$ の構成法より, 点 $u$ から点 $v$ へ有向路が存在するならば, 点 $\bar{v}$ から点 $\bar{u}$ への有向路も存在するという双対の性質がある.

例としてつぎの 2SAT の CNF

$$f = (a \vee b)(\bar{a} \vee \bar{b})(a \vee c)(\bar{a} \vee \bar{c})(d \vee e)(\bar{d} \vee \bar{e})(\bar{a} \vee b) \tag{4.2}$$

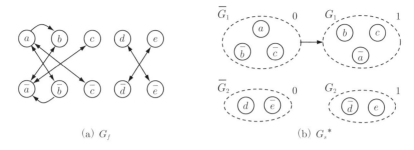

**図 4.10** 2SAT の別解法の $G_f$ と強連結成分

を考える. これに対する $G_f$ は図 4.10(a) である. なお, 両側に矢印のついた辺は, 両方向の 2 本の辺をまとめて描いたものである.

さて, 含意は推移法則をみたすので, $G_f$ に点 $u$ から点 $v$ へ有向路が存在することは, $u = 1$ ならば $v = 1$ を意味し, $u = 1$, $v = 0$ は許されない. 結局, $f$ が充足可能である必要十分条件は, 以下の 2 条件をみたすような, 点 (リテラル) への値の割当が存在することである.

(i)　各変数 $x_j$ について, $x_j$ と $\bar{x}_j$ の一方の値は 1 で他方は 0 である,

(ii)　$G_f$ の任意の有向路に沿って点の値は非減少である.

このとき, $G_f$ の強連結成分内の任意の 2 点は有向閉路でつながっているので, 条件 (ii) から, すべて同じ値でなければならない. したがって, 値の割当を強連結成分単位で考えることができる. つぎに, $G_f$ の路の双対性より, 各強連結成分 $G_i$ に対し, その中の全点の否定リテラルを点とする強連結成分 $\overline{G}_i$ が存在する. もちろん $\overline{\overline{G}}_i = G_i$ である. 特別な場合として, $G_i = \overline{G}_i$ ($G_i$ は肯定と否定の両リテラルをもつ) も可能であるが, 条件 (i) よりつぎの結果が得られる.

(iii)　$G_i = \overline{G}_i$ なる強連結成分 $G_i$ が存在すれば, $f$ は充足可能でない.

そこで, $G_i = \overline{G}_i$ をみたす強連結成分はないと仮定しよう. 実はこのときには, つぎの手順で強連結成分に値を割り当てると, 条件 (i) と (ii) をみたす値が得られ, $f$ は充足可能である.

1. すべての強連結成分の値を未決定とする.

2. つぎの手順をすべての強連結成分の値が定まるまで反復する.

    (a) 値の定まっていない強連結成分のうち関係 $\preceq$ の意味で極大のもの (つまり, それより大のものはない) を 1 つ選び $G_i$ とする.

    (b) $G_i$ の値を 1 に, さらに $\overline{G_i}$ の値を 0 に定める.

---

**【例題 4.4】** 上記の 2SAT の問題例 (式 (4.2)) の充足可能性を判定しよう. 図 4.10(a) の $G_f$ に対し, その強連結成分を同図 (b) に示す. 上記の手順にしたがってまず強連結成分 $G_1$ を選んだとすると, ステップ 2(b) によって $G_1$ の値を 1, その否定の $\overline{G_1}$ の値を 0 とする. つぎの反復では, $G_2$ の値を 1, $\overline{G_2}$ の値を 0 として (両方極大なので, 反対の割当でもよい), 計算終了である. この結果定まった変数値は, $a = 0$, $b = c = 1$, $d = 0$, $e = 1$ である. これらの値が $f$ を充足することは, 容易に確かめられよう.

---

上のアルゴリズムによって必ず $f$ の充足解が得られることを示すには, ステップ 2(a) で選ばれた $G_i$ に対し, $G_i \preceq G_j$ をみたし, その値がすでに 0 に定まっているような強連結成分 $G_j$ が存在しないことをいう必要がある. これは練習問題 (4) とする. この性質が成り立てば, $G_f$ の任意の路に沿って値は単調非減少となって, 条件 (ii) がみたされる. 条件 (i) も, ステップ 2(b) の $\overline{G_i}$ の値の決め方から明らかである. よって, $f$ は充足可能である.

**有向木**　無向グラフの木に対応するものとして, 有向グラフでは**有向木** (directed tree, arborescence) (**根付き木** (rooted tree) ともいう) がある. これは, **根** (root) と呼ばれる特別な点 $v_0$ と他の $n-1$ 点からなる点集合 $V$ と, $n-1$ 本の有向辺の集合 $T$ をもつ有向グラフ $G = (V, T)$ であって, さらに, 根 $v_0$ から他のすべての点 $v \in V - \{v_0\}$ へ有向路が存在するという性質をもつ (図 4.11).

$T$ の条件から, 有向木は, 辺の方向を無視すると木の形をしていて, 長さ 1 以上の閉路をもたず, さらに, 根 $v_0$ から各点 $v \in V - \{v_0\}$ へ有向路はちょうど 1 本であって, $v_0$ 以外のすべての点の入次数は 1 である (練習問題 (5)).

$(u, v) \in T$ ならば, $u$ は $v$ の**親** (parent), $v$ を $u$ の**子** (child) という. 親を共通にする点をそれぞれ**兄弟** (brother, sibling) という. $u$ から $v$ への長さ 0 以上の

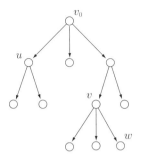

**図 4.11** 有向木

有向路が存在すれば, $u$ を $v$ の**先祖** (ancestor), また $v$ を $u$ の**子孫** (descendant) という. 子をもたない点を**葉** (leaf) という. 点 $v$ は, 根 $v_0$ からの有向路の長さが $k$ であるとき**深さ** (depth) $k$ にあるという. 図 4.11 において, $u, v, w$ の深さはそれぞれ 1, 2, 3 である. 根の深さは 0 である. すべての点の深さの最大値をその有向木の**高さ** (height) という. 図 4.11 の有向木の高さは 3 である. 家族関係と樹木に基づく名前が混在しているが, 慣例上, このような名前が広く用いられている.

## 4.2 グラフの探索とその応用

与えられたグラフのすべての点と辺を無駄なく組織的に訪問することをグラフの**探索** (search) という. 本節では, 深さ優先探索と幅優先探索という 2 つの基本的な探索法を紹介する. これらは, さまざまな問題のアルゴリズムの骨格となることが多く, アルゴリズム開発上重要である.

### 4.2.1 深さ優先探索

**深さ優先探索** (depth-first search, DFS) は縦型探索, **線形探索** (linear search), **後入れ先出し探索** (last-in first-out (LIFO) search) とも呼ばれる. 無向グラフと有向グラフのどちらにも適用可能で, 1 点 $u_0$ から始めると, 無向グラフでは $u_0$ を含む連結成分のすべての点と辺を, 有向グラフでは $u_0$ から到達可能なすべての点と辺を探索する. ただし, $u_0$ から**到達可能** (reachable) とは, $u_0$ からそこへの有向路が存在することをいう.

　深さ優先探索では, 未探索の点 (およびそれに接続する未探索の辺) を次々と探索する. すなわち, ある点 $v$ に探索を進めたとき, まだ未探索の辺が $v$ に接続していればそちらへ探索を進め (その辺の向う側の探索が終わるとまた $v$ に戻ってくる), 未探索の辺がなくなれば, $v$ へ最初に到達した辺を**後戻り** (backtrack) する. まず, 有向グラフについてアルゴリズムを与えよう. なお := は**代入** (substitution) を意味する記号である.

---

　アルゴリズム　DFS
　入力：有向グラフ $G = (V, E)$, 探索の始点 $u_0 \in V$.

1. $v := u_0$, $k := 1$, NUM$(v) := k$. $u_0$ は探索済みであるが, それ以外のすべての点と辺は未探索である.
2. 現在の探索点 $v$ に対し, つぎの手順を実行する.
(a) $v$ から接続する未探索の辺があればその 1 つ $(v, w)$ を選び探索する (この辺は探索済みとなる). このとき点 $w$ が未探索であれば, $k := k + 1$, NUM$(w) := k$, さらに $w$ を探索済みであるとし, $v := w$ と置いて, 2. へ戻る. $w$ が探索済みであれば, そのまま 2. へ戻る.
(b) ($v$ から接続する辺はすべて探索済み.) $v$ への最初の探索を行った辺 $(y, v)$ を $v$ から $y$ へ後戻りする (つまり, $v := y$ として 2. へ戻る). このとき, $v = u_0$ ならば (つまり, そのような $(y, v)$ は存在しない), 計算を終了する.

---

　なお, ステップ 2(a) において, 探索が $v$ から未探索の点 $w$ へ進んだとすると, この辺 $(v, w)$ が $w$ への最初の探索を行った辺になる. そのような辺を $w$ への**探索辺** (search edge) という. アルゴリズムの中の $k$ は探索済みの点の個数を数えており, NUM$(v)$ は点 $v$ の探索の順序を示す番号である.

　特別な場合として, 深さ優先探索を有向木の根 $v_0$ から開始し, 各点 $v$ において, 未探索の辺を左から先に選ぶとすると, 全体の探索は図 4.12(a) のように木を左から右へなぞって行くことになる. 点と辺に付された数字はそれらの探索順序を示している (点の数字は DFS で求めた NUM$(v)$ であるが, 辺の順序は DFS 内では陽に求めていない).

　グラフが一般の有向グラフであると, 探索の様子はやや複雑になる. 図 4.12(b)

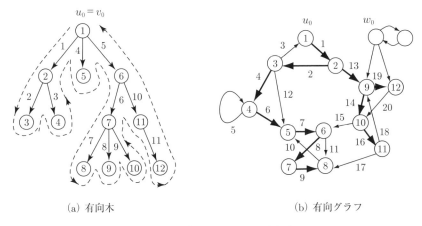

(a) 有向木　　　　　　　　　(b) 有向グラフ

**図 4.12** 有向グラフの深さ優先探索

がその一例で, 点と辺の探索順序とともに, 各点 $w$ への探索辺を太く示してある. 探索辺の定義からわかるように, 根 $u_0$ 以外の点における探索辺の入次数は 1 であり, 探索辺全体は $u_0$ を根とする有向木を作る. これを DFS の**探索木** (search tree) という. なお, この例でもわかるように, $u_0$ から到達可能でない点と辺は探索できずに残ってしまう.

　なお, DFS では, ステップ 2(a) において, 探索点 $v$ から未探索の辺が複数本出ている場合, どれを選ぶかによって, 辺や点の探索順序, さらに探索木も異なったものになる. しかし, $u_0$ から到達可能なすべての辺と点を探索するという性質は変わらない.

　アルゴリズム DFS の実装にあたり, 探索点 $v$ を記憶しておくデータ構造は, 後から入ったものが先に出ていくという性質があって, **スタック** (stack) あるいは**後入れ先出しリスト** (LIFO list) と呼ばれている.

　DFS の時間量を厳密に評価するには, スタックの動作などを詳細に検討する必要があるが, DFS では各辺を行きと帰りのちょうど 2 度通過するだけで終了することに気が付くと, 大雑把に $O(m+n)$ と評価できる.

　**無向グラフの深さ優先探索**　　無向グラフ $G = (V, E)$ に深さ優先探索を適用するには, 上のアルゴリズム DFS のステップ 2(a) と 2(b) において, 「$v$ から接続する …」と辺の方向を考慮しているところを, 「$v$ に接続する …」と直すだ

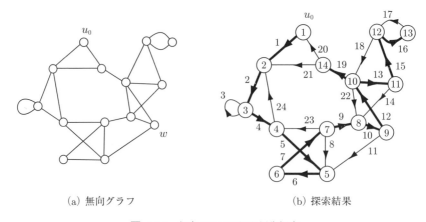

(a) 無向グラフ　　　　　　　　(b) 探索結果

**図 4.13**　無向グラフの深さ優先探索

けでよい. つまり, 探索点 $v$ からつぎの進行先を決めるときに, 辺の方向を考えず
に処理すればよいのである. 図 4.13 はその適用例である. 同図 (b) の点と辺には
探索順序を示す番号を付し, さらに各辺の中程に付した矢印によって探索の進行
方向を示している. 同図の太い辺は, 前例と同様, 各点への探索辺である. 探索の
向きを辺の方向と見なすと, 探索辺はやはり $u_0$ を根とする有向木を形成するが,
この場合もこれを DFS の探索木と呼ぶ. この例からもわかるように, 無向グラフ
では, 計算終了時, 始点 $u_0$ を含む連結成分のすべての辺と点を探索している.

### 4.2.2　オイラーの一筆書き定理

　連結無向グラフに「すべての辺を一度ずつ通って元に戻る閉路 (一筆書き) が存
在するか?」という問いには, つぎのよく知られた定理がある. 図 4.14 は一筆書
きを試みた例を示している. 同図 (a) では黒丸から出発して, 辺の番号の順に進
めば, すべての辺をなぞったのち元の黒丸に戻ることができる. しかし, 同図 (b)
では, どのように進んでも駄目であって, 図に示した順序は失敗例の 1 つである.

　　**[一筆書き定理]**　連結無向グラフ $G = (V, E)$ に一筆書きが存在するた
　　めの必要十分条件は, すべての点の次数が偶数であること.

　これは歴史上著名な数学者オイラー (L. Euler) が, 1736 年に得た定理である.
この定理の条件をみたす無向グラフを**オイラーグラフ**という. 図 4.15(a) はやや

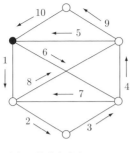

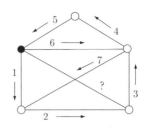

(a) 一筆書きをもつグラフ　　　　(b) 一筆書きをもたないグラフ

**図 4.14** グラフの一筆書き

大きな例であって，上の定理の条件をみたすので，確かに一筆書きは存在するが，試行錯誤によって同図のような解 (黒丸の点から辺の番号の順に進む) を見つけることは自明ではないであろう.

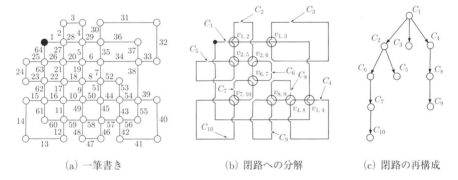

(a) 一筆書き　　　　(b) 閉路への分解　　　　(c) 閉路の再構成

**図 4.15** 一筆書きの作り方

[証明]　必要性は明らかである. なぜなら，一筆書きが存在するとき，それに沿って進むと，各点に入った回数だけそこから出るので，両方の辺の数を合わせると偶数になるからである.

十分性の証明は，$|V|$ に関する帰納法で行う. $|V| = 1$ のとき，唯一の点の次数が偶数で，そこにいくつかの自己ループが接続しているならば，それらを順になぞれば一筆書きが得られる. $|V| \leq k$ のとき定理の成立を仮定し，$|V| = k+1$ の場合の証明を行う. $G$ からそれを除いても残されたグラフが連結しているような 1 点 $v$ (たとえば，$G$ の全域木を考え，その葉の 1 つを $v$ とする) を選ぶと，$v$ には偶数本の辺 $(v, u_1), (v, u_2), \ldots, (v, u_{2p})$ が接続している (ただし，$p > 0$). $G$ から点 $v$ を除き，新

しい $p$ 本の辺 $(u_1, u_2), (u_3, u_4), \ldots, (u_{2p-1}, u_{2p})$ を加え，$G'$ とする．$G'$ もオイラーグラフであって ($G'$ の各点の次数は $G$ のときと同じ)，$G$ に比べ 1 点少ないので，帰納法の仮定によって一筆書きが存在する．この一筆書きにおいて，各辺 $(u_{2i-1}, u_{2i})$ を 2 辺 $(u_{2i-1}, v), (v, u_{2i})$ に置き換えると，$G$ の一筆書きが得られる． $\square$

**一筆書きのアルゴリズム**　　上の定理の十分性の証明は，よく読むと一筆書きの構成法を与えているが，以下では，これとは別に，直感的にわかりやすい 1 つの構成法を与える．これは，4.2.1 項の深さ優先探索の応用例になっている．

まず，$G$ のある点 (たとえば図 4.15(b) の黒丸の点) から出発してどんどん未探索の辺をなぞって行くと，通常，すべての辺をなぞる前に出発点に戻ってしまい，閉路が形成される (各点の次数が偶数なので途中で止まることはないことに注意)．その場合には，未探索の辺が残っている点を選び，そこから同じ試行を行う．これを反復すると，辺集合 $E$ はいくつかの閉路 $C_1, C_2, \ldots, C_k$ に分解されるであろう．図 4.15(b) では 10 個の閉路に分解されている．つぎに，これらの閉路の辺をたどる順をうまく定めて，一筆書きを作り上げる．ただし，閉路の番号はつぎの条件をみたすものとする．

各閉路 $C_j$ (ただし，$j > 1$) は $i < j$ をみたすどれかの閉路 $C_i$ と連結している．

これは，$C_1$ を任意に選んだのち，次々と $C_j$ を選んで行くとき，すでに選ばれた閉路のどれかと連結しているものを選ぶように注意するだけで可能である．$C_j$ はその前の複数個の $C_i$ と連結していることもあるが，各 $j$ に対し 1 つの $i$ を定める．つぎに，そのような $C_i$ と $C_j$ の組に対して，共通に含まれている点 $v_{i,j}$ を 1 つ選ぶ．図 4.15(b) の $C_1, C_2, \ldots, C_{10}$ は上の条件をみたす順序になっており，$C_i$ と $C_j$ の共通点 $v_{i,j}$ は丸で囲まれた点である．そこで，各 $C_j$ を点で表し，$C_i$ と $C_j$ が共通点を介して結ばれているときに有向辺 $(C_i, C_j)$ を加えると，図 4.15(c) のような有向木が得られる．各点 $C_j$ の子である $C_l$ の位置は，$C_j$ をその親との共通点 $v_{i,j}$ から始めて (たとえば) 時計回りに進むとき，その子との共通点 $v_{j,l}$ を通る順序に合わせて左から置くことにする．例として，$C_2$ を $v_{1,2}$ から時計回りに進むと，$v_{2,6}, v_{2,5}$ という順になるので，同図 (c) では $C_6$ は $C_5$ の左に置かれている．最初の $C_1$ については黒丸の出発点から始めて，その子の位置を定める．

最後に，図 4.15(c) の有向木を深さ優先探索で探索し，訪問した $C_j$ を 1 つずつ

描きながら一筆書きを完成する. このとき, たとえば $C_2$ の描き方は, $v_{1,2}$ から時計回りに進みつつ

> $v_{1,2} \to^* v_{2,6}$, $C_6$ およびその子孫を通る路, $v_{2,6} \to^* v_{2,5}$, $C_5$ およびその子孫を通る路, $v_{2,5} \to^* v_{1,2}$

という閉路になる. ただし, $\to^*$ は 0 本以上の辺からなる $C_2$ 上の有向路 (時計回り) である. この手順を, 各 $C_j$ に再帰的に適用するのである. 先の図 4.15(a) は, その結果得られた一筆書きである.

### 4.2.3 幅優先探索

幅優先探索 (breadth-first search, BFS) は, 深さ優先探索とは対照的な順序で, やはりすべての点と辺を探索する. 横型探索あるいは先入れ先出し探索 (first-in first-out (FIFO) search) とも呼ぶ. 以下では簡単のため, $G = (V, E)$ を無向グラフとして説明するが, 有向グラフにも適用可能である.

この探索法では, 探索済みの点を一旦集合 $Q$ に格納するが, $Q$ は先に入ったものから順に取り出されるという性質をもつ. このようなデータ構造を待ち行列 (queue) あるいは先入れ先出しリスト (FIFO list) と呼ぶ.

---

アルゴリズム BFS

入力：無向グラフ $G = (V, E)$, 探索の始点 $u_0 \in V$.

1. $v := u_0$, $Q := \emptyset$, $k := 1$, NUM$(v) := k$. $u_0$ は探索済みであるが, それ以外のすべての点と辺は未探索である.

2. 現在の探索点 $v$ に対し, つぎの手順を実行する.

(a) $v$ に接続する未探索の辺があればその 1 つ $(v, w)$ を選び探索する (この辺は探索済みとなる). このとき点 $w$ が未探索であれば, $k := k+1$, NUM$(w) := k$ として $w$ を探索済みとしたのち, $w$ を $Q$ の最後尾へ格納し, 2. へ戻る. $w$ が探索済みであれば, そのまま 2. へ戻る.

(b) ($v$ に接続する辺はすべて探索済み.) $Q = \emptyset$ ならば計算を終了する. そうでなければ, $Q$ の先頭の点 $y$ を $Q$ から除き, $v := y$ としたのち 2. へ戻る.

深さ優先探索と同様, NUM($v$) は点 $v$ の探索順序を示す番号である. 図 4.13(a) の無向グラフに幅優先探索を適用した結果を図 4.16(a) に示す. 図の見方は図 4.13(b) と同様である. ステップ 2(a) において未探索の点 $w$ が得られた場合の辺 $(v, w)$ をやはり探索辺といい, 図では太い辺で示してある. 探索辺は $u_0$ を根とする有向木を作るが, これを BFS の探索木という.

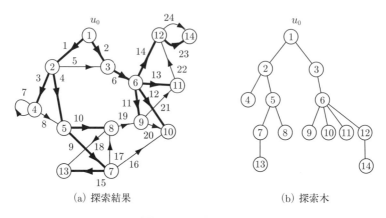

(a) 探索結果　　　　　　　　(b) 探索木

**図 4.16** 幅優先探索

幅優先探索の時間量も, 深さ優先探索と同様に考えて, $O(m + n)$ と評価できる.

**幅優先探索の特徴**　　幅優先探索の探索木を図 4.16(b) のように取り出して描くと, 各点の番号は深さ $0, 1, \ldots$ の順に, 各深さでは左から右へ並んでいる. これが幅優先という名の由来である. 容易に示せるように, 探索木の $u_0$ から各点 $v$ への路は, $G$ における $u_0$ から $v$ への路のうち長さ最小のものになっている (練習問題 (10)). ただし, 路の長さとは, そこに用いられている辺の数である (つまり, 各辺の長さを 1 としている). たとえば, 図 4.16(a), (b) の探索木の路 $(1, 3, 6, 10)$ は長さ 3 であるが, これは元の $G$ (図 4.13(a)) において点 $u_0$ から点 $w$ への長さ最小の路である. このように, 幅優先探索は, $u_0$ から他のすべての点への長さ最小の路を求めるために用いることができる.

なお, 第 5 章 5.1.2 項では, 各辺の長さが 1 とは限らず, 任意の実数で与えられる場合について, 最短路を求めるアルゴリズムを考察する.

# 4.3 平面的グラフ

本節では，単純無向グラフ $G$ が与えられたとき，それを辺が交差しないように平面上に描けるか，という問題を考える．$G$ をそのように描くことを**平面描画** (plane drawing)，点と辺の位置をうまく定めると平面描画できるグラフを**平面的グラフ** (planar graph) という．平面上に平面描画されたグラフを指して**平面グラフ** (plane graph) という[*5]．図 4.17 はそのような例で，同図 (a) と (b) は平面描画できることを示している．同図 (b) の左と右では点の位置が異なっていることに注意．同図 (c), (d) の $K_5$ と $K_{3,3}$ では，どのように試みても最後の 1 本 (破線) がうまく行かない．あとで示すように，この 2 つのグラフは平面的グラフではない．$K_{3,3}$ は**設備グラフ** (utility graph) とも呼ばれている．

平面的グラフの特徴づけと平面描画はグラフ理論の代表的な話題の 1 つであって，詳しく研究されてきた．たとえば，平面描画について，一見意外とも思えるつぎの定理が知られている．

**[ファーリ (I. Fáry) の定理]** 平面的グラフは，すべての辺がまっすぐな線分であるような平面描画をもつ．

例として，図 4.17(a), (b) では，確かにそのような描画が得られている．ただし，この定理の証明はかなり長くなるので，本書では省略する．

## 4.3.1 平面グラフとオイラーの公式

平面上に描かれた平面グラフは，平面をいくつかの**領域** (region) に分割する．グラフの外側も 1 つの領域と見なす．平面グラフ $G$ の点の個数を $n$, 辺の個数を $m$, 領域の個数を $r$ とするとこれらの間につぎの関係が成立する (図 4.18 参照)．

**[オイラーの公式]** 任意の連結平面グラフ $G$ において次式が成り立つ．

$$n - m + r = 2. \tag{4.3}$$

**[証明]** $G$ は連結なので，その全域木 $T$ を 1 つ選ぶ．$T$ の点の個数は $n$ であり，辺の個数は $m = n - 1$ である (4.1.2 項)．さらに領域の数は図 4.18(a) からもわかるよう

---

[*5] 書物によっては平面的グラフのことを平面グラフと呼んでいるので注意が必要である．

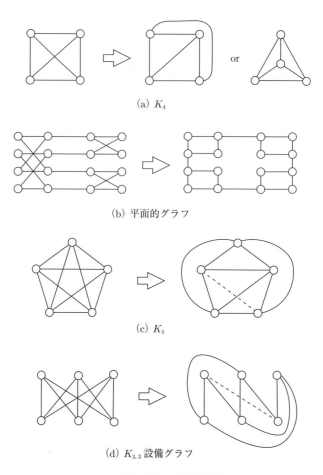

(a) $K_4$

(b) 平面的グラフ

(c) $K_5$

(d) $K_{3,3}$ 設備グラフ

**図 4.17** グラフの平面描画

に $r = 1$ であり，$n - m + r = n - (n-1) + 1 = 2$ となり，式 (4.3) は成立する．以下，一般の場合について，$T$ の補木辺を 1 本ずつ加え，帰納法によって証明する．追加補木辺の数が $k \ (\geq 0)$ のとき式 (4.3) が成立すると，もう 1 本加えることによって，$m$ は 1 増加し，(補木辺であるので) $r$ も 1 増加する．したがって，$n - m + r$ は不変であり，やはり式 (4.3) は成立する． □

**平面的グラフの辺数と次数**　　オイラーの公式を用いると，平面的グラフのもついろいろな性質がわかる．一般に，点の個数 $n$ が同じであるとすると，辺の数が

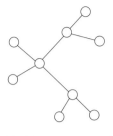

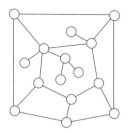

(a) 木 ($n=9, m=8, r=1$)     (b) $n=15, m=20, r=7$

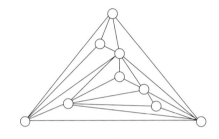

(c) 極大平面的グラフ ($n=9, m=21, r=14$)

**図 4.18** 平面グラフとオイラーの公式

増えるほど平面描画は難しくなるので，平面的グラフの辺の数には上限があると思われる．つぎの結果は，これが正しいことを述べている．

[平面的グラフの辺数]　3 個以上の点をもつ単純平面的グラフ $G$ は

$$m \leq 3n - 6 \tag{4.4}$$

をみたす．

[証明]　$G$ を平面描画したとき，領域の数が $r = 1$ ならば，$G$ は木か森なので，$m \leq n-1$ となり，$n \geq 3$ のとき式 (4.4) は成立する．そこで，$r \geq 2$ とする．$G$ は単純グラフだから，各領域は少なくとも 3 本以上の辺で囲まれており，また 1 つの辺は 2 個より多くの領域の周となることはできないから

$$2m \geq 3r \tag{4.5}$$

が成立する．これにオイラーの公式 (4.3) から得られる $r$ を代入すると，式 (4.4) を導ける．　　　　　　　　　　　　　　　　　　　　　　　　　　　　□

　さらに, 式 (4.4) をみたすような, 辺の数が少ないグラフには, 次数の小さな点が存在するはずである.

　[平面的グラフの次数]　平面的グラフには次数 5 以下の点が必ず存在する.

　[証明]　各辺は 2 点と接続していることから, 一般に

$$\sum_{v \in V} \deg v = 2m$$

が成立する (第 1 章の練習問題 (13)). すべての点の次数が 6 以上であると

$$2m = \sum_{v \in V} \deg v \geq 6n$$

となるが, これは式 (4.4) に矛盾する.　　　　　　　　　　　　　□

　**極大平面的グラフ**　　平面的グラフ $G = (V, E)$ に対し, どのような新しい辺 $e$ を加えても $G' = (V, E \cup \{e\})$ が平面的でなくなるとき, $G$ は**極大平面的グラフ** (maximal planar graph) であるという. そのようなグラフを平面描画すると, すべての領域は 3 本の辺で囲まれている. なぜなら, 4 本以上の辺で囲まれている領域があると, 図 4.19 に示すように, 平面性を保ちつつ辺を加えることができるからである. この性質はグラフの外側の領域についても成り立つ. 図 4.18(c) は極大平面的グラフの例である.

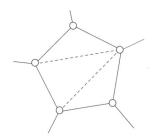

**図 4.19**　平面グラフへ辺の追加

　この考察から, 極大平面的グラフでは, 前述の式 (4.5) が等号で成り立つことがわかる. したがって, オイラーの公式 (4.3) と合わせると, $m = 3n - 6$, すなわち式 (4.4) が等号で成り立つ. 一方, $m = 3n - 6$ ならば, 式 (4.4) から, これ以上辺を増やすことはできないので, 条件 $m = 3n - 6$ は平面的グラフ $G$ が極大である

ための必要十分条件である.

**完全グラフ $K_5$**  不等式 (4.4) を用いると, ある種のグラフが平面的でないことを証明できる. たとえば, 図 4.17(c) の $K_5$ については $n = 5$, $m = 10$ であるので $m \leq 3n - 6$ は成立しない. したがって, $K_5$ は平面的でない.

**2 部グラフ**  グラフを 2 部グラフ (1.4 節) に限定すると, 式 (4.4) が強化されることを示そう. まず, つぎの性質に注意する.

**[2 部グラフの閉路]**  2 部グラフのすべての閉路の長さは偶数である.

**[証明]**  2 部グラフ $G = (V_1, V_2, E)$ のすべての辺は点集合 $V_1$ と $V_2$ を渡しているから, 閉路を形成するには $V_1$ と $V_2$ の間を偶数回移動しなければならない. その結果, すべての閉路の長さは偶数である. □

実は, 閉路長の偶数性は, グラフが 2 部グラフであるための十分条件でもあるが, これは 4.4.1 項で示すことにする.

**[平面的 2 部グラフの辺数]**  単純かつ平面的である任意の 2 部グラフは次式をみたす. ただし, $n \geq 3$ を仮定する.

$$m \leq 2n - 4. \tag{4.6}$$

**[証明]**  一般のグラフに対する式 (4.4) の証明をつぎのように修正する. 単純 2 部グラフでは, 閉路長の偶数性より, 任意の領域の周は 4 本以上の辺をもつ. したがって, 式 (4.5) の代わりに

$$2m \geq 4r$$

が成立し, オイラーの公式 (4.3) と合わせ, 式 (4.6) を得る. □

**完全 2 部グラフ $K_{3,3}$**  上の結果を用いると, $K_{3,3}$ (設備グラフ) も平面的ではないことを示すことができる. 図 4.17(d) にあるように, $K_{3,3}$ では $n = 6$, $m = 9$ となり, 式 (4.6) をみたさないからである.

## 4.3.2 クラトウスキーの定理

上述のように, $K_5$ と $K_{3,3}$ は平面的でないが, 実は平面的でないグラフには, 必ずこのどちらかが隠れている. これが, クラトウスキーの定理である.

2つの単純無向グラフ $G_1$ と $G_2$ が次数2の点を除いて同形 (1.4節) であるとき, 同相 (homeomorphic) であるという. すなわち, 辺の途中に点を挿入する, あるいは次数2の点を除いてそれに接続する2辺を1本にまとめる, という操作を反復することによって, $G_1$ と $G_2$ を同形にできるという意味である. たとえば, 図4.20の2つのグラフは同相である (白丸, 黒丸, 2重丸の違いはここでは無視すること).

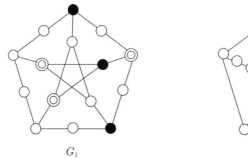
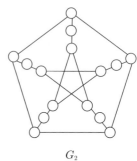

$G_1$ $\qquad\qquad\qquad\qquad\qquad\qquad$ $G_2$

**図 4.20** 同相グラフ

平面描画に関しては, 互いに同相なグラフは同じ働きをするので, あるグラフ $G$ が $K_5$ あるいは $K_{3,3}$ と同相な部分グラフを含むならば, $G$ は平面的でないと結論できる. たとえば, 図4.20の $G_1$ は $K_{3,3}$ と同相な部分グラフをもつので平面的でない (黒丸の3点を $V_1$ 側, 2重丸の3点を $V_2$ 側と考えよ). つぎの定理は, この性質の逆も正しいことを述べている.

> [クラトウスキー (**C. Kuratowski**) の定理]　単純無向グラフ $G$ が平面的であるための必要十分条件は, $K_5$ あるいは $K_{3,3}$ と同相であるような部分グラフを含まないことである.

この定理の証明は, 平面的でないすべての状況を組織的に場合分けし, それぞれの場合に $K_5$ あるいは $K_{3,3}$ と同相な部分グラフが含まれることを示すことによってなされている. かなり長い証明になるので本書では省略する.

グラフの平面性判定　　クラトウスキーの定理を利用すると, 任意の無向グラフ $G$ に対し, それが平面的であるかどうかを多項式時間で判定できる. すなわち,

あらゆる 5 点の組み合わせに対し, それが $K_5$ と同相な部分グラフを形成していないか, さらに, あらゆる 6 点の組み合わせに対し, それが $K_{3,3}$ と同相な部分グラフを形成していないかを調べればよい. しかし, この方法は, 多項式時間ではあっても, 実用的とはいえない. そのため効率のよい異なる方法が考えられていて, 計算手間は点の数 $n$ の 1 次のオーダーにまで下げられている.

### 4.3.3 双対グラフ

$G_1 = (V_1, E_1)$ と $G_2 = (V_2, E_2)$ を無向グラフとする. 辺集合 $E_1$ と $E_2$ の間に全単射 $\psi : E_1 \to E_2$ が存在してつぎの性質をみたすとき $G_2$ は $G_1$ の双対グラフ (dual graph) であるという. すなわち, $S_1 \subseteq E_1$ が $G_1$ の単純閉路ならば $\psi(S_1)$ は $G_2$ のカット, また, $S_2 \subseteq E_2$ が $G_2$ のカットならば逆像 $\psi^{-1}(S_2)$ は $G_1$ の単純閉路である.

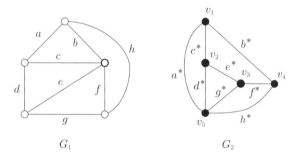

**図 4.21** 双対グラフ

たとえば, 図 4.21 では, 辺集合間の全単射 $\psi$ を $\psi : a \mapsto a^*,\ b \mapsto b^*, \ldots,\ h \mapsto h^*$ と定めると, $G_2$ が $G_1$ の双対グラフであることがわかる. 例として, $G_1$ の単純閉路 $S = \{a, b, c\}$ は $\psi(S) = \{a^*, b^*, c^*\}$ を与えるが, これは点集合 $U_1 = \{v_1\}$ と $U_2 = \{v_2, v_3, v_4, v_5\}$ を分けるカットである. また, 単純閉路 $S' = \{a, b, e, d\}$ については, $\psi(S') = \{a^*, b^*, e^*, d^*\}$ は $U_1 = \{v_1, v_2\}$ と $U_2 = \{v_3, v_4, v_5\}$ を分けるカットである. 逆像 $\psi^{-1}$ についても同様で, たとえば $S'' = \{b^*, e^*, g^*, h^*\}$ は $G_2$ のカットであるが, その $\psi^{-1}(S'') = \{b, e, g, h\}$ は $G_1$ の単純閉路である.

つぎの定理もグラフ理論の古典的な結果であって, どのようなグラフが双対グラフをもつかを明らかにしている.

[ホイットニイ (**H. Whitney**) の定理]　単純無向グラフ $G$ が双対グラフをもつための必要十分条件は, $G$ が平面的であることである.

　残念ながら, この定理の証明も長くなるので割愛せざるを得ない. ただし, 十分性の方は, 図 4.21 の $G_1$ と $G_2$ の構成法を示す図 4.22 からほぼ明らかであろう.

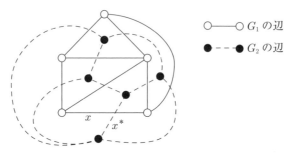

**図 4.22**　双対グラフの作り方

　すなわち, 平面グラフ $G_1$ (実線のグラフ) のそれぞれの領域に $G_2$ の点 (黒丸) を置き, $G_1$ の辺 $x$ を介して隣接している 2 つの領域に対しては, 対応する $G_2$ の 2 点の間に破線の辺 $x^*$ を ($x$ を横切るように) 引くのである. このようにすると, $G_1$ の単純閉路はその内側にある $G_2$ の点集合 $U_1$ と外側にある点集合 $U_2$ を分けるので, その単純閉路の辺を横切る $G_2$ の辺集合は, $G_2$ において $U_1$ と $U_2$ を分けるカットになっている. このようにして, 単純閉路とカットの対応がつくのである.

　図 4.22 からわかるように, 平面グラフ $G_1$ から作られる $G_2$ も平面グラフである. また, $G_1$ と $G_2$ の役割を逆にし, $G_2$ の領域に点を置いて双対グラフ $G_1$ を作ったと解釈することもできる. つまり, 双対グラフの双対グラフを作ると元に戻ることになり, どちらを主と考えてもよい.

## 4.4　グラフの彩色

　本節では, 単純無向グラフ $G$ において, 互いに隣接する点は異なる色で塗らなければならないという彩色条件の下で, 必要な色の最少数を求める問題を考える. この数を**彩色数** (chromatic number) といい, $\chi(G)$ と記す. $\chi$ はギリシャ文字の

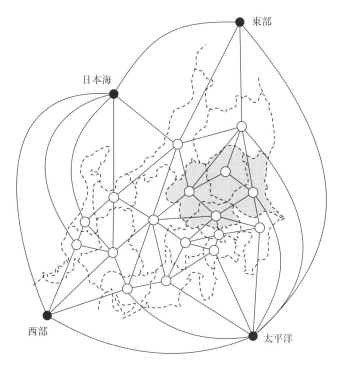

**図 4.23** 本州の中央部分

カイである.

　例として, 図 4.23 のような平面上の地図を 1 つの平面グラフと見なそう. (つまり, 県の隣接関係は変えないように破線の境界線を単純化して辺とし, 境界線の交点をグラフの点と考える).[*6] このような平面グラフ (地図) を隣接する領域 (県) が異なるように彩色するには何色必要か, という問題は 19 世紀半ばから話題になっていたが, どのような平面グラフであっても 4 色あれば十分であることが 1976 年にようやく証明された. これが有名な **4 色定理** (four color theorem) である. この平面グラフの双対グラフ (図 4.23 の実線のグラフ) を作ると, 地図の領域の彩色は双対グラフの点の彩色に言い換えられる. (4 色定理については 4.4.2 項

---

[*6] 正確な地図を詳しく見ると, 埼玉県, 群馬県, 栃木県, 茨城県 (アミの領域) の交差点は 1 点ではないが, 単純化して示している.

でさらに検討する.)

[**4色定理**]　平面的グラフ $G$ は $\chi(G) \leq 4$ をみたす.

　彩色数が関係する他の例として, 携帯電話会社が担当地域をカバーするために設置している中継点への周波数割当問題を説明する. この問題では, 近くに位置する中継点は, 互いの混信を避けるため異なる周波数帯域を用いなければならない. 中継点を点, 混信の可能性のある中継点の対を辺とするグラフを作ると, このグラフの彩色数は, 混信を避けるために必要な周波数帯域数になる. 現実のシステムでは, さらに種々の技術的条件も考慮しなければならないが, グラフ理論的アプローチはそのような場合にも大変有用である. なお, この問題のグラフは, 一般に平面的ではない.

### 4.4.1　彩色数の計算

　図 4.24 にいろいろなグラフの彩色数 $\chi(G)$ を示す. このように小さなグラフであっても, 正確に彩色数を求めることは必ずしも容易でない. たとえば, 同図 (e) のグレッチュ (H. Grötzsch) グラフを 3 色では塗れないこと, 4 色あれば塗れることを示すのは少し骨の折れる作業である (練習問題 (15)). 一般に, 与えられたグラフの彩色数を求める問題は NP 困難であることが知られている. したがって, すべてのグラフ $G$ に対し $\chi(G)$ を求める効率よいアルゴリズムの存在は期待できない. ここでは, いくつかの特別なグラフの彩色数, 一般のグラフにおける彩色数の上下界値, 彩色数を近似的に求めるアルゴリズムなどを紹介する.

　まず, 図 4.24(a) のグラフ $G$ を考える. $\chi(G) = 2$ であることは, 図の色 1, 2 による具体的な彩色から明らかである. このグラフの閉路はすべて偶数長であって, この結果はつぎのように一般化できる.

[**2部グラフの彩色数**]　無向グラフ $G = (V, E)$ は $|E| \geq 1$ をみたすとする. このときつぎの 3 条件は等価である.

(1) $G$ は 2 部グラフである,

(2) $G$ は奇数長の閉路をもたない,

(3) $\chi(G) = 2$.

[証明]　(1) $\Rightarrow$ (2): これはすでに 4.3.1 項で示した.

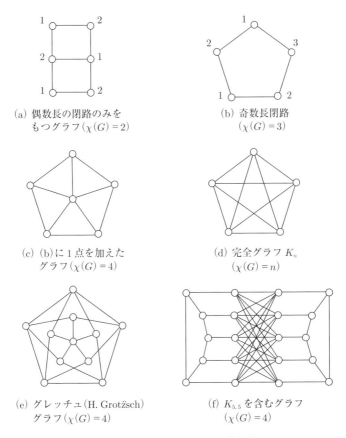

(a) 偶数長の閉路のみを
もつグラフ($\chi(G) = 2$)

(b) 奇数長閉路
($\chi(G) = 3$)

(c) (b)に1点を加えた
グラフ($\chi(G) = 4$)

(d) 完全グラフ $K_n$
($\chi(G) = n$)

(e) グレッチュ(H. Grotžsch)
グラフ($\chi(G) = 4$)

(f) $K_{5,5}$ を含むグラフ
($\chi(G) = 4$)

**図 4.24** いろいろなグラフの彩色数

(2) ⇒ (3): $G$ が連結でなければ, 各連結成分を別個に扱えばよいので, $G$ の連結性を仮定する. $G$ を色1と2の2色で塗ることを考える. $G$ の点 $v_0$ を任意に選び, 色1を塗る. つぎに, $v_0$ から他の点 $v$ への路 $P_v$ を任意に選び

$P_v$ の長さが偶数 (奇数) ならば $v$ の色は 1 (2),

と定める. $G$ は連結なので, この結果すべての点の色が定まる. また, 点 $v$ の色は路 $P_v$ の選び方によらない. なぜなら, $v_0$ から $v$ への偶数長の路 $P_v$ と奇数長の路 $P'_v$ の両方が存在したとすると, $G$ には $P_v$ と $P'_v$ を $v$ において接続した奇数長の閉路があることになり, 仮定に反するからである. さらに, この彩色の結果, $G$ において隣接する2つの点 $u$ と $v$ は必ず異なる色をもつ. なぜなら, $v_0$ から $v$ への路 $P_v$ に辺 $(v, u)$ を加えた路 $P_u$ を考えると, $P_v$ と $P_u$ の長さは逆の偶奇性をもつからである.

(3) ⇒ (1): 色 1 をもつ点の集合を $V_1$, 色 2 をもつ点の集合を $V_2$ とすると, $G$ のすべての辺 $e = (u, v)$ の端点の一方は $V_1$ に属し, 他方は $V_2$ に属する (彩色の条件より). すなわち, $G$ は 2 部グラフである. □

図 4.24(d) にあるように, 完全グラフ $K_n$ では, すべての点の色は異ならなければならないので, $\chi(G) = n$ である. 一般に, グラフ $G = (V, E)$ の生成部分グラフ $G_1 = (V_1, E_1)$ が完全グラフであるとき, $G_1$ あるいは $V_1$ を $G$ のクリーク (clique) であるといい, $|V_1|$ をそのクリークの位数という. $G$ の最大クリークの位数を $\omega(G)$ と記す. $\omega$ はギリシャ文字のオメガである. つぎの結果は定義より自明である.

[クリークと彩色数]　単純無向グラフ $G$ に対し $\chi(G) \geq \omega(G)$ である.

しかし, $G$ の最大クリークを見出す問題も NP 困難であって, グラフによっては $\omega(G)$ を求めること自体困難である. また, 図 4.24 のグラフ (b), (c), (e), (f) では, $\chi(G) > \omega(G)$ が成立している.

$G$ の点の次数のうち最大のものを $\Delta(G)$ と書くと, つぎの性質が得られる.

[最大次数と彩色数]　単純無向グラフ $G$ において, $\chi(G) \leq \Delta(G) + 1$ が成り立つ.

[証明]　点の個数に関する帰納法によって行う. $G$ の点の数が 1 ならば, $\chi(G) = 1$, $\Delta(G) = 0$ なので, 上式は成り立つ. 一般の $G$ において次数 $\Delta(G)$ の点 (の 1 つ) を $v$ とし, $G$ から $v$ とそれに接続する辺を除いて得られるグラフを $G - v$ と記す. $G - v$ の点の数は $G$ のそれより少ないので, 帰納法の仮定と $\Delta(G - v) \leq \Delta(G)$ によって

$$\chi(G - v) \leq \Delta(G - v) + 1 \leq \Delta(G) + 1$$

を得る. そこで $G - v$ を $\Delta(G) + 1$ 以下の色で彩色し, つぎに $v$ の色を塗る. $v$ に隣接する点は $\Delta(G)$ 個なので, $\Delta(G) + 1$ 個の色の中には, 隣接点で用いられていないものが必ず存在する. その色を $v$ に塗れば, $G$ は $\Delta(G) + 1$ 色で彩色される. □

図 4.24 のグラフでこの結果を検証すると

(a)　$\chi(G) = 2$, $\Delta(G) + 1 = 4$,　　(b)　$\chi(G) = 3$, $\Delta(G) + 1 = 3$,

(c)　$\chi(G) = 4$, $\Delta(G) + 1 = 6$,　　(d)　$\chi(G) = 5$, $\Delta(G) + 1 = 5$,

(e)　$\chi(G) = 4$, $\Delta(G) + 1 = 6$,　　(f)　$\chi(G) = 4$, $\Delta(G) + 1 = 7$,

である. 確かに $\Delta(G) + 1$ は $\chi(G)$ の上界値となっているが, 必ずしも精度の高いものではない. そこで, つぎにグラフ彩色の近似アルゴリズムを 1 つ与え, その考え方を利用して, より精度の高い上界値を導く.

　　**彩色の近似アルゴリズム**　　このアルゴリズムでは, あらかじめ点 $v_i$ を $\deg v_1 \geq \deg v_2 \geq \cdots \geq \deg v_n$ となるように整列しておく. 色は $1, 2, \ldots$ という整数で表す. つぎに, $v_1, v_2, \ldots, v_n$ の順に色を定めるが, 各 $v_i$ に彩色可能な色の中で最小の番号を与えるのである.

---

アルゴリズム　COLORING

入力: 単純無向グラフ $G = (V, E)$, ただし $V = \{v_1, v_2, \ldots, v_n\}$.

出力: $G$ の点集合 $V$ への彩色.

1. 必要ならば点の番号を付けかえ, $\deg v_1 \geq \deg v_2 \geq \cdots \geq \deg v_n$, とする.
2. $j = 1, 2, \ldots, n$ の順に, つぎのルールで $v_j$ の色を定める. すなわち, $v_j$ に隣接する点 $v_i$ $(i < j)$ に付されている色を除き, 最小番号の色を $v_j$ に与える.

---

　このアルゴリズムを図 4.24(f) のグラフに適用した結果を図 4.25 に示す. 点を示す円内の番号は, ステップ 1 の整列後の点番号, 各点の肩に付された数字がその色番号である. このグラフは $\chi(G) = 4$ であるが, COLORING によって 4 色の彩色が得られている. しかし, グラフによっては, $\chi(G)$ より多くの色を必要とす

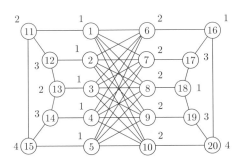

**図 4.25**　アルゴリズム COLORING の適用例

る場合もある (練習問題 (16)). このアルゴリズムと上記の最大次数の考え方から, $\chi(G)$ の上界値を与えるつぎの不等式が得られる.

[彩色数の上界値] 単純無向グラフ $G$ の点集合 $V = \{v_1, v_2, \ldots, v_n\}$ は $\deg v_1 \geq \deg v_2 \geq \ldots \geq \deg v_n$ をみたすとする. $\deg_{G_i} v_i$ を $\{v_1, v_2, \ldots, v_i\}$ による生成部分グラフ $G_i$ における $v_i$ の次数とすると, 次式が成り立つ.

$$\chi(G) \leq \max_{1 \leq i \leq n} [\deg_{G_i} v_i + 1]. \tag{4.7}$$

[証明] 生成部分グラフ $G_k$ に対して

$$\chi(G_k) \leq \max_{1 \leq i \leq k} [\deg_{G_i} v_i + 1]$$

を $k$ に関する帰納法によって証明する. $k = 1$ のときこれは明らかに正しい. $G_k$ の彩色を $p = \chi(G_k)$ 色で行ったとして, $G_{k+1}$ の点 $v_{k+1}$ の色を考える. 色 $1, 2, \ldots, p$ の中で, $v_{k+1}$ の隣接点で用いられていないものがあれば, その色を $v_{k+1}$ に塗れば, $G_{k+1}$ は $p$ 色で彩色できるので証明は終わる. そうでなければ $v_{k+1}$ には新しい色 $p+1$ を与える. このとき, $v_{k+1}$ の隣接点は $p$ 色すべてを使っているという仮定により, $p \leq \deg_{G_{k+1}} v_{k+1}$ が成立するので

$$\chi(G_{k+1}) \leq p + 1 \leq \max_{1 \leq i \leq k+1} [\deg_{G_i} v_i + 1]$$

が得られ, $G_n = G$ であることから証明は完了する. □

図 4.24 のグラフに対し式 (4.7) の上界値を求めることは, 練習問題 (17) とする.

## 4.4.2 4色定理とその周辺

平面的グラフ $G$ では, すでに述べたように $\chi(G) \leq 4$ が成立する. これは現在では4色定理と呼ばれているが, 最終的に 1976 年にアッペル (K. Appel) とハーケン (W. Haken) によって証明されるまでは, 4色予想と呼ばれていた. 4色予想の源は, 1879 年のケンペ (A. B. Kempe) による誤った証明に発しているが, この証明を少し修正すると, 平面的グラフは5色あれば彩色可能であることを示すことができる. 以下, この証明を紹介する. 4色定理はケンペが用いた方法を詳細化することによって証明されたが, 膨大な数の場合分けになり, コンピュータの助けを得て最終的に決着したことでも話題を呼んだ.

[**5色定理**] 任意の平面的グラフ $G$ は $\chi(G) \leq 5$ をみたす.

[証明] $G$ の点の個数 $n$ に関する帰納法で証明する. $n \leq 5$ のときこの定理は明らか に成立する. 一般の場合, 平面的グラフ $G$ には次数5以下の点 $v$ が存在するので (4.3.1 項), $G$ から $v$ とそれに接続する辺を除いたグラフ $G-v$ を考える. $G-v$ は帰納法の 仮定によって5色で彩色できる. まず, $\deg v \leq 4$ あるいは $v$ に隣接する点の色の合計 が4以下ならば, $v$ に残りの色を塗ることができるので, $\deg v = 5$, さらに $v$ に隣接す る点には5色のすべてが用いられているとする. そこで, $G$ の平面描画において, $v$ の 隣接点は時計回りに $v_1, v_2, v_3, v_4, v_5$ とし, それらの色を一般性を失うことなく 1, 2, 3, 4, 5 とする (図 4.26(a)).

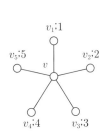

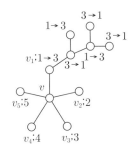

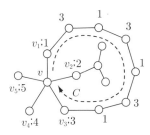

(a) 次数5の点 $v$ と その隣接点

(b) $v_1$ と $v_3$ が $H_{13}$ の異 なる成分に入る場合

(c) $v_1$ と $v_3$ が $H_{13}$ の同じ 成分に入る場合

**図 4.26** 5色定理における部分グラフ $H_{13}$

つぎに色1と3がついている点の集合を考え, その生成部分グラフを $H_{13}$ とする. $H_{13}$ は点 $v_1$ と $v_3$ を含んでおり, $v_1$ と $v_3$ は, $H_{13}$ の異なる連結成分に属しているか同じ連 結成分に属しているかのどちらかである. 前者の場合 (図 4.26(b)), $H_{13}$ の $v_1$ を含む連 結成分において, 色1と3をすべて交換する. 得られた彩色は明らかに彩色条件をみた し, $v_1$ と $v_3$ には色3が塗られる. その結果, $v$ に色1を与えることができ, $G$ の5色 彩色が得られる.

一方, 後者ならば ($v_1$ と $v_3$ は $H_{13}$ の同じ連結成分に属する), 図 4.26(c) にあるよ うに, $v_1$ から色1と3が交互に塗られている路をたどって $v_3$ に到達することができ る. この路を $P$ と記す. $P$ に辺 $(v, v_1)$ と $(v, v_3)$ を加えると $v_2$ あるいは $v_4$ を囲む閉 路 $C$ が形成される. すなわち, 色2および4の点の集合によって生成される部分グラフ $H_{24}$ を考えると, $v_2$ と $v_4$ は $H_{24}$ の異なる連結成分に含まれる. したがって, $H_{13}$ の図 4.26(b) の場合のように, $v_2$ を含む $H_{24}$ の連結成分において, 色2と4をすべて交換し ても彩色条件はみたされている. この結果, $v_2$ と $v_4$ に色4が塗られるので, $v$ に余った 色2を与えることができ, $G$ の5色彩色が完成する. □

## 4.5 文献と関連する話題

グラフの連結性に関する 4.1 節の話題は, グラフの基本的性質であるので, グラフ理論の大抵の教科書に含まれている (文献 4-3,4,5,8,10,12,15)). 基本閉路系や基本カット系は電気回路の解析の基礎理論であるが, 本書ではこの方面の応用に触れることはできなかった. 4.1.4 項の 2SAT の別解法は 4-2) による. 4.2 節の深さ優先探索と幅優先探索は, グラフのアルゴリズムにおいて基本的ツールとして利用されている. オイラーの一筆書きの他にも, たとえばグラフの 2 連結成分や強連結成分の計算が, 深さ優先探索を用いて $O(m + n)$ 時間で可能である 4-13). オイラーの古典的文献は 4-6) である.

4.3 節と 4.4 節の平面性と彩色数は, どちらもグラフ理論の古典的な話題であって, 長い期間にわたる豊富な蓄積がある. より詳しい内容は上記のグラフ理論の教科書などを参照のこと. アルゴリズム的には, 平面性の判定は線形時間 $O(m + n)$ で可能であるが, 一般グラフの彩色数を求める問題は NP 困難である. ファーリの定理は 4-7), クラトウスキーの定理は 4-9), ホイットニイの定理は 4-14) が原論文である. 4 色定理の証明は 4-1) で最初に公表された. 4-11) も参照のこと.

グラフ理論の代表的な話題には, 本章に含めたもの以外にも, グラフの同形性 (1.4 節) の判定, $\chi(G) = \omega(G)$ という性質を保障する理想グラフ (perfect graph) の特徴づけ, ランダムに生成されたグラフの確率的性質, いろいろな条件に対しそれをみたす部分グラフの発見と列挙のアルゴリズム, グラフの最適な分割など, 多岐にわたっている. また, たとえば, 6 点以上の任意のグラフには 3 点のクリークかあるいは互いに隣接しない 3 点のどちらかが存在するといった類の性質 (一般的にラムゼイ (F. P. Ramsey) 理論と呼ばれている) に関する研究もある. それぞれ豊富な内容をもち, 関連する論文も多い.

### 練習問題

(1) $G = (V, E)$ を連結無向グラフとする. $G$ の任意の極小カットセットはカットであることを示せ (定義は 4.1.1 項).

(2) $G$ の補木 $F$ に関する 4.1.2 項の 3 条件の等価性, $(a) \Rightarrow (b) \Rightarrow (c) \Rightarrow (a)$ を証明せよ.

(3) 4.1.4 項で定義した, 有向グラフ $G = (V, E)$ の $V$ 上の 2 項関係 $R_s$ は, 同値関係であることを示せ.

(4) 4.1.4 項の 2SAT の別解法において, 手順のステップ 2(a) で $G_i$ が選ばれたとき, $G_i \preceq G_j$ かつその値がすでに 0 に定まっているような強連結成分 $G_j$ は存在しないことを示せ.

(5) 4.1.4 項で定義した有向木 $T$ は, 辺の方向を無視すると木の形をしている, 長さ 1 以上の閉路をもたない, 根から他の各点 $v$ への有向路はちょうど 1 本存在する, さらに根以外のすべての点の入次数は 1 である. 以上を証明せよ.

(6) 図 4.12(b) の有向グラフに対し, 点 $w_0$ を始点として深さ優先探索を適用し, その結果を示せ.

(7) 完全グラフ $K_7$ はオイラーの一筆書き定理の条件をみたすことを示せ. また, 4.2.2 項のアルゴリズムにしたがって, $K_7$ の一筆書きを求めよ. このとき, 第 1 段階において, 5 個以上の閉路が生じるようにし, それらの結合により一筆書きを構成せよ.

(8) 一筆書きの定義を 4.2.2 項のものから少し変更し, 連結無向グラフ $G$ において 1 つの点 $u$ からすべての辺を一度ずつ通って他の点 $w$ へ至る路, と定める. このような一筆書きが存在するための必要十分条件を証明と共に与えよ.

(9) 図 4.13(a) の無向グラフの点 $w$ を始点として深さ優先探索を適用し, その結果を示せ. さらに同じグラフに対し, $w$ から幅優先探索を適用し, その結果を示せ.

(10) 幅優先探索 (4.2.3 項) の探索木の根 $u_0$ から点 $v$ への路は, 元の無向グラフ $G$ において, $u_0$ から $v$ への長さ最小の路 (の 1 つ) であることを示せ.

(11) 与えられた無向グラフ $G$ が連結であるかどうかを判定する効率のよいアルゴリズムを考えよ.

(12) 単純グラフ $G$ の点の数 $n$ と辺の数 $m$ の間に $m \leq 3n - 6$ は成立するが平面的ではない例を作れ.

(13) 4 個以上の点をもつ平面的グラフは, 次数が 5 以下の点を少なくとも 4 個もつことを示せ.

(14) 16 点をもつ平面的グラフにおいて, すべての点の次数が 4 であり, さらに平面上に描いたとき, 各領域が 3 角形か 4 角形だとすると, 3 角形と 4 角形の個数はそれぞれいくつあるか.

(15) 図 4.24(e) のグレッチュグラフは 3 色では塗れないことを証明せよ. また, アルゴ
リズム COLORING (4.4.1 項) を適用し, 4 色で塗れることを示せ.

(16) アルゴリズム COLORING (4.4.1 項) によるのでは $\chi(G)$ 色の彩色が得られない
例を示せ.

(17) 図 4.24 のグラフ (a) 〜 (f) に対し, 式 (4.7) による $\chi(G)$ の上界値を求めよ.

### ひ・と・や・す・み

**ー ケーニヒスベルクの橋: グラフ理論の始まり ー**

　現在のロシア連邦, リトアニア共和国の南に飛び地になっているところにカリーニ
ングラード (Kaliningrad) と呼ばれる古い町がある. 18 世紀の昔, この町を流れるプ
レーゲル川の中州に 7 つの橋が架かっていた. その想像図を図 4.27(a) に示す. こ
の町は, その頃東プロシャに属していてケーニヒスベルク (Königsberg) と呼ばれて
いたが, グラフ理論がここの橋に源を発したという理由で世界中に知られるところと
なった (実は, 哲学者カントが生まれた地としても知られている).

(a) 7 つの橋

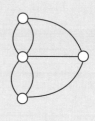

(b) グラフ表現

**図 4.27** ケーニヒスベルクの橋

　すなわち, その頃, 「これら 7 つの橋のすべてをちょうど一度ずつ連続して渡るこ
とはできるか?」が話題となり, これに対して数学者オイラーがその答えと証明を与
えたのである (文献 4-6)). 彼は 7 つの橋の連結の様子を, 図 4.27(b) のようなグラフ

として捉え, 証明を行った. ここまで書くと, すべての橋を一度ずつ渡る経路は, グラフの一筆書きそのものであることが理解できよう. 本章で述べた 4.2.2 項の一筆書き定理がオイラーの結果である. (ただし, ここでは経路の始点と終点が異なってもよいという条件なので, 正確には練習問題 (8) の変更が必要である.) 定理を適用すれば, このグラフに一筆書きは存在しない, すなわちケーニヒスベルグの橋の問題の答えはノーであることがすぐにわかる.

オイラー (Leonhard Euler, 1708 – 1783) は, スイスのバーゼルに生まれ, 20 才のときアカデミーに招かれてロシアのペテルスブルグに移ったが, 1741 年にはベルリンへ, 1766 年再びペテルスブルグに戻っている. この間, 1 回目のペテルスブルグのときに右目を失い, さらに 2 回目のペテルスブルグのとき左目も失うという不幸に見舞われた. しかし, それに屈することなく, 生涯を通して数学のあらゆる分野で大きな業績を残したのである. オイラーがグラフ理論の始祖と呼ばれているのは 1736 年に発表した上記の論文が, グラフ理論の最初の論文とされているからである.

ケーニヒスベルグの橋の問題におけるオイラーの最大の貢献は, 具体的な地図上の問題であっても, その答えには橋の長さや島の面積などは関係せず, 各点が接続しているかいないかだけが重要であることを指摘し, これらの位相的性質をグラフという概念で表現した点にある. オイラーは, 4.3.1 項の平面グラフに対するオイラーの公式 (4.3) もその例であるが, 位相幾何学と呼ばれる分野へさらに研究を進め, 位相幾何学の始祖ともされている. 彼の数学的貢献はこれらに留まらず, 数学のさまざまな分野にわたっており, まことに偉大な数学者である.

第**5**章

# ネットワーク最適化

グラフの点や辺に数値を付与したものをネットワーク (network) と呼ぶ. グラフが何らかの現実のシステムを表現しているとき, その点や辺には対象の性質を反映していろいろな数値が付随しているのが普通である. たとえば, 1 つの辺が地点間の道路を表現しているとすれば, その道路の長さ, 幅 (交通容量), あるいはそこを通行するための所要時間と費用などが考えられる. 本章では, 現実の応用にしばしば登場する代表的なネットワーク最適化問題として, 最小木問題, 最短路問題, 巡回セールスマン問題. 最大フロー問題, マッチング問題, 最小カット問題などを取り上げ, それらを解くアルゴリズムを紹介する.

## 5.1 代表的なネットワーク最適化問題

最適化問題 (optimization problem) とは, 与えられた制約条件 (constraint) の下で, 目的関数 (objective function) を最小化 (問題によっては最大化) する解を求めよ, というタイプの問題である. 制約条件をみたす解を実行可能解 (feasible solution), 実行可能解の中で目的関数を最小 (問題によっては最大) にするものを最適解 (optimal solution) という.

本節では, ネットワークは連結無向グラフ $G = (V, E)$ 上で定義されていて, 各辺 $e \in E$ に重み $d(e)$ が与えられているとする (たとえば辺の長さを表す). すなわち, $d : E \to \mathbb{R}$ であって, $e = (u, v)$ のとき, $d(e)$ を $d(u, v)$ とも書く. 各 $d(e)$ は実数値をとり, 非負に限定する場合が多いが, 正負いずれであってもよい場合もある. $G$ と $d$ を合わせたネットワークを $[G; d]$ と記す. 一例を図 5.1 に示す.

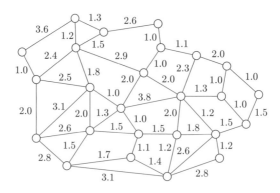

**図 5.1**　無向ネットワークの例

このようなネットワークに対して, 種々の最適化問題が議論されているが, 本節ではその中から, 最小木問題, 最短路問題, 巡回セールスマン問題の 3 つを取り上げる. いずれも, 与えられたネットワークから, ある条件をみたす最適部分グラフを見つけるという問題であって, みたすべき条件によって, 問題の困難さも変化する.

### 5.1.1　最小木問題

ネットワーク $[G; d]$ において, $G$ の全域木 (定義は 4.1.2 項) を考える. 全域木とは, 厳密には辺の部分集合 $T$ で決まる部分グラフ $G_T = (V, T)$ を指すが, 以下, $T$ によって表す. $T$ の重さを

$$d(T) = \sum_{e \in T} d(e)$$

と定義し, 重さ最小の全域木を最小木 (minimum spanning tree, 正確には**最小全域木**) という. なお, 最小木問題では $d(e)$ は負であってもよい.

ネットワークの点が地図の地点を表し, 辺が可能な通信リンクを表しているとすると, これは全地点を連結するために引かれるリンクの長さの総和を最小にする問題である. また, ネットワークの点がチップ上に置かれた論理素子 (トランジスタ), 辺が結線可能な素子対を表しているとすると, 最小木問題は, すべての素子を連結するために必要な結線長の総和を最小にする問題である. 実際, 素子への電源やアースの供給には, この種の問題を解くことが必要となる.

最小木の特性　　　最小木を求めるアルゴリズムを述べる前に，全域木 $T$ が最小であるための必要十分条件を与える．下記の証明からわかるように 4.1.2 項で述べた全域木とその基本閉路の関係が重要な役割をはたしている．

[最小木定理]　　ネットワーク $[G;d]$ において，全域木 $T$ が最小である必要十分条件は，任意の補木辺 $b$ とそれによって定まる基本閉路 $C_b$ において，すべての $a \in C_b$ に対し $d(a) \le d(b)$ が成立することである．

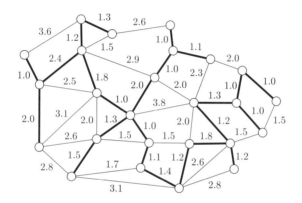

**図 5.2**　最小木

　図 5.2 の太線の辺は，図 5.1 のネットワークに対して後述のアルゴリズムで求めた最小木である．容易に確かめられるように，任意の補木辺 (細線の辺) に対して定理の条件が成立している．

　[証明]　必要性．もし最小木 $T$ のある辺 $a \in C_b$ に対し $d(a) > d(b)$ ならば，$a$ と $b$ を入れ換えて

$$T' = T \cup \{b\} - \{a\}$$

を作ると (図 5.3(a) 参照)，$T'$ も $G$ の全域木である (なぜなら，$|T'| = |T|$ であり，図よりわかるように，$T'$ も $G$ のすべての点を連結する)．しかも，$d(b) < d(a)$ より $d(T') < d(T)$ を得るが，これは $T$ の最小性に矛盾する．

　十分性を示すため，$T$ とは異なる最小木 $T^*$ の存在を仮定し (存在しなければ $T$ は最小である) 矛盾を導く．このとき $T^*$ として $|T^* - T|$ が最小になるものを選ぶ．辺 $b \in T^* - T$ を 1 つとり，$T^*$ から $b$ を除くと，$T^*$ は 2 つの木 $T_1^*$ と $T_2^*$ に分かれる (図

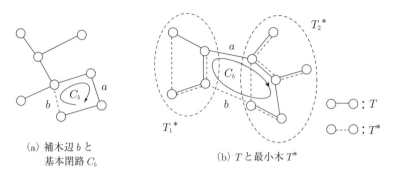

(a) 補木辺 $b$ と
基本閉路 $C_b$

(b) $T$ と最小木 $T^*$

**図 5.3** 最小木の必要十分条件

5.3(b)). $T$ における $b$ の基本閉路 $C_b$ は $T_1^*$ と $T_2^*$ をまたぐ辺を含むので, その 1 つを $a$ とする. そこで, 全域木

$$T' = T^* \cup \{a\} - \{b\}$$

を作ると, 条件 $d(a) \leq d(b)$ によって $d(T') \leq d(T^*)$ であるが, $T^*$ は最小木だったので, $T'$ も最小木である. しかしこれは, $|T' - T| = |T^* - T| - 1$ を考えると, $T^*$ の選び方に矛盾する. ☐

**最小木のアルゴリズム**　最小木 $T \subseteq E$ を求めるために**クラスカル** (J. B. Kruskal) **法**と**プリム** (R. G. Prim) **法**というアルゴリズムが知られている. どちらもきわめて効率よく動作する. 以下では, $n = |V|$, $m = |E|$ とする.

---

**アルゴリズム　KRUSKAL**

入力: ネットワーク $[G = (V, E); d]$, ただし $G$ は連結無向グラフ.

出力: 最小木 $T$.

1. すべての辺を重みの小さなものから順に整列し

$$d(e_1) \leq d(e_2) \leq \cdots \leq d(e_m)$$

とする. $T := \emptyset$ と置く.

2. $i = 1, 2, \ldots$ の順に $T$ が全域木となる (つまり, $|T| = n - 1$ が成立する) まで, つぎの手順を反復する.

$T \cup \{e_i\}$ が閉路をもたなければ $T := T \cup \{e_i\}$ とする.

> 3. $T$ を出力する. 計算終了.

つぎのプリム法では, 始点として選ばれた $v_0 \in V$ に基づいて, $U = \{v_0\}$ から開始し, 反復ごとに $U$ に 1 点を追加していく. 各反復で得られる $T$ は常に $U$ による生成部分グラフの最小木となっている. $U = V$ となった時点で計算は終了し, $T$ は $G$ の最小木を与える.

---

**アルゴリズム　PRIM**

1. 1 点 $u_0$ を選び $U := \{u_0\}$, $T := \emptyset$ とする.
2. つぎの操作を $n - 1$ 回反復する.
    $u \in U$ と $v \in V - U$ をみたす辺 $e = (u, v) \in E$ の中で最小の $d(e)$ をもつものを求め, $T := T \cup \{e\}$, $U := U \cup \{v\}$ とする.
3. $T$ を出力する. 計算終了.

---

これらのアルゴリズムによって正しく最小木が求められることは, 計算によって出力された $T$ が最小木定理をみたすことからわかる. たとえば, クラスカル法によって得られた $T$ が全域木であることは明らかなので, 最小木でないとすると, $T$ の補木辺 $b$ と $a \in C_b$ で $d(a) > d(b)$ をみたすものが存在する. クラスカル法のルールにより $b$ は $a$ 以前にステップ 2 で試されたはずであるが, 選ばれなかったのは, $b$ とその時点の $T$ (最終の $T$ の部分集合) がすでに閉路 $C_b$ を形成していることを意味する. しかしそうならば, 最終の $T$ の $C_b$ に $a$ が含まれていることに矛盾する. よって, クラスカル法は正しく最小木を計算することが結論される.

プリム法についても同様の議論でその正しさを証明できる (練習問題 (2)).

たとえば, 図 5.1 のネットワークに対する最小木は, 前出の図 5.2 に示されている. なお, クラスカル法とプリム法の計算の進行状況はかなり異なる. クラスカル法では, ネットワーク内に散らばった重みの小さな辺がたくさんの連結成分を作り出しつつ, これらの連結成分が次第に統合されて最終的に 1 つになる. 一方, プリム法では, 1 点 $u_0$ から木が成長していくように拡大していき, 最終的に全点を連結する全域木が得られる.

### 5.1.2　最短路問題

これまでと同様, ネットワーク $[G = (V, E); d]$ を考えるが, 本項では 1 点 $s$ が始点として指定されている. 始点も含めたネットワークを $[G; s, d]$ と書く. さらに辺の長さ $d$ は非負, つまり

$$d(e) \geq 0, \quad e \in E \tag{5.1}$$

を仮定する. ここでは路を, それを構成する辺集合 $P$ で表し, その長さを

$$d(P) = \sum_{e \in P} d(e) \tag{5.2}$$

と定める. $s$ から点 $v$ への最短路とは, $s$ から $v$ へのすべての路の中で, 上の意味で長さが最小の路のことである. 以上の設定の下で, 本項では, 始点 $s$ から他のすべての点 $v \in V$ への最短路をそれぞれ 1 本ずつ一括して求める問題を**最短路問題**(shortest path problem) といい, そのアルゴリズムを考える. 最短路問題の応用例としては, 地図上の道路網を対象とする, 自動車のナビゲーションシステムが代表的であろう.

**最短路木**　まず, 始点 $s$ から他のすべての点への $n - 1$ 本の最短路は, 1 つの全域木によってまとめて表現できることを示す. そのような全域木を**最短路木**(shortest path tree) という. 図 5.4 の太線の辺は最短路木の例である (その計算法は後述).

最短路木 $T$ では, $s$ から $v$ への最短路を, $s$ と $v$ を連結する唯一の路によって表している. たとえば, $s = v_1$ から $v_{16}$ への最短路は点列 $(v_1, v_3, v_7, v_{14}, v_{16})$ を通る路である. ただし, 図 5.4 の点番号を $v_i$ の添字 $i$ として用いている.

**[最短路木で表せることの証明]**　性質を否定して, $s$ から $u$ と $v$ までの 2 本の最短路 $P_u$ と $P_v$ が木で表せないとすると, それらは図 5.5 のように, $s$ を出発したのち一度分かれ, 一旦途中の点 $w$ で交わったのち, また分かれていることになる. $P_v$ の $w$ までの部分を $P_v'$, それより後を $P_v''$, また $P_u$ に対しても同様に $P_u'$ と $P_u''$ を定める. このとき, $w$ までの路 $P_u'$ と $P_v'$ は $d(P_u') = d(P_v')$ をみたす (同じ長さをもつ). なぜなら, 一般性を失うことなく $d(P_v') < d(P_u')$ と仮定すると, $P_u'$ を $P_v'$ で置きかえて得られる路 $(P_v', P_u'')$ は $s$ から $u$ までの路であり, $d(P_v', P_u'') < d(P_u)$ となるが, これは $P_u$ が最短路であったことに矛盾するからである.

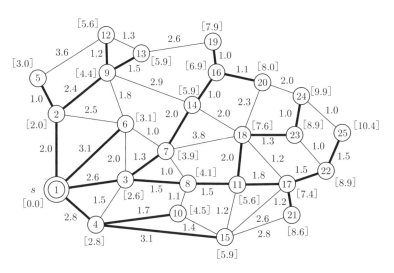

**図 5.4** 最短路木 $T$ (太線の辺)

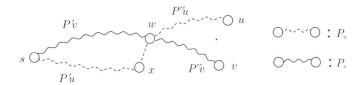

**図 5.5** 2 本の最短路

一方, $d(P'_u) = d(P'_v)$ ならば, $P_u$ のかわりに $(P'_v, P''_u)$ を考えても, $s$ から $u$ までの最短路が得られる. これは図 5.5 でいえば, $P_u$ 上で $w$ とその手前の点 $x$ を接続する辺 $(x, w)$ を除くことに相当する (その結果 $w$ は交差点でなくなる).

以上は, $u$ と $v$ の 2 点に対する考察であったが, $V$ のすべての点に対し同様の処理をすると, 最終的に $w$ のような交差点はすべてなくなり, 最短路木が得られる. □

**最短路木の計算**    最短路木を計算するいくつかのアルゴリズムが知られており, その中には非負性の仮定 (式 (5.1)) がなくても正しく動作するものもある. ここではダイクストラ (E. W. Dijkstra) 法を紹介するが, このアルゴリズムは仮定 (式 (5.1)) がなければ正しく動作しない.

始点 $s$ から $v \in V$ までの最短路の長さを $L(v)$ と書く. アルゴリズムは各 $v$ に対し $d^*(v)$ を求めるが, これは $s$ から $v$ へのある路 (最短路の候補) の長さに

なっている. $d^*(v)$ は常に $d^*(v) \geq L(v)$ をみたし, 計算終了時には $d^*(v) = L(v)$ となる. 計算は最小木のプリム法のように, $U = \{s\}$ から出発し, 反復ごとに1点 $u = v_{\min}$ を $U$ に加え, $U = V$ となった時点で終了する. これらの $u$ は, 最短路長 $L(u)$ の小さなものから順に選ばれるという性質がある (練習問題 (4)). 各反復では $U$ 内の最短路木 $T$ が構成されているので (あとで証明する), 最終的に全体の最短路木を正しく計算する.

---

アルゴリズム　DIJKSTRA

入力: 連結無向グラフ $G = (V, E)$, 辺長 $d : E \to \mathbb{R}_+$ ($\mathbb{R}_+$ は非負実数の集合), 始点 $s \in V$.

出力: $s$ から他のすべての点 $v \in V - \{s\}$ への最短路木 $T \subseteq E$.

1. $U := \{s\}$, $T := \emptyset$, $u := s$ ($u$ は各反復における探索点), $d^*(s) := 0$, また, $d^*(v) := \infty$ ($v \in V - \{s\}$) と置く.

2. $U = V$ ならば 3. へ進む. $U \subset V$ ならば, つぎの (i) と (ii) を実行する.

  (i)　$u$ と $v \in V - U$ を接続するすべての辺 $(u, v) \in E$ に対し
  $$d^*(v) := \min\{d^*(v), d^*(u) + d(u, v)\} \qquad (5.3)$$
  とする. $d^*(v)$ が更新されたならば $e^*(v) := (u, v)$ と置く. ($e^*(v)$ は, 最短路木において ($U$ 側から) $v$ へ接続する辺のこの時点の候補である.)

  (ii)　$v \in V - U$ の中で最小の $d^*(v)$ をもつ点 $v = v_{\min}$ を選び
  $$U := U \cup \{v_{\min}\}, \quad T := T \cup \{e^*(v_{\min})\}$$
  とする (このとき, $d^*(v_{\min}) = L(v_{\min})$ が成立する). さらに, $u := v_{\min}$ とし, 2. へ戻る.

3. $T$ を出力して計算終了.

---

すでに与えた図 5.4 は, このアルゴリズムによって得られた最短路木 $T$ を示している. 円内の番号は, ステップ 2(ii) (およびステップ 1) で探索点 $u$ として選ばれた順番を示している. 各点 $v$ に付された $[\cdot]$ の内容は $U$ へ移されたときの

$d^*(v)$ の値で, $s$ から $v$ までの最短路長 $L(v)$ に等しい.

[ダイクストラ法の正当性の証明]　DIJKSTRA の $d^*$ の更新法 (式 (5.3)) からわかるように, $d^*(v)$ の値は, $s$ から出発し, その時点の $U$ 側の点をいくつか経由したのち, 1 本の辺を通って $v \in V - U$ に到達する路の中で最短のものの長さを記憶している. 以下

$d^*(v_{\min})$ **の最短性:**　$v \in V - U$ の中で最小の $d^*(v)$ をもつ $v = v_{\min}$ は

　　$d^*(v_{\min}) = L(v_{\min})$ をみたす,

ことを $|U|$ に関する帰納法によって証明する. そうすれば, $U$ と $T$ の構成法を考えると, ダイクストラ法の正当性がいえる.

　ステップ 1 では $v_{\min} = s$ と見なすと $d^*(s) = L(s) = 0$ は明らかに正しい. そこで, ある $U$ のとき $d^*(v_{\min}) \neq L(v_{\min})$ (つまり, $d^*(v_{\min}) > L(v_{\min})$) が初めて成立したと仮定し, 矛盾を導く. すなわち, $s$ から $v_{\min}$ への最短路 $P$ を選ぶと

$$d(P) = L(P) < d^*(v_{\min}) \tag{5.4}$$

である. $P$ は図 5.6 のように, どこかで $U$ から $V - U$ への辺 $(u', v')$ を通ったのち, いくつかの辺を経て $v_{\min}$ へ至る. このとき, $P$ の $u'$ までの部分 $P'$ は帰納法の仮定によって $d(P') = L(u') = d^*(u')$ をみたす. その結果 $P$ の $v'$ までの部分 $P''$ は $d(P'') = d^*(u') + d(u', v') \geq d^*(v')$ ($d^*$ の更新法 (式 (5.3)) より) をみたす. したがって, 辺長の非負性から

$$d(P) \geq d(P'') \geq d^*(v') \geq d^*(v_{\min})$$

を得るが (最後の不等式はステップ 2(ii) の $v_{\min}$ の選び方による), これは式 (5.4) に矛盾する. よって $d^*(v_{\min}) = L(v_{\min})$ が証明された. □

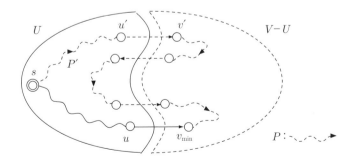

**図 5.6**　ダイクストラ法の性質

### 5.1.3　巡回セールスマン問題

　NP 困難問題の代表例としてしばしば取り上げられる巡回セールスマン問題 (traveling salesman problem, 行商人問題ともいう) は, 厳密に解くのは困難であるが, 実用的に重要であり, またアルゴリズムに役立つさまざまな数学的構造をもつため, 人々の興味を引きつけてきた.

> [巡回セールスマン問題]　ネットワーク $[G; d]$ において, すべての点を一度ずつ訪問して元に戻る巡回路 (tour) の中で最短のものを求めよ.

　図 5.7 に巡回路の一例を示す. この巡回路の長さは 44.1 である (最短とは限らない). 辺長 $d(e)$ は通常非負であることを仮定する. また, $e = (u, v)$ と $e^R = (v, u)$ の長さが常に等しい場合と異なっていてもよい場合があり, 前者では無向グラフ $G$ を, 後者では有向グラフを用いる. 前者を対称 (symmetric) 巡回セールスマン問題, 後者を非対称 (asymmetric) 巡回セールスマン問題という. ただし, 本節の以下では前者のみを扱う. 現実の応用例としては, 複数の荷物を複数の場所へ配達する問題, ある地域のすべてのガソリンスタンドへタンクローリーが給油のために巡回する問題など, いろいろ容易に見出すことができよう. 理論では, これらを単純化したつぎの平面上の問題がよく取り上げられる.

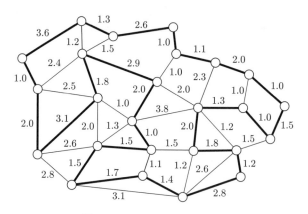

**図 5.7**　巡回セールスマン問題

[平面上の巡回セールスマン問題] $n$ 個の点が平面上に配置され, それぞれの点対の距離をユークリッド距離 (すなわち, 両点を結ぶまっすぐな線分の長さ) と定めるとき, 全点の巡回路の中で最短のものを求めよ.

**図 5.8** 平面上の巡回セールスマン問題 (532 都市)

図 5.8 はその一例であって, 532 個の点がある. 平面上の問題は対称巡回セールスマン問題である.

ネットワーク $[G; d]$ として, 一般の無向グラフ $G$ を考え, すべての辺長を 1 ($d(e) = 1, e \in E$) とする場合もよく研究されている. この場合は, グラフの全 $n$ 点を一度ずつ通る巡回路 (ハミルトン閉路[*1] (Hamiltonian circuit) と呼ぶ) が存在するかどうかが問題で, 存在すればその長さは $n$, 存在しなければ巡回路長は無限大である.

[ハミルトン閉路問題] 無向グラフ $G$ において, ハミルトン閉路が存在するかどうかを判定せよ.

図 5.9 に 4 つのグラフが示されているが, このうち同図 (a) はハミルトン閉路をもつ. 図 5.10(a) に解の一例を示す (太線の辺). 図 5.9(b) はつぎに示す理由に

---

[*1] ハミルトン (W. R. Hamilton) は 19 世紀アイルランドの数学者. 図 5.9(a) の世界一周パズルは彼の考案である.

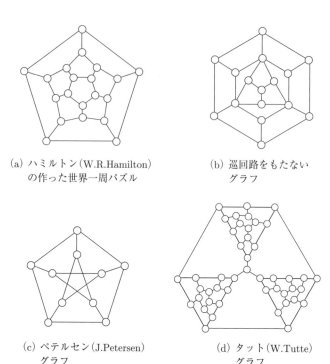

(a) ハミルトン(W.R.Hamilton)
の作った世界一周パズル

(b) 巡回路をもたない
グラフ

(c) ペテルセン(J.Petersen)
グラフ

(d) タット(W.Tutte)
グラフ

**図 5.9** グラフとハミルトン閉路

よって,ハミルトン閉路をもたない.このグラフの閉路はすべて偶数長であり,し
たがって第4章4.4.1項で示したように,2部グラフである.実際,図5.10(b) に
あるように黒丸の点の集合 $V_1$ と白丸の点の集合 $V_2$ を考えると,すべての辺は
$V_1$ と $V_2$ を渡している.したがって,ハミルトン閉路が存在するとすれば,それは
$V_1$ と $V_2$ の点を交互に訪問するので,$|V_1| = |V_2|$ でなければならない.しかるに,
黒丸は7個,白丸は9個であって等しくない.つまり,ハミルトン閉路は存在しな
い.図5.9(c) のペテルセン (J. Petersen) グラフと同図 (d) のタット (W. Tutte)
グラフもハミルトン閉路をもたない.しかし,同図 (b) に対するようなエレガント
な証明は知られていない (練習問題 (5)).

このような例からも,ハミルトン閉路問題およびその一般化である巡回セール
スマン問題の困難さが理解できるであろう.実際,これらの問題はすべて NP 困難

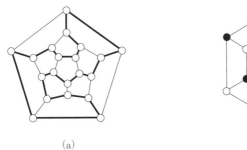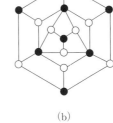

(a)                                      (b)

**図 5.10** ハミルトン閉路の存在と非存在

であって, 計算の複雑さの理論からも, その難しさが裏づけられている. そのため以下では, 簡単な計算で比較的よい解を求めることを主眼にした近似アルゴリズムに話題を移す.

近似アルゴリズム    以下, 平面上の巡回セールスマン問題を用いて説明するが, 大部分の議論は一般の場合に拡張できる. 平面上の巡回セールスマン問題では, $n$ 点を任意の順序で訪問することができる. 最も簡単な近似アルゴリズムは, それらの訪問順序 (すなわち, $n$ 要素の順列) をランダムに発生しその巡回路長を求める, という計算を時間の許す限り反復するものであろう. 得られた巡回路の中で最短のものを出力する. この方法をランダム法 (random method) という.

より実用的な近似アルゴリズムに欲張り法 (greedy method, 貪欲法) がある. これは, 目的関数への貢献度を示す局所的な評価に基づいて, 実行可能解を直接構成していくものである. 通常, 試行錯誤を含まない 1 本道のアルゴリズムであって, 巡回セールスマン問題に限らず, 他の問題にも広く適用されている. 局所的な評価と構成をどう行うかによって, 具体的にはいろいろなアルゴリズムが考えられる.

欲張り法の典型的な例は, 5.1.1 項で述べた最小木のアルゴリズム KRUSKAL と PRIM である. いずれもある条件の下で, 最小の $d(e)$ をもつ辺 $e$ を加えるという操作を反復して最小木を構成している. この場合は, 近似解ではなく厳密解が得られるが, このような好ましい性質をもつ問題は例外的である.

最初に, 巡回セールスマン問題に対する欲張り法の 1 つである最近近傍法 (nearest neighbor method) を説明する.

アルゴリズム　NEAREST_NEIGHBOR
入力: 平面上の $n$ 点 $v_1, v_2, \ldots, v_n$ の位置.
出力: 巡回路の1つとその長さ.

1. 適当な始点 $v_j$ を1つ選び, 順列 $\pi := (j)$ を得る.
2. $|\pi| < n$ である限りつぎの手順を反復し, $|\pi| = n$ ならば 3. へ進む. (ただし, $|\pi|$ は順列 $\pi$ に含まれる要素数.)

    $\pi$ の最後の要素 $j$ に着目し, $\pi$ に含まれていない $k$ の中で, $v_j$ と $v_k$ の距離が最小のものを選び $\pi := (\pi, k)$ とする.
3. $\pi = (j_1, j_2, \ldots, j_n)$ とその巡回路長

$$d(\pi) = \sum_{i=1}^{n} d(v_{j_i}, v_{j_{i+1}}) \tag{5.5}$$

を出力し, 計算終了. ただし, $v_{j_{n+1}} = v_{j_1}$ である.

このアルゴリズムは, 直感的にも理解しやすいので, しばしば用いられるが, 反復の最終部分 (とくに最後の辺 $(v_{j_n}, v_{j_1})$) に困難がしわよせされる傾向があって, 性能はあまりよくない.

より効果的な欲張り法として**挿入法** (insertion method, saving method) がある. 計算の途中で得られる順列 $\pi = (j_1, j_2, \ldots, j_l)$ を $v_{j_1}, v_{j_2}, \ldots, v_{j_l}$ から $v_{j_1}$ に戻る部分巡回路と考え, つぎに挿入する点 $v_k$ を1つ選び, それを点 $v_{j_i}$ と $v_{j_{i+1}}$ の間に挿入したときの長さの増分 $\Delta_k(i)$ が最小である位置に挿入する, という手順を反復するものである (図 5.11).

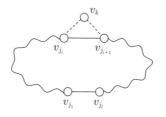

**図 5.11**　部分巡回路 $\pi = (j_1, j_2, \ldots, j_l)$ への挿入

---

アルゴリズム　INSERTION

入力: 平面上の $n$ 点 $v_1, v_2, \ldots, v_n$ の位置.

出力: 巡回路の 1 つとその長さ.

1. 適当な始点 $v_j$ を 1 つ選び, 順列 $\pi := (j)$ を得る.
2. つぎの手順を $|\pi| = n$ が達成されるまで反復する.

   $\pi = (j_1, j_2, \ldots, j_l)$ とする. $\pi$ にない $k$ を 1 つ選び

   $$\Delta_k(i) = d(v_{j_i}, v_k) + d(v_k, v_{j_{i+1}}) - d(v_{j_i}, v_{j_{i+1}}), \quad i = 1, 2, \ldots, l$$

   を求め (ただし, $v_{j_{l+1}} = v_{j_1}$), この値を最小にする $i = i^*$ に対し,
   $\pi := (j_1, \ldots, j_{i^*}, k, j_{i^*+1}, \ldots, j_l)$ とする.

3. $\pi$ とその巡回路長 (式 (5.5)) を出力し, 計算終了.

---

挿入法は, ステップ 2 の $k$ の選択法によってさらに分類される. 点 $v_k$ から部分巡回路 $\pi = (j_1, j_2, \ldots, j_l)$ までの距離をつぎのように定義する.

$$D_\pi(k) = \min_{1 \le i \le l} d(v_k, v_{j_i}).$$

このとき $D_\pi(k)$ を最小にする $k$ を選ぶ**最近挿入法** (nearest insertion method), その逆に $D_\pi(k)$ を最大にする $k$ を選ぶ**最遠挿入法** (farthest insertion method), また, すべての候補 $k$ に対しステップ 2 の $\Delta_k(i)$ の最小値 $\min_{1 \le i \le l} \Delta_k(i)$ を求め, それを最小にする $k$ を選ぶ**最廉挿入法** (cheapest insertion method) などがある.

図 5.12 は, 1 辺の長さ 1 の格子上に置かれた 14 点に対する最遠挿入法の実行例である. 黒丸は部分巡回路に含まれている点を示す. 途中, $D_\pi(k)$ を最大にする $k$ やステップ 2 の $\Delta_k(i)$ を最小にする $i$ が複数個存在する場合があるので, その選び方によって結果は異なる.

**局所探索法による改善**　　与えられた最適化問題に対して適当な近似アルゴリズムで解を得たとして, コンピュータの使用時間に余裕があれば, これをさらに改善する試みは有益であろう. この目的に**局所探索法** (local search) (**反復改善法**

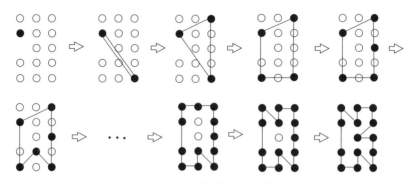

**図 5.12**　最遠挿入法の実行例

(iterative improvement) ともいう) がしばしば用いられる.

　現在の解 $x$ を少し変形して得られる解の集合を $x$ の**近傍** (neighborhood) と呼び $N(x)$ と記す. 局所探索法は, $N(x)$ 内に $x$ よりよい解があればそれに置きかえるという操作を可能な限り反復するものである. 反復終了時に得られている解 $x$ は, その近傍 $N(x)$ 内にそれよりよい解が存在しないという意味で, (近傍 $N$ に関する) **局所最適解** (locally optimal solution) と呼ばれる. 以下は局所探索法のアルゴリズムの一般的な記述である.

---

　アルゴリズム　LOCAL_SEARCH

1. 適当な実行可能解を求め初期解 $x$ とする.
2. つぎの操作を可能な限り反復し, そうでなくなれば 3. へ進む.

　　　$N(x)$ 内に $x$ よりよい解 $y$ があれば $x := y$ とする.

3. 得られている解 $x$ を出力し, 計算終了.

---

　巡回セールスマン問題では, 解 $x$ として $n$ 点の順列 $\pi$ を考えればよい. 局所探索法では近傍 $N$ をどのように定めるかが大きなポイントであるが, 巡回セールスマン問題における代表的な近傍として **λ 近傍** (λ-neighbor) を説明する. この近傍では, 現在の巡回路 $\pi$ から最大 λ 本の辺を除き, その後同じ本数の辺を加えて新しい巡回路を作る. 図 5.13 は λ $= 2, 3$ の場合の近傍解であるが, 左側の破線の辺を除き, 右側の破線の辺を加えて, 巡回路を作っている. なお, 同図 (b) は 2 近

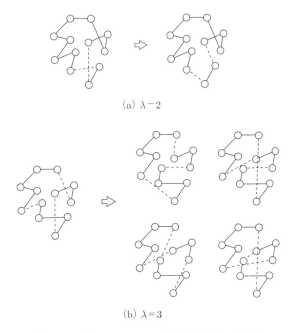

図 5.13 巡回セールスマン問題における $\lambda$ 近傍

傍に入らない 3 近傍解のみを示している. $\lambda$ 本の除き方とそのあとの巡回路の作り方を全部試すことによって得られる巡回路の全体を近傍 $N_\lambda(\pi)$ とするので, その大きさは $O(n^\lambda)$ である. 実用的には通常 $\lambda = 2, 3$ 程度が用いられる.

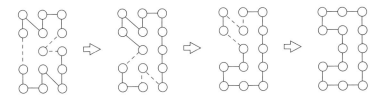

図 5.14 局所探索法による改善 ($\lambda = 3$)

局所探索の効果を見るため, 図 5.12 の最後に得られた巡回路に, $\lambda = 3$ として上記のアルゴリズムを適用してみよう. 図 5.14 に示すように, 破線の 3 本の辺が除かれたときに改善が見られ, 右端の巡回路に到達する. この例の巡回路は最短であるが, もちろん, 常に最適解が得られるわけではない.

メタヒューリスティクス　　　局所探索法は強力であるが，まだ未探索の解領域にもっとよい解が隠れているという危惧が残る．この点を改善するため

- 初期解をいろいろ試みる，
- 探索に確率的動作を導入する，
- 現在の解よりも悪い解への移動も試みる，
- 制約条件の一部を無視する，
- 複数の候補解を保持する，

などの変形が考えられ，さまざまな近似アルゴリズムの枠組みが提案されている．これらはメタヒューリスティクス (metaheuristics) と総称されており，具体的には多スタート局所探索法 (multi-start local search)，反復局所探索法 (iterated local search)，GRASP (greedy randomized adaptive search procedure)，アニーリング法 (simulated annealing method, 模擬アニーリング法)，タブー探索 (tabu search)，遺伝アルゴリズム (genetic algorithm, 進化計算 (evolutionary computation) ともいう) など多種にわたっている．盛んに研究されている分野であるが，詳しい説明は省略する．

## 5.2　ネットワークフロー問題

本節では有向グラフ $G = (V, E)$ を考え，各アーク[*2] $e \in E$ は非負の容量 $u(e) \geq 0$ をもつとする．つまり，$u : E \to \mathbb{R}_+$ である ($\mathbb{R}_+$ は非負実数の集合)．$G$ にはさらに始点 $s \in V$ と終点 $t \in V$ が指定されている．$s \neq t$ である．このようなネットワークを $N = [G; s, t, u]$ と記す．ネットワーク $N$ 上を $s$ から $t$ へフロー (flow) が流れる．フローとは，電流，水流，通信流，交通流などを抽象化した概念であって，アーク上の非負値 $x : E \to \mathbb{R}_+$ で表されるが，つぎのフロー保存 (flow conservation) 条件と容量 (capacity) 条件をみたすものをいう．前者は，$s$ と $t$ 以外の各点において流入するフローの合計値と流出するフローの合計値が等しいという条件，後者は，各アーク上のフロー値が容量以下という条件である．

---

[*2] 本節では辺が有向であることを強調する意味でアークと呼ぶ．

[フロー保存条件] $\displaystyle\sum_{e\in\text{OUT}(v)} x(e) - \sum_{e\in\text{IN}(v)} x(e) = 0, \quad v \in V - \{s,t\}.$ (5.6)

[容量条件] $0 \le x(e) \le u(e), \quad e \in E.$ (5.7)

ただし, OUT($v$) と IN($v$) はそれぞれ点 $v$ から外へ接続するアークの集合と外から $v$ へ接続するアークの集合を示す.

　上記の条件に目的関数を加えると, フローに関する種々の最適化問題が得られる. 制約条件が 1 次不等式および等式で書かれているため, それらの多くは**線形計画問題** (linear programming problem) に定式化される. 線形計画問題の話題は, 本書の範囲外であるが, 効率よい (多項式時間の) 一般的なアルゴリズムが知られている. しかし, ネットワークという構造を生かすと, より簡単で効率よいアルゴリズムを作ることができる場合がある. 本節ではそのような例を紹介する.

　また, 5.2.2 項で最大フロー最小カットの定理を証明するが, これはグラフの連結度 (第 4 章 4.1.3 項) やメンガーの定理 (5.2.3 項), さらに次節のマッチング問題と深く関連している.

### 5.2.1 最大フロー問題

ネットワーク $N = [G; s, t, u]$ 上のフロー $x$ において, 始点 $s$ からの流出量

$$F = \sum_{e\in\text{OUT}(s)} x(e) - \sum_{e\in\text{IN}(s)} x(e) \tag{5.8}$$

を $x$ の**フロー値** (flow value) という. フロー保存条件によって, これは終点 $t$ への流入量

$$\sum_{e\in\text{IN}(t)} x(e) - \sum_{e\in\text{OUT}(t)} x(e) \tag{5.9}$$

に等しい (練習問題 (8)). **最大フロー問題** (maximum flow problem) とは, フロー値 $F$ を最大にするフロー $x$ を求める問題である.

　**残余ネットワーク**　　ネットワーク $N$ とフロー $x$ が与えられたとき, つぎのように定義されるネットワーク $\widetilde{N}_x = [\widetilde{G}; s, t, \widetilde{u}]$ を**残余ネットワーク** (residual network) という. なお, アーク $e$ の逆向きアークを $e^R$ と記す.

$\widetilde{G} = (V, \widetilde{E})$, ただし, $e = (v, w) \in E$ が $x(e) < u(e)$ をみたすなら $e = (v, w) \in \widetilde{E}$ かつ $\widetilde{u}(e) = u(e) - x(e)$, さらに $e = (v, w) \in E$ が $x(e) > 0$ をみたすなら $e^R = (w, v) \in \widetilde{E}$ かつ $\widetilde{u}(e^R) = x(e)$.

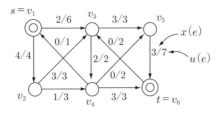

(a) ネットワーク $N$ とフロー $x$ ($F=6$)

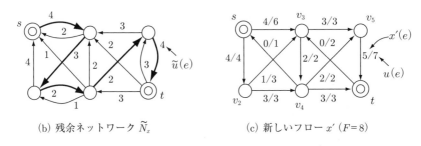

(b) 残余ネットワーク $\widetilde{N}_x$　　　　(c) 新しいフロー $x'$ ($F=8$)

**図 5.15**　残余ネットワークによるフローの追加

　図 5.15(a) はネットワーク $N$ とフロー $x$ の例を示している. 各アーク $e$ に付された分数は $x(e)/u(e)$ である. この $x$ はフローの保存条件と容量条件をすべてみたしている. 同図 (b) はその結果得られた残余ネットワーク $\widetilde{N}_x$ である. 定義から, $0 < x(e) < u(e)$ の場合は $e$ とその逆方向のアーク $e^R$ の両方が生じる. また, $x(e) = 0$ であれば $e$ のみ, $x(e) = u(e)$ であれば $e^R$ のみが存在する.

　残余ネットワーク $\widetilde{N}_x$ において, 始点 $s$ から終点 $t$ への有向路 $P$ (アーク集合を考える) を**フロー追加路** (flow augmenting path) という. その理由は, $P$ に沿って, つぎのように $s$ から $t$ へのフローを追加することで, より大きなフロー値をもつ $x'$ を得ることができるからである. ただし, $P$ のアーク $e$ が $x(e) < u(e)$ によって作られたものであれば**前向きアーク** (forward arc), 一方 $x(e^R) > 0$ によるものであるならば**後向きアーク** (backward arc) という. すなわち, $P$ 上のアーク容量の最小値

$$\Delta = \min\{\widetilde{u}(e) \mid e \in P\},$$

を用いて,つぎのように $x'$ を定義する.

$$
\begin{aligned}
x'(e) &= x(e) + \Delta, \quad e \in P \text{ は前向きアーク,} \\
x'(e) &= x(e) - \Delta, \quad e^R \in P \text{ は後向きアーク,} \quad\quad (5.10) \\
x'(e) &= x(e), \quad \text{その他.}
\end{aligned}
$$

$\widetilde{N}_x$ 内のすべてのアーク $e$ は $\widetilde{u}(e) > 0$ をみたすから,上の $\Delta$ は正の値をとる. 図 5.15(b) では,太線のアークがフロー追加路の 1 つを示している. その 2 番目の アーク $(v_3, v_2)$ は元のアーク $e = (v_2, v_3)$ の後向きアーク $e^R$ である,他はすべ て前向きアークである. この場合,$\Delta = 2$ である. 新しいフロー $x'$ を同図 (c) に 示す. 同図 (a) のフロー $x$ では $F = 6$ であったが,同図 (c) の $x'$ では $F = 8$ で あって $\Delta = 2$ だけ増加している. なお,フローの追加路内の後向きアーク $e^R$ は, 元のアーク $e$ 上のフローの値 $x(e)$ を減らすことを示している.

つぎの性質は容易に示すことができる (練習問題 (9)).

[フローの追加] $\widetilde{N}_x$ のフロー追加路 $P$ に基づいて,式 (5.10) によって 得られた $x'$ は,やはり $N$ のフローであって (フロー保存条件と容量条件 をみたす),そのフロー値は $F + \Delta$ である. ただし,$F$ は $x$ のフロー値.

この性質によって,フロー追加路によるフロー追加を反復するというアルゴリ ズムが得られ,フロー追加法 (flow augmenting method) と呼ばれている (発案 者 L. R. Ford と D. R. Fulkerson が用いたラベル付け法 (labeling method) と いう名前でも知られている).

---

アルゴリズム MAX_FLOW
入力: ネットワーク $N = [G; s, t, u]$.
出力: 最大フロー $x$.

1. 適当なフロー $x$ から始める. (たとえば,$x(e) = 0$, $e \in E$ を用いる.)
2. 残余ネットワーク $\widetilde{N}_x$ にフロー追加路が存在する限り,つぎの手順を反 復する. フロー追加路が存在しなければ,3. へ進む.

> フロー追加路の 1 つ $P$ に基づいて, フロー $x$ を式 (5.10) を用いて
> フロー $x'$ に修正する. $x := x'$ と置く.

3. 得られた $x$ を出力し, 計算終了.

MAX_FLOW の実行例を図 5.16 に示しておこう. この例では, 初期フローとして $x(e) = 0$, $e \in E$ から出発し, 4 回の反復ののち最大フローを得ている. 上から順に, 左側が各反復時のフローの値, 右側が残余ネットワークである. 反復 3 回の後のフロー $x$ と $\widetilde{N}_x$ はすでに図 5.15 で検討したものである. 反復 4 回後の $\widetilde{N}_x$ にはフロー追加路は存在せず, 計算終了となる. フロー値は $F = 8$ である.

MAX_FLOW は正しく最大フローを計算することができるが, そのためにはつぎの 2 つの性質を示さなければならない.

(i) ステップ 2 の反復は有限回で終了する.

(ii) 残余ネットワークにフロー追加路が存在しなければ ($s$ から $t$ へ到達できなければ), その時点の $x$ は最大フローである.

(i) の収束性は, このあと検討する. (ii) を示すには, 5.2.2 項の最大フロー最小カットの定理が必要である.

**MAX_FLOW の収束性**　　上記の性質 (i) は, たとえばアークの容量 $u(e)$ がすべて非負整数値であれば正しい. その理由は, 反復ごとのフローの増分 $\Delta$ は正の整数値, すなわち 1 以上なので, 最大フロー値を $F_{\max}$ とすると (すべての $u(e)$ が有限であればその値は有限), 反復回数は $F_{\max}$ 以下となるからである.

しかし, アークの容量 $u(e)$ が任意の非負実数である場合, MAX_FLOW の細部の決め方によっては, フローの増分 $\Delta$ が反復ごとに減少していって, 有限回の反復で停止しない例が作られている[*3]. しかし, このような場合でも, MAX_FLOW のステップ 2 (フロー追加路 $P$ の選択) をうまく定めると, 反復回数を有限回に抑えることができる. 1 つのルールとして, アーク数最小のフロー追加路を選ぶことにすれば, 反復回数を $\lfloor nm/2 \rfloor$ 回以下に抑えることができる (練習問題 (11)). 結局, MAX_FLOW の有限収束性 (性質 (i)) は常に保証できるのである.

---

[*3] そのような例は文献 5-5), 日本語ならば第 4 章の文献 4-12) にある.

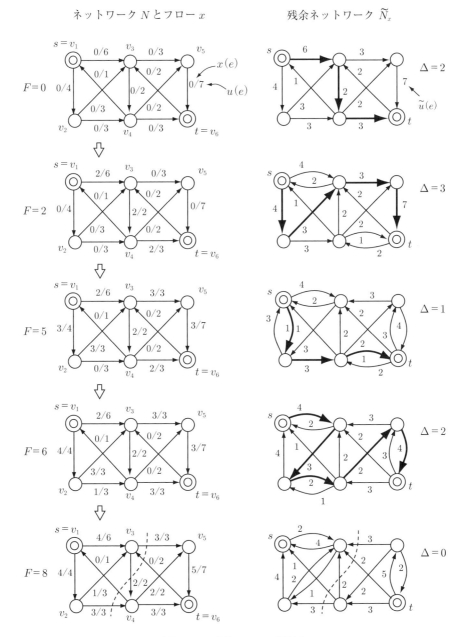

**図 5.16** 最大フローの計算例

なお上記の $u(e)$ が非負整数値である場合の議論から，つぎの性質が得られる．

[フローの整数性]　$N = [G; s, t, u]$ において，$u : E \to \mathbb{Z}_+$ ($\mathbb{Z}_+$ は非負整数の集合) である場合には，最大フロー $x$ ですべての $x(e)$, $e \in E$ が整数値をとるものが存在する．

[証明]　フローの増分 $\Delta$ が整数値をとるので，整数初期フロー $x$ (たとえば，$x(e) = 0, e \in E$) から始めると，フロー追加路によって修正される $x'$ も整数フローであることから明らか．　　　　　　　　　　　　　　　　　　　　　　　　　　$\square$

これ以外にも，最大フローの計算アルゴリズムについては活発な研究がなされていて，反復回数やアルゴリズムの構成自体についてもさまざまな結果がある．

### 5.2.2　最大フロー最小カットの定理

ネットワーク $N = [G = (V, E); s, t, u]$ の点集合 $V$ の分割 $(S, T)$ (つまり，$S \cap T = \emptyset$ かつ $S \cup T = V$) が $s \in S$, $t \in T$ の条件をみたすとき，$s$-$t$ カット (cut) といい，$S$ 側から $T$ 側へ渡しているアーク (図 5.17 の実線のアーク) の集合を意味する．その容量 (capacity) は

$$u(S, T) = \sum \{u(e) \mid e = (v, w) \in E,\ v \in S,\ w \in T\} \tag{5.11}$$

と定義される．このとき，つぎの性質が成り立つ．

[フロー値とカット容量]　ネットワーク $N$ におけるフローの値 $F$ は，任意の $s$-$t$ カット $(S, T)$ に対し，その容量以下である．

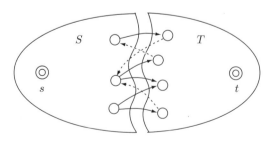

**図 5.17**　$s$ と $t$ を分離するカット $(S, T)$

この性質は, $s$ から $t$ へ行くにはカット $(S, T)$ を $S$ 側から $T$ 側へ渡らなければならないので, 直感的には明らかであるが, 厳密にはつぎのように証明される.

$$
\begin{aligned}
F &= \sum_{e \in \text{OUT}(s)} x(e) - \sum_{e \in \text{IN}(s)} x(e) \\
&= \sum_{v \in S} \left( \sum_{e \in \text{OUT}(v)} x(e) - \sum_{e \in \text{IN}(v)} x(e) \right) \\
&= \sum_{\substack{(v, w) \in E \\ v, w \in S}} (x(v, w) - x(v, w)) + \sum_{\substack{(v, w) \in E \\ v \in S, w \in T}} x(v, w) \\
&\quad - \sum_{\substack{(v, w) \in E \\ v \in T, w \in S}} x(v, w) \\
&\leq \sum \{ u(e) \mid e = (v, w) \in E, \ v \in S, \ w \in T \} = u(S, T).
\end{aligned}
\tag{5.12}
$$

最初の等式から 2 番目の等式へは, 点 $s$ 以外でのフローの保存条件を利用している. 3 番目の等式は, 各アーク $e = (v, w)$ の両端が $S$ 側にあるか $T$ 側にあるかによって分けたものである (両方とも $T$ 側にあるアークは登場しない). その第 1 項は $v, w$ ともに $S$ 側にある場合で, そのような $e = (v, w) \in E$ は $\text{OUT}(v)$ と $\text{IN}(w)$ の両方に含まれているので, それらの $x$ は互いに相殺する. すなわち, 第 1 項は 0 である. 第 2 項を $e$ の容量 $u(e)$ で上から抑え, 非正の値をとる第 3 項を除くと, 最後の不等号が得られる.

実は, フロー値とカットの容量にはさらに密接な関係があることを, アルゴリズム MAX_FLOW に基づいて示すことができる.

[フロー値を実現するカット]　MAX_FLOW 終了時のフロー $x$ に対し, そのフロー値 $F$ に等しい容量をもつ $s$–$t$ カット $(S, T)$ が存在する.

[証明]　$\tilde{N}_x$ において始点 $s$ から到達可能な点の集合を $S$, さらに $T = V - S$ とする. 計算終了時では, $s$ から $t$ へ到達可能ではないので, $s \in S$ および $t \in T$ である. このとき, $\tilde{N}_x$ の定義から, $v \in S$ と $w \in T$ をみたすすべての $e = (v, w) \in E$ に対し $x(e) = u(e)$ が成立し ($x(e) < u(e)$ ならば $e$ は $\tilde{N}_x$ に含まれるから), また, $v \in T$

と $w \in S$ をみたす $e = (v, w) \in E$ については $x(e) = 0$ である ($x(e) > 0$ ならば $e^R = (w, v)$ が $\widetilde{N}_x$ に含まれる). これは

$$
\begin{aligned}
F &= \sum_{\substack{(v, w) \in E \\ v \in S, w \in T}} x(v, w) - \sum_{\substack{(v, w) \in E \\ v \in T, w \in S}} x(v, w) \\
&= \sum_{\substack{(v, w) \in E \\ v \in S, w \in T}} u(v, w) = u(S, T)
\end{aligned}
$$

を意味し, 証明は完了する. ただし, 第1式は, 前述の式 (5.12) から値 0 をとる第1項を除いて得られる関係式である. □

なお, 図 5.16 の計算例の最後の $\widetilde{N}_x$ では, $s$ から到達可能な点集合は $S = \{v_1, v_2, v_3\}$ であり, $T = \{v_4, v_5, v_6\}$ を得る. このカットの容量は $u(S, T) = 8$ であり, この時点のフロー値 $F = 8$ に等しい.

この結果と前述のフロー値とカット容量の関係を合わせると, MAX_FLOW によって得られた $s$-$t$ カット $(S, T)$ は容量が最小のカットであり, そのときのフロー値 $F$ は最大である. すなわち, つぎの最大フロー最小カットの定理 (maximum flow minimum cut theorem) が証明された.

> [最大フロー最小カットの定理] 任意のネットワーク $N = [G; s, t, u]$ において, フローの最大値と $s$-$t$ カットの容量の最小値は等しい.

換言すれば, アルゴリズム MAX_FLOW が終了すると, 最大フローが得られており, 5.2.1 項の MAX_FLOW に関する性質 (ii) が示されたことになる.

無向ネットワーク上のフロー　　最大フローの話題を終えるにあたって, ネットワーク $N = [G; s, t, u]$ を定義するグラフ $G$ が無向グラフである場合を考えておこう. このときは, 辺 $e$ 上のフロー $x(e)$ はその方向を考慮して定義しなければならない (そうでないと, フロー保存条件は意味をもたない). つまり, 無向辺 $e = (v, w)$ において, $v$ から $w$ へのフロー $x(v, w)$ と, 逆向きのフロー $x(w, v)$ を区別するのである. $e$ に対する容量条件は

$$
0 \le x(v, w) + x(w, v) \le u(e), \quad x(v, w) \ge 0, \ x(w, v) \ge 0
$$

と書かれる. さらに, $x(v,w) > 0$ と $x(w,v) > 0$ の両方が成り立つ場合は, (一般性を失うことなく $x(v,w) \geq x(w,v)$ として)

$$x'(v,w) = x(v,w) - x(w,v), \quad x'(w,v) = 0 \tag{5.13}$$

とすれば, $x'$ もフロー保存条件と容量条件をみたす. つまり, すべての辺 $e = (v,w)$ において, $x(v,w)$ と $x(w,v)$ の一方は $0$ にできるので, $1$ つの辺上を両方向のフローが流れることはないとしてよい.

結局, $G$ が無向グラフである場合は, 辺 $e = (v,w)$ を両方向のアーク $e_f = (v,w)$ と $e_b = (w,v)$ で $2$ 重化したのち, 得られた有向グラフ $G'$ でフローを考えればよい. 両アークの容量は $u(e_f) = u(e_b) = u(e)$ とする. $G'$ に対して得られたフロー (必要ならば式 (5.13) のように修正する) は $G$ 上のフローである.

### 5.2.3 グラフの連結性とメンガーの定理

単純無向グラフ $G = (V, E)$ の $k$ 点連結性と $k$ 辺連結性を 4.1.3 項で定義した. そこで言及したように, これらはメンガーの定理によって, ある性質をみたす $k$ 本の路によって特性づけされる. 以下 $k$ 点連結性について証明を与える. なお, $k$ 辺連結性については練習問題 (13) とする.

[メンガーの定理；$k$ 点連結性]　単純無向グラフ $G$ に対し, つぎの条件 (A) と (B) は等価である.

　　(A)　$G$ は $k$ 点連結である.
　　(B)　$G$ の任意の $2$ 点 $u, v$ に対し, $(u,v) \in E$ であるか, あるいは $u$ と $v$ の間に中間点を共有しない $k$ 本以上の路が存在する.

[証明]　(B) $\Rightarrow$ (A): $(u,v) \in E$ ならば, $u$ と $v$ 以外の任意の点を除いても $u$ と $v$ は連結している. また, $u$ と $v$ を結び, 中間の点を共有しない $k$ 本以上の路が存在するならば, $u$ と $v$ 以外の任意の $k-1$ 点を除いても $u$ と $v$ の間に $1$ 本の路は残るので, $u$ と $v$ は連結している. したがって, 性質 (A) が示された.

(A) $\Rightarrow$ (B): $G$ からつぎの有向グラフ $G' = (V', E')$ を作る (図 5.18 参照).

$$V' = \{v', v'' \mid v \in V\},$$

$$E'=\{(v',v'') \mid v \in V\} \cup \{(u'',v'),(v'',u') \mid (u,v) \in E\}.$$

すなわち、各点 $v$ は $v'$ と $v''$ に分けられ、アーク $(v',v'')$ に加えて、$G$ の辺 $(u,v)$ に対応して 2 本のアーク $(u'',v')$ と $(v'',u')$ が作られる。$(v',v'')$ のタイプを内部アーク、それ以外を外部アークという。内部アークの容量を 1、外部アークの容量を $\infty$ と定める。

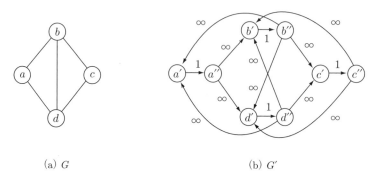

(a) $G$  　　　　　　　　　　　　(b) $G'$

**図 5.18** $G$ から作られる有向グラフ $G'$

さて、$G$ において $u$ と $v$ を結ぶ路 $P$ が存在すれば、$G'$ では $u''$ から $v'$ への有向路 $P'$ と $v''$ から $u'$ への有向路 $P''$ が存在する。またこの $P', P''$ のそれぞれは、$P$ のすべての内点 (始点と終点以外の点) $w$ に対応する内部アーク $(w',w'')$ を通っている。たとえば、図 5.18(a) の $G$ の路 $P:(a,b,c)$ に対応して、$G'$ の有向路 $P':(a'',b',b'',c')$ および $P'':(c'',b',b'',a')$ が存在し、どちらも途中の内部アーク $(b',b'')$ を通っている。この議論は逆も成り立って、$G'$ における $u''$ から $v'$ への有向路 $P'$ (あるいは $v''$ から $u'$ への有向路 $P''$) に対応して、$G$ では $u$ と $v$ を結ぶ無向路 $P$ が存在する。

このとき、$G'$ の有向路 $P'$ (あるいは $P''$) は $v''$ タイプと $v'$ タイプの点を交互に通るが、$v'$ タイプの点のあとは必ず内部アークになる。内部アークを 1 本でも通ると $P'$ の容量 (つまり、$P'$ を作るアークの容量の最小値) は 1 である。その結果、つぎの性質がいえる。

1. $G'$ において点 $u''$ から点 $v'$ への最大フロー値が $\infty$ ならば、外部アーク $(u'',v')$ が存在する。つまり、$(u,v)$ は $G$ の辺である。
2. $G'$ において点 $u''$ から点 $v'$ への最大フロー値が $F'$ $(< \infty)$ ならば、そのフロー (整数フローを考える) は容量 1 の内部アークを共有できないので、フローが流れる路は $u''$ と $v'$ 以外の中間の点を共有しない $F'$ 本の有向路である。それらに対応して $G$ では、$u$ と $v$ の間に中間の点を共有しない $F'$ 本の路が存在する。

以上の準備のもとに, $G$ において性質 (A) を仮定し, 任意の 2 点 $u, v \in V$ を考える. $|X| \leq k-1$ をみたす任意の点集合 $X \subseteq V - \{u, v\}$ を除いても $u$ と $v$ が連結していることは, $G'$ においてそれに対応する内部アークの集合 $X'$ を除いても $u''$ から $v'$ へ到達可能であることを意味する. $X$ は任意であったから, これは $G'$ のすべての $u'' - v'$ カットの容量が $k$ 以上であることを意味する. そうならば, 最大フロー最小カットの定理によって, $u''$ から $v'$ への最大フローの値 $F'$ は $k$ 以上である. したがって, 上の性質 1 と 2 から, つぎのどちらかが成立していることがわかり, 性質 (B) が示される.

(i) 最大フロー値は $\infty$, つまり $(u, v) \in E$.

(ii) 最大フロー値は有限であるが $k$ 以上, つまり $G$ の $u$ と $v$ の間に中間の点を共有しない $k$ 本以上の路が存在する. □

**グラフの連結度の計算**　メンガーの定理を利用すると, 単純無向グラフ $G = (V, E)$ の連結度 (4.1.3 項) を最大フローのアルゴリズムを用いて求めることができる. まず, 辺連結度 $\lambda(G)$ は, $u, v$ 間の辺を共有しない路の最大本数 $k_{uv}$ を用いて

$$\lambda(G) = \min\{k_{uv} \mid u, v \in V, \ u \neq v\} \tag{5.14}$$

と書ける. $k_{uv}$ は, $G$ の各辺 $e$ の容量を $u(e) = 1$ と定めたとき[*4], $u$ から $v$ への最大フロー値に等しいので, アルゴリズム MAX_FLOW (の無向グラフ版) を適用すれば計算できる. $u, v$ としてすべての 2 点を調べると $\binom{n}{2} = n(n-1)/2$ 回 MAX_FLOW を適用しなければならないが, 無駄なものを省くと, 実は $n-1$ 回にまで減らすことができる (練習問題 (14)).

つぎに, $G$ の点連結度 $\kappa(G)$ であるが, これにはメンガーの定理の証明で用いた $G'$ (図 5.18) を利用すればよい. $u, v \in V$ に対し, $G'$ における $u''$ から $v'$ への最大フロー値 $F'_{uv}$ を求めると, $G$ において中間の点を共有しない路の最大本数を与える. したがって

$$\kappa(G) = \min\{F'_{uv} \mid u, v \in V, \ u \neq v\} \tag{5.15}$$

が成立する. この場合も $\binom{n}{2} = O(n^2)$ 回の MAX_FLOW の適用を $O(n + \kappa(G)^2)$ 回にまで減らせることがわかっているが, 詳細は略す.

---

[*4] 容量の $u(e)$ と点の $u$ を混同しないように.

### 5.2.4 最小コストフロー問題

　最大フロー問題と同様, 広い応用をもつフロー最適化問題である最小コストフロー問題 (minimum cost flow problem) について簡単に説明しておこう. ここでは, 有向グラフ $G = (V, E)$ において, 始点 $s \in V$, 終点 $t \in V$ およびアーク容量 $u : E \to \mathbb{R}_+$ だけでなく, アークコスト $c : E \to \mathbb{R}_+$ をもつネットワーク $N = [G; s, t, c, u]$ を想定する. $s$ から $t$ へのフロー値はあらかじめ $F^*$ に固定されており, そのかわり, フロー $x$ のコスト

$$c(x) = \sum_{e \in E} c(e) x(e) \tag{5.16}$$

を最小にすることが求められる. $c(e)$ はアーク $e$ 上に単位量のフローを流すためのコスト係数であって, $x(e)$ のフローコストは $c(e)x(e)$ となる. 式 (5.16) はその全アークに対する和である. すなわち, 最小コストフロー問題は, 制約条件:

　　　フロー保存条件 (式 (5.6)),
　　　容量条件 (式 (5.7)),
$$F^* = \sum_{e \in \mathrm{OUT}(s)} x(e) - \sum_{e \in \mathrm{IN}(s)} x(e)$$

の下で総コスト (式 (5.16)) を最小にすることを求める.

　現実への応用として, たとえば, $N$ が通信ネットワークを表しているとすると, この問題は, 総量 $F^*$ のデータを, $s$ から $t$ へ複数のルートをたどって即時に送りたいとき, 回線の容量の範囲内でコスト最小を達成する送り方をたずねている. また, フローをネットワーク上の交通流と考えると, $s$ から $t$ へいろいろな路を利用して, 総量 $F^*$ の物資を最小コストで輸送する問題である.

　最小コストフロー問題に対しても, 残余ネットワークを利用した MAX_FLOW に似たアルゴリズムが知られており, やはり最適解を効率よく求めることができる. この場合は, フロー追加路の中でフローコスト最小のものを見つけて反復することになる. 詳しくは適当な専門書 (5.5 節に一部掲げる) を参照いただきたい.

## 5.3 マッチング問題

　本節では2部グラフ上のマッチング問題 (matching problem) を扱う．まず，その一般的な形の定義ののち，特別な形の場合も含めて，いくつかの具体例を与える．つぎに，これらの問題を解くアルゴリズムと，解がもつ数学的性質を紹介する．その議論の中で，前節の最大フローのアルゴリズム，および最大フロー最小カットの定理が重要な役割を果たすことがわかる．最後に，一般グラフ上のマッチング問題についても簡単に触れる．

　[一般化最大マッチング問題]

　入力: 2部グラフ $G = (V_1, V_2, E)$, 各 $u_i \in V_1$ に対する非負整数 $a_i$ と
　　　　各 $v_j \in V_2$ に対する非負整数 $b_j$.

　出力: つぎの条件をみたす辺集合 $M \subseteq E$ で最大位数をもつもの.

$$|\{(u_i, v_j) \in M \mid v_j \in V_2\}| \le a_i, \quad u_i \in V_1,$$

$$|\{(u_i, v_j) \in M \mid u_i \in V_1\}| \le b_j, \quad v_j \in V_2.$$

　すなわち，各 $u_i \in V_1$ には最大 $a_i$ 本，各 $v_j \in V_2$ には最大 $b_j$ 本の辺が接続するという条件の下で，最大数の辺を選ぶことが求められている．全点において制約条件をみたす辺集合 $M$ を (一般化) マッチング，位数最大のマッチングを (一般化) 最大マッチングという．なお，すべての $a_i$ と $b_j$ が1ならば，(一般化) を除いて，この問題を (最大) マッチング問題という．この場合，$M$ の辺 $e$ はその両側の端点を結びつけていると考えて，マッチングという名前が用いられるのである．$a_i = b_j = 1$ の条件に加え，$|V_1| = |V_2| = n$ を仮定し，$|M| = n$ をみたすマッチングを求める問題を完全マッチング問題 (perfect matching problem) という．

【例題 5.1】　集団お見合いの結果，結婚してもよいという男女の組がいくつかでき上がった．ただし，1人が複数の相手を候補として選ぶことを許している．さて，この中から，最大数の組を結婚にゴールインさせるには，どのようにパートナーを決めるのがよいだろうか．この問題は，図 5.19(a) にあるように，女性の集合と男性の集合を点集合 $V_1$ と $V_2$ とし，結婚してもよいという組 $(u, v)$ (ただし，$u \in V_1$, $v \in V_2$) には辺を引いて2部グラフを作ればよい．

各人が結婚できる相手はたかだか1人なので，これはすべての $a_i$ と $b_j$ が1の最大マッチング問題である．同図 (a) の太線は最大マッチングの一例を示している．

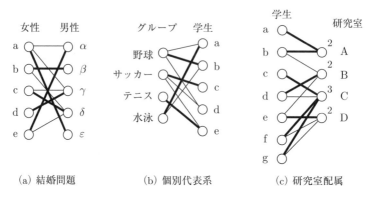

**図 5.19**　マッチング問題の例

【例題 5.2】　大学のクラブやサークルから代表者を選ぶ問題を考える．各学生は，野球部と水泳部など，複数のグループに所属することができる．それぞれのグループからちょうど1名の代表者を選びたいが，1人の学生が複数のグループの代表を兼ねることはできない．このような代表者の集合は**個別代表系** (system of distinct representatives, SDR)，あるいは**横断** (transversal) と呼ばれる．SDR が存在するかどうかは，すべての $a_i$ と $b_j$ を1に定めて，図 5.19(b) のような2部グラフの最大マッチング $M$ がグループ側のすべての点と接続するかどうかという問いに等しい．

【例題 5.3】　卒業研究のための研究室への配属を考える．図 5.19(c) のように学生を表す点集合 $V_1$ と研究室を表す点集合 $V_2$ を作り，学生が配属を希望する研究室 (複数) へ辺を引いて2部グラフを作る．研究室 $j$ の最大配属数 $b_j$ も図に示されている．この場合の最大マッチング $M$ の条件は，各学生の

点には最大 1 本の辺が接続し, 研究室 $j$ には最大 $b_j$ 本の辺が接続する, というものである.

### 5.3.1 最大マッチングのアルゴリズム

本節では, まず一般化最大マッチング問題に対し最大フロー (5.2.1 項) に基づくアルゴリズムを与え, つぎにそれを最大マッチング問題に特化して述べる.

**最大フローによるアルゴリズム** まず, 2 部グラフ $G = (V_1, V_2, E)$ から図 5.20 のようなネットワーク $N_G = [G'; s, t, u]$ を定義する. ただし, $G' = (V', E')$ は有向グラフであって, $V' = V_1 \cup V_2 \cup \{s, t\}$ および

$$E' = \{(s, u_i) \mid u_i \in V_1\} \cup \{(v_j, t) \mid v_j \in V_2\} \cup E \tag{5.17}$$

である. 各アークの容量 $u$ はつぎのように定める.

$$u(s, u_i) = a_i, \quad u_i \in V_1,$$
$$u(v_j, t) = b_j, \quad v_j \in V_2,$$
$$u(u_i, v_j) = 1, \quad (u_i, v_j) \in E.$$

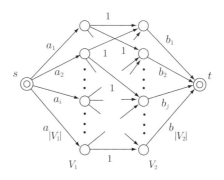

**図 5.20** 最大フロー問題への定式化 $N_G$

$N_G$ の最大フロー $x$ を 5.2.1 項の MAX_FLOW にしたがって求めると, フローの整数性 (5.2.1 項) によって, $V_1$ から $V_2$ へのアーク $(u_i, v_j) \in E$ 上を流れるフロー $x(u_i, v_j)$ の値は 0 あるいは 1 である. そこでフローの値 1 の辺を集めて

$$M = \{(u_i, v_j) \in E \mid x(u_i, v_j) = 1\}$$

とすると, $M$ は一般化マッチングの条件をみたし, また, 最大フローから構成され
ていることから, 一般化最大マッチングである.

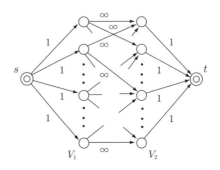

**図 5.21**　最大マッチング問題のネットワーク $N_G$

**最大マッチング問題**　　すべての $a_i$ と $b_j$ が 1 である場合, 図 5.20 のネット
ワークを図 5.21 のように変形でき, アルゴリズムが簡単化される. 図 5.20 との違
いは, $a_i$ および $b_j$ が 1 に固定されていることと, $(u_i, v_j)$ のタイプのアークの容
量が

$$u(u_i, v_j) = \infty, \quad (u_i, v_j) \in E$$

である点にある. $\infty$ と置いてもよい理由は, 各 $u_i \in V_1$ に流入するフローの値は
1 以下なので, フローの整数性を考えると, アーク $(u_i, v_j) \in E$ 上を流れるフロー
は, 容量制約を付けなくても 0 あるいは 1 となるからである.

　図 5.21 のネットワーク $N_G$ に最大フローアルゴリズムを適用し, フロー値が増
大していく様子をマッチング $M$ に対応させてみよう. 図 5.22(a) は計算のある
時点のフロー $x$ であり, 同図 (b) はその残余ネットワーク $\tilde{N}_x$ である. 図の見方
は 5.2.1 項の図 5.15 や図 5.16 と同様である. $\tilde{N}_x$ は太線のフロー追加路をもつの
で, この路に沿って $\Delta = 1$ のフローを追加できる.

　この様子を, 元の 2 部グラフ $G$ 上で見ると, 図 5.22(c) と (d) のようになる. 同
図 (c) の太線のマッチング $M$ は, 同図 (a) において $x(e) = 1$ をみたすアーク
$e \in E$ に対応している. つぎに, 同図 (b) のフロー追加路に着目すると, $V_2$ 側か
ら $V_2$ 側へは容量 $\infty$ のアーク (つまり, 元の $N_G$ 上のアーク), $V_2$ 側から $V_1$ 側

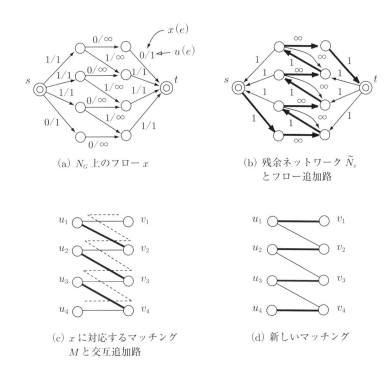

(a) $N_G$ 上のフロー $x$

(b) 残余ネットワーク $\widetilde{N}_x$
とフロー追加路

(c) $x$ に対応するマッチング
$M$ と交互追加路

(d) 新しいマッチング

**図 5.22** フロー追加路と交互追加路

へは容量 1 の逆向きアークを通って進んでいる. したがって, フロー追加路は必ず

$$s \to V_1 \to V_2 \to V_1 \to \cdots \to V_2 \to t$$

の形をしており, 中間部分には $V_1$ 側と $V_2$ 側の点が交互に現れる.

フロー追加路から $s$ と $t$ を除いた部分を元の 2 部グラフ $G$ に移しかえると図 5.22(c) の破線の路が得られる. 現在のマッチング $M$ に属す辺の端点を飽和点 (saturated vertex), そうでないものは非飽和点という. 図 5.22(c) では $v_1, u_4$ が非飽和点, それ以外は飽和点である. また, $\overline{M} = E - M$ と置く. そうするとフロー追加路は 2 部グラフ上で, 一般に, つぎの性質をもつことがわかる.

(i) 非飽和の点から始まり非飽和の点で終わる.
(ii) $\overline{M}$ の辺と $M$ の辺を交互に通る.

なお, 特別な場合として, 両端点が非飽和な $\overline{M}$ の辺 1 本からなる路も許す. こ れらを ($M$ に関する) **交互追加路** (alternating augmenting path) という. $G$ に 交互追加路 $P$ が存在すると, $P$ の辺に沿って $\overline{M}$ と $M$ の役割を逆転することが できる. 容易に示せるようにその結果得られる新しい辺集合もマッチングであり, しかも位数は 1 増加している (練習問題 (15)). 図 5.22(d) は, 同図 (c) の交互追 加路 (破線の路) から得られた新しいマッチングである.

　この結果得られる最大マッチングのアルゴリズムは, 交互追加路が存在する限 り, それを用いて $M$ の位数を 1 増加するという操作を反復するものである. 交互 追加路が存在しなくなった時点で, 最大マッチングが得られている. なお, 5.3.3 項 で述べるように, このアルゴリズムは 2 部グラフから一般の単純無向グラフへ拡 張可能であるので, そのように記述している.

---

アルゴリズム　ALT_PATH
入力: 単純無向グラフ $G = (V, E)$.
出力: 最大マッチング $M \subseteq E$.

1. $M := \emptyset$ とする.
2. $G$ に $M$ に関する交互追加路が存在する限り下の手順を実行する. そ うでなければ 3. へ進む.

　　交互追加路 $P$ 路に沿って $\overline{M}$ と $M$ の役割を逆転する. その 　　結果得られるマッチングを改めて $M$ とする.

3. $M$ を出力し, 計算終了.

---

【**例題 5.4**】　図 5.23(a) の 2 部グラフに上のアルゴリズム ALT_PATH を 適用してみよう. 両端点が非飽和である辺はそれ自身交互追加路であるので, ステップ 2 を 3 回反復してそのような辺 $(a, \alpha), (d, \beta), (e, \gamma)$ を選んだとしよ う. この時点の様子が図 5.23(b) である. この図には破線で示した交互追加路

$$c \to \beta \to d \to \gamma \to e \to \varepsilon$$

が存在するので, 新しいマッチングが得られる. これが図 5.23(c) である. この図にはもはや交互追加路は存在せず, 最大マッチングを与える.

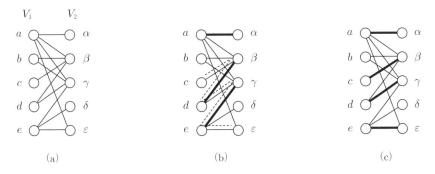

**図 5.23** 最大マッチングの計算

### 5.3.2 マッチングの数学的性質

マッチングは広い応用をもつので, その数学的性質が詳しく議論されてきた. 以下, 最大マッチングに関する 3 つの話題とその証明を与える. ここでも最大フロー最小カットの定理 (5.2.2 項) が重要な役割をはたしている.

**結婚定理**  2 部グラフ $G = (V_1, V_2, E)$ において $|V_1| \leq |V_2|$ を仮定する. $G$ は, 本節の例題 5.1 (図 5.19(a)) の結婚問題を表しているとしよう. 最大マッチング $M$ が $|M| = |V_1|$ をみたせば, $V_1$ の女性達は全員相手を見つけることができる. これが可能であるための条件はつぎのように書くことができる.

[結婚定理]  上記の 2 部グラフにおいて $|M| = |V_1|$ をみたすマッチング $M$ が存在するための必要十分条件は, 任意の $U \subseteq V_1$ に対し

$$|NB(U)| \geq |U| \tag{5.18}$$

が成立することである.

ただし, $NB(U)$ は $U$ の点に接続する $V_2$ の点の集合 $\{v_j \mid u_i \in U, (u_i, v_j) \in E\}$ のことである.

[証明]　$G$ から図 5.21 のネットワーク $N_G$ を作ると, 最大フロー最小カットの定理によって, $|M| = |V_1|$ をみたすマッチング $M$ の存在条件は, $N_G$ において $s$ と $t$ を分離する $s-t$ カット $(S, T)$ の最小容量が $|V_1|$ に等しいことである. カットとして $S = \{s\}$, $T = V - \{s\}$ を選ぶと, $u(S, T) = |V_1|$ を実現するので, 結局, すべての $s-t$ カット $(S, T)$ に対し, $u(S, T) \geq |V_1|$ であることをいえばよい. 以下, そのための必要十分条件が結婚定理の条件 (式 (5.18)) であることを示す.

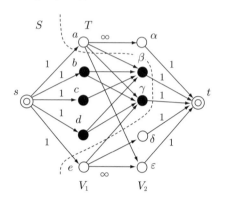

**図 5.24**　ネットワーク $N_G$ のカット $(S, T)$

まず, $|NB(U)| < |U|$ をみたす $U \subseteq V_1$ が存在したとしよう (すなわち, 式 (5.18) が成立しない). たとえば, (図 5.23(a) から作られた) 図 5.24 において, $V_1$ 側の黒点の集合を $U$ とすると, $V_2$ 側の黒点の集合が $NB(U)$ であり, $|NB(U)| < |U|$ となっている. そこで

$$S = \{s\} \cup U \cup NB(U) \quad および \quad T = V - S$$

を考えると, $S$ 側から $T$ 側へ渡っているアークは

$$(s, u_i), \quad u_i \in V_1 - S \ (= V_1 \cap T),$$
$$(v_j, t), \quad v_j \in NB(U) \ (= V_2 \cap S) \tag{5.19}$$

のみであって, したがって, このカット $(S, T)$ の容量は

$$u(S, T) = |V_1 - U| + |NB(U)| = |V_1| - |U| + |NB(U)| < |V_1|$$

をみたす. なお, $S$ 側と $T$ 側を接続するアークには, その他にも $\{(u_i, v_j) \in E \mid u_i \in V_1 - U,\ v_j \in NB(U)\}$ があるが, これらは $T$ から $S$ へ向いており, $(S, T)$ の容量に

は入らない.

　つぎに逆を示すために, $u(S, T) < |V_1|$ をみたすカット $(S, T)$ が存在したとしよう. $U = V_1 \cap S$ とすると, この $U$ は空でなく, さらに, 辺 $(u_i, v_j) \in E$ で $u_i \in U$ と $v_j \in T$ をみたすものは存在しない (存在すれば $(S, T)$ の容量は $\infty$ になる). つまり, $NB(U) \subseteq S$ である. したがって

$$|V_1| - |U| + |NB(U)| \leq |V_1| - |U| + |S \cap V_2| = u(S, T) < |V_1|$$

となり, $|NB(U)| < |U|$ を得る.　　　　　　　　　　　　　　□

　例として, 図 5.23 を考えよう. この 2 部グラフに対しては同図 (c) に示すように, $|M| = 4$ $(< 5 = |V_1|)$ をみたすマッチングが最大であった. 実際, これに対応して得られた図 5.24 において, 上記の証明のように $U = \{b, c, d\}$ とすると $NB(U) = \{\beta, \gamma\}$ であって $|NB(U)| = 2 < 3 = |U|$, つまり結婚定理からも $|M| = |V_1|$ をみたすマッチング $M$ は存在しないことがわかる.

　**個別代表系**　　例題 5.2 (図 5.19(b)) で述べた個別代表系 SDR の問題は, 一般的に書くとつぎのようになる. 有限集合の族 $S_1, S_2, \ldots, S_n$ が与えられたとき, 条件 $s_i \in S_i$ をみたし, 互いに異なる $n$ 要素の集合 $\{s_1, s_2, \ldots, s_n\}$ は存在するか? たとえば, $S_1 = \{a, c, d\}$, $S_2 = \{a, c, e\}$, $S_3 = \{a, e, f\}$, $S_4 = \{b, c, f\}$ とすると, $\{a, c, e, f\}$ は SDR である. SDR 存在の必要十分条件を与えるつぎの定理の証明は, 結婚定理と同様にできるので, 練習問題 (17) とする.

　**[SDR 定理]**　有限集合の族 $S_1, S_2, \ldots, S_n$ が SDR をもつための必要十分条件は, $k$ 個の集合 $S_{i_1}, S_{i_2}, \ldots, S_{i_k}$ $(k \geq 1)$ からなるすべての部分族が, つぎの条件をみたすことである.

$$|S_{i_1} \cup S_{i_2} \cup \cdots \cup S_{i_k}| \geq k. \tag{5.20}$$

　**点カバーとマッチング**　　2 部グラフ $G = (V_1, V_2, E)$ の点集合 $U \subseteq V_1 \cup V_2$ を考える. 辺 $e \in E$ の少なくとも一方の端点が $U$ に属するとき, $e$ は $U$ にカバーされるという. すべての辺 $e \in E$ が $U$ にカバーされるとき, $U$ は点カバー (vertex cover) であるといい, 位数 $|U|$ を最小にする点カバー $U$ を $G$ の最小点カバーという. 最大マッチングと最小点カバーに関するつぎの定理はグラフ理論の古典的な結果の 1 つである.

[ケーニヒ・エガヴァリイ (D. König, J. Egerváry) の定理]  2部グラフ $G = (V, E)$ に対して, 最大マッチングの位数 = 最小点カバーの位数, が成立する.

[証明]  結婚定理のところで述べたように, 最大マッチングの位数は, $G$ から作られたネットワーク $N_G$ (図 5.21 あるいは図 5.24) の最小カットの容量に等しい. そこで, 最小点カバーの位数 = 最小カットの容量, を示す. その結果, 上の定理が得られる.

さて, $N_G$ において $s$ と $t$ を分離する最小カット $(S, T)$ が得られたとする (図 5.24 参照). このとき, 結婚定理の証明で示したように, $(u_i, v_j) \in E$ のアークの中で $S$ と $T$ を接続するものは, その方向が必ず $u_i \in T$, $v_j \in S$ となっているので, カットの容量には関係しない. そこで点集合

$$W = (T \cap V_1) \cup (S \cap V_2) \tag{5.21}$$

を考えると $|W|$ はカットの容量 $u(S, T)$ に等しい (式 (5.19) の議論を参照). この $W$ が $G$ の点カバーであることをつぎに示す. 任意の $(u_i, v_j) \in E$ を考え, まず $u_i \in S \cap V_1$ とする. すると, 上の議論から $(u_i, v_j)$ は $S$ から $T$ へ渡ることはできず, $v_j \in S \cap V_2$ となり, $W$ にカバーされている. 一方, $u_i \in T \cap V_1$ とすると, $u_i \in W$ であるのでやはり $W$ にカバーされている. よって $W$ は $G$ の点カバーの1つであり, 最小点カバーの位数は最小カットの容量以下である.

逆方向, つまり最小カットの容量 (= 最大マッチングの位数) が最小点カバーの位数以下であることは, 最大マッチングの各辺では, その2つの端点のどちらか一方が点カバーに選ばれなければならないことからわかる. 両方向を合わせ, 証明が完結する.  □

【例題 5.5】  以上の議論を再び図 5.23 のグラフに適用してみよう. すでに見たように, 最大マッチングは図 5.23(c) によって与えられる. この解が最大フローの定式化にしたがって得られたとして, 5.2.2 項の議論にしたがって最小カットを求めると, 図 5.24 の $(S, T)$, つまり $S = \{s, b, c, d, \beta, \gamma\}$, $T = \{a, e, \alpha, \delta, \varepsilon, t\}$ が得られる. その結果, 式 (5.21) の点集合 $W$ は $\{a, e, \beta, \gamma\}$ となり, 確かに点カバーである.

### 5.3.3　一般グラフの最大マッチング

　マッチングの概念は2部グラフに限らず，一般のグラフに拡張できる．図5.25(a)
のグラフ $G$ はある警備会社の警備員を点で示し，互いに共同して作業できる2人
を辺で結んで得られたものである．巡回パトロールは2人1組で行うものとし，共
同作業可能な2人が組むとして，最大数のチームを作るにはどうすればよいだろ
うか．いうまでもなくこの問題は，グラフ $G = (V, E)$ の最大マッチングを求める
ことで解決される．もちろん，$M \subseteq E$ がマッチングであるとは，どの点について
も，接続する $M$ の辺は1本以下という意味である．

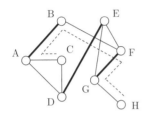
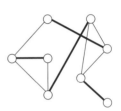

(a) マッチング $M$(太線)　　　　(b) 新しいマッチング
と交互追加路(破線)

**図 5.25**　一般グラフのマッチング

　アルゴリズム　　　グラフが一般の場合には，2部グラフのように最大フロー問
題に変換して解くことはできない．しかし，5.3.1項で与えた交互追加路によるア
ルゴリズム ALT_PATH は適用可能である．交互追加路の定義は2部グラフの場
合と同じである．

　たとえば，図5.25(a) のマッチング $M$ (太線の辺) に対し破線の路は交互追加
路である．したがって，この路に沿って $\overline{M}$ と $M$ の役割を逆転すると同図 (b) の
マッチングが得られる．この操作によって，マッチングの位数は1増加している．
この例では，すべての点がマッチング辺に接続しているので，最大マッチングであ
ることは明らかであるが，グラフによってはマッチング辺に接続しない点が残る
こともある．

　実は，以上の操作を交互追加路が存在しなくなるまで反復すれば，一般グラフに
おいても最大マッチングを得ることができる．しかし，その正当性の証明は，最大

フロー最小カットとは異なる方法で示さなければならない.

> **[一般グラフの最大マッチング定理]** 単純無向グラフ $G = (V, E)$ のマッチング $M \subseteq E$ が最大であるための必要十分条件は, $M$ に関する交互追加路が存在しないことである.

[証明] 必要性: $M$ に関する交互追加路が存在すれば, 上述のように現在の $M$ より位数の大きなマッチング $M'$ を作ることができるから $M$ は最大ではない.

十分性: $M$ が最大でないとすれば, 他に最大マッチング $M^*$ が存在する. そこで, 辺集合 $M$ と $M^*$ の対称差 (ちょうど一方に属している辺の集合) $F = (M - M^*) \cup (M^* - M)$ を辺集合とするグラフ $H = (V, F)$ を作る. $M$ と $M^*$ の両者がマッチングであることから, $H$ において各点の次数は 2 以下であり, 次数が 2 である場合は $M$ の辺と $M^*$ の辺がちょうど 1 本ずつ接続している. その結果, $H$ はいくつかの路と閉路から構成され, それぞれには $M$ の辺と $M^*$ の辺が交互に現れる. ところで, 仮定より $|M| < |M^*|$ であるから, $H$ の辺には $M^*$ に属すものが $M$ に属すものよりも多い. これは, $H$ には路が必ず存在し, その 1 つは $M^*$ の辺を $M$ の辺より多くもつことを意味する. その路は元の $G$ において $M$ に関する交互追加路である. □

アルゴリズム ALT_PATH を一般のグラフ $G$ に適用するには, マッチング $M$ が与えられたとき, $M$ に関する交互追加路が存在するかどうかを判定しなければならない. この判定は多項式オーダー時間で可能であるが, アルゴリズムはやや複雑になるので, 本書では省略する.

## 5.4 重みつき無向グラフの最小カット

本節では図 5.26 のような, 無向グラフ $G = (V, E)$ に辺の重み $d: E \to \mathbb{R}_+$ のついたネットワーク $N = [G; d]$ を扱う. 重み $d(e)$ は非負の実数である. 4.1.2 項で述べたように, 空でない点集合 $U \subset V$ はカット $(U, V - U)$ を定めるが, その重みを, 両側に渡る辺の重み和, すなわち

$$d(U) = \sum \{d(u, v) \mid (u, v) \in E, \ u \in U, \ v \in V - U\} \tag{5.22}$$

によって定める. $U$ 自体をカットと呼ぶこともある. とくに, $U = \{u\}$ のとき, $d(U)$ を $d(u)$ と書き, $u$ に接続する辺の重み和を表す.

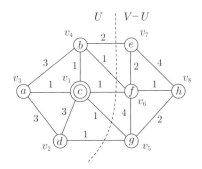

図 **5.26** ネットワーク $N$ と MA 順序付け

$$d(u) = \sum \{d(u,v) \mid (u,v) \in E\}, \quad u \in V. \tag{5.23}$$

さて, $N$ に対し重み最小の**最小カット** (minimum cut) を求めたい. 図 5.26 の最小カットは破線で示されており, 重みは 6 である. 各辺の重みが $d(e) = 1$, $e \in E$ をみたす場合, 最小カットの重みは $G$ の辺連結度 (4.1.3 項) に等しい.

重みつき無向ネットワーク $N$ の最小カットを計算する方法の 1 つは, 5.2.3 項の最後で述べたように, $s$ から $t$ への最大フローに基づいて, $s$ と $t$ を分離する最小カットを求めるという計算をすべての $s, t$ の対に適用するものである. そこでは辺連結度の計算という前提で述べたが, 本節のような重みつきネットワークへ一般化することもできる. しかし本節の方法はそれとは異なる原理に基づいており, 計算効率も高い. ただし, 有向ネットワークには適用できない. 以下, 点集合 $V$ の **MA 順序** (MA (maximum adjacency) ordering, **最大隣接順序**) とその性質を明らかにしたのち, 最小カットのアルゴリズムを述べる.

**MA 順序**　$|V| = n$ とする. $V$ の $n$ 点の順序 $v_1, v_2, \ldots, v_n$ が $i = 2, 3, \ldots, n$ に対しつぎの性質をもつとき MA 順序であるという.

$$d(\{v_1, v_2, \ldots, v_{i-1}\}, v_i) = \max_{j \geq i} d(\{v_1, v_2, \ldots, v_{i-1}\}, v_j). \tag{5.24}$$

ただし, $v \in \{v_i, v_{i+1}, \ldots, v_n\}$ に対し

$$d(\{v_1, v_2, \ldots, v_{i-1}\}, v) = \sum_{k=1}^{i-1} \{d(v_k, v) \mid (v_k, v) \in E\}$$

であって, 前半部分 $\{v_1, v_2, \ldots, v_{i-1}\}$ と $v$ を結ぶ辺の重み和を示している. MA順序は, $v_1$ を自由に選んだのち, つぎのアルゴリズムで計算される.

---

アルゴリズム MA_ORDERING

入力: 無向グラフ $G = (V, E)$ および非負重み $d : E \to \mathbb{R}_+$.
出力: $V$ の MA 順序 $v_1, v_2, \ldots, v_n$.

1. 始点 $v_1 \in V$ を決める. $i := 2$.
2. $i = 2, 3, \ldots, n$ に対し, つぎの手順を適用する.

   $v \in V - \{v_1, v_2, \ldots, v_{i-1}\}$ のそれぞれに対し $d(\{v_1, v_2, \ldots, v_{i-1}\}, v)$ を計算し, その値を最大にする $v$ (複数個あればその1つ) を $v_i$ とする.

3. $v_1, v_2, \ldots, v_n$ を出力し, 計算終了.

---

図 5.26 の $v_1, v_2, \ldots, v_8$ は, 2重丸の点 $c \, (= v_1)$ から始めて, 上のアルゴリズムによって得られた MA 順序である. たとえば, $i = 2$ のとき, $d(\{c\}, a) = 1$, $d(\{c\}, b) = 1$, $d(\{c\}, d) = 3$, $\ldots$, $d(\{c\}, h) = 0$ が成立し, 式 (5.24) によって最大の $d(\{c\}, v_j)$ をもつ点 $d$ が $v_2$ となる. また, $i = 3$ では, $d(\{c, d\}, a) = d(c, a) + d(d, a) = 4$, $d(\{c, d\}, b) = d(c, b) = 1$, $\ldots$, $d(\{c, d\}, h) = 0$ より $a \, (= v_3)$ が選ばれる. それ以後の計算も同様である.

**MA 順序の性質** MA 順序の最後の2点 $v_{n-1}$ と $v_n$ の間にはつぎの性質が成り立つ.

[MA 順序と最小カット] $v_1, v_2, \ldots, v_{n-1}, v_n$ をネットワーク $N$ の MA 順序とする. このとき $(V - \{v_n\}, \{v_n\})$ は $v_{n-1}$ と $v_n$ を分離する最小カットである (その重みは $d(v_n)$).

たとえば図 5.26 のネットワークでは $v_{n-1} = v_7 \, (= e)$ および $v_n = v_8 \, (= h)$ であり, $v_7$ と $v_8$ を分離するカットの中では明らかに $(\{v_1, v_2, \ldots, v_7\}, \{v_8\})$ が, 最小の重み $= 7 \, (= d(v_8))$, をもっている.

[証明] $|V|$ に関する帰納法を用いる. $|V| = 2$ のときは2点しかないので, この性質は明らかに正しい. $|V| < n$ のときこの性質が成り立つとして, $|V| = n$ の場合を証明する. まず, $N$ において $v_{n-1}$ と $v_n$ の間には辺がないと仮定して一般性を失わない. もし辺 $(v_{n-1}, v_n)$ が存在しても, $v_{n-1}$ と $v_n$ を分離する任意のカットにおいて $d(v_{n-1}, v_n)$ が加わるだけであるので, 最小カットは変化しないからである. そこで, $N$ から $v_n$ (とそれに接続する辺) を除いて得られるネットワークを $N'$, $N$ から $v_{n-1}$ (とそれに接続する辺) を除いて得られるネットワークを $N''$ とする (図 5.27 参照).

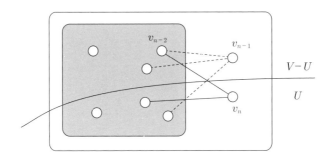

**図 5.27** ネットワーク $N$ の $v_{n-1}$ と $v_n$

定義から明らかなように, $N'$ における $v_1, v_2, \ldots, v_{n-2}, v_{n-1}$ と $N''$ における $v_1, v_2, \ldots, v_{n-2}, v_n$ は共に MA 順序である. したがって, $N$ において2点 $u$ と $v$ を分離する最小カットの重みを $\lambda_N(u, v)$ と記すと, 帰納法の仮定によって

$$\lambda_{N'}(v_{n-2}, v_{n-1}) = d_{N'}(v_{n-1}),$$
$$\lambda_{N''}(v_{n-2}, v_n) = d_{N''}(v_n) \tag{5.25}$$

である. そこで $N$ において $v_{n-1}$ と $v_n$ を分離する最小カット $U(\subset V)$ を考えると (ただし, $v_n \in U$ とする), $v_{n-2}$ は $U$ に入るか入らないかのどちらか, つまり $U$ は $v_{n-2}$ と $v_{n-1}$ を分離するか, あるいは $v_{n-2}$ と $v_n$ を分離するかのどちらかである. 図 5.27 は後者の場合を示している. したがって

$$\lambda_N(v_{n-1}, v_n) \geq \min\{\lambda_{N'}(v_{n-2}, v_{n-1}),\ \lambda_{N''}(v_{n-2}, v_n)\} \tag{5.26}$$

が成立する. 不等号になる理由は, $N'$ では $v_n$ とそれに接続する辺は消されているので, そのような辺は $\lambda_{N'}(v_{n-2}, v_{n-1})$ に含まれておらず, さらに $N'$ において $v_{n-2}$ と $v_{n-1}$ を分離する最小カットは $U$ とは限らないからである. $N''$ についても同様に考えることができる. この式 (5.26) に式 (5.25) を代入すると

$$\lambda_N(v_{n-1}, v_n) \geq \min\{d_{N'}(v_{n-1}), \, d_{N''}(v_n)\} = d_N(v_n)$$

を得る. 最後の等式は, $N$ において辺 $(v_{n-1}, v_n)$ が存在しないと仮定しているので, $d_{N'}(v_{n-1}) = d_N(v_{n-1})$ と $d_{N''}(v_n) = d_N(v_n)$ が成立することと, MA 順序の定義から $d_N(v_{n-1}) \geq d_N(v_n)$ であることからしたがう. よって, $\lambda_N(v_{n-1}, v_n) \geq d_N(v_n)$ である. 一方, $(V - \{v_n\}, \{v_n\})$ は重み $d_N(v_n)$ で $v_{n-1}$ と $v_n$ を分離するカットなので $\lambda_N(v_{n-1}, v_n) \leq d_N(v_n)$ である. 両者から $\lambda_N(v_{n-1}, v_n) = d_N(v_n)$ を得る. □

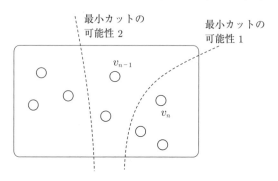

**図 5.28** 最小カットと $v_{n-1}, v_n$ の関係

**最小カットの計算**　以上の性質からネットワーク $N$ 全体の最小カットに関してつぎの結論が得られる (図 5.28 参照).

1. 最小カットが $v_{n-1}$ と $v_n$ を分離するのであればその値は $d(v_n)$ であり, 最小カットは $(V - \{v_n\}, \{v_n\})$ で与えられる.

2. 最小カットが $v_{n-1}$ と $v_n$ を分離しないのであれば, それは $v_{n-1}$ と $v_n$ を縮約して得られるネットワークの最小カットに等しい.

点 $v_{n-1}$ と $v_n$ の縮約 (contraction) とは, $v_{n-1}$ と $v_n$ を 1 つの点 $v'$ にまとめ, 他の点 $v_j$ と $v'$ の間の重みを

$$d(v_j, v') = d(v_j, v_{n-1}) + d(v_j, v_n)$$

と定めることをいう. 辺 $(v_{n-1}, v_n)$ があっても, これは除去される. たとえば, 図 5.29(a) において $v_7 = e$ と $v_8 = h$ を縮約すると同図 (b) が得られる.

縮約の結果得られた新しいネットワークに対して, また同じ手順を適用することができる. この反復によってネットワークの点の数は 1 個ずつ減少するので,

$n-1$ 回の反復の結果, 点の数は 1 個となり計算終了となる. この間, MA 順序の最後の点として得られた $v_{\text{last}}$ の $d(v_{\text{last}})$ を記憶しておくと, それらの最小値が元のネットワーク $N$ の最小カットの重みに等しい. そのときの $v_{\text{last}}$ を $v^*$ と記すと, $N$ の最小カットは, それまでの計算で $v^*$ へ縮約された点の集合 $V^*$ を用いて, $(V^*, V - V^*)$ である. 以上をまとめると, つぎのアルゴリズムになる.

---

アルゴリズム　MIN_CUT

入力: 無向グラフ $G = (V, E)$ および重み $d : E \to \mathbb{R}_+$.

出力: 最小カット $(V^*, V - V^*)$ その値 $d^*$.

1. $N := [G; d]$, $d^* := \infty$, $V^* := \emptyset$ と置く.

2. $N$ の点の数が 2 以上である限り, つぎの手順 (i) と (ii) を反復する. そうでなければ 3. へ進む.

   (i)　$N$ に MA_ORDERING を適用し, MA 順序の最後の点 $v_{\text{last}}$ とその 1 つ前の点 $v_{\text{last}-1}$ を求める. $d^* := \min\{d^*, d(v_{\text{last}})\}$ とする. このとき, $d^*$ の値が更新されたならば, これまでの計算で $v_{\text{last}}$ に縮約された点集合を $V^*$ とする.

   (ii)　$N$ の $v_{\text{last}}$ と $v_{\text{last}-1}$ を縮約し, 得られたネットワークを改めて $N$ とする.

3. $V^*$ と $d^*$ を出力する. 計算終了.

---

なお, このアルゴリズム記述では, ステップ 2 (i) で必要になる $V^*$ の計算の詳細は記述していないが, そのためには, 反復のたびに $N$ の各点に対し, それまでの計算でそこへ縮約された点集合のデータを更新しておく必要がある.

---

【例題 5.6】　アルゴリズム MIN_CUT の計算例を図 5.29 に示す. 対象のネットワークは図 5.26 で用いたものである. 図 5.29(a) から (h) まで, 反復 7 回で 1 点に縮約され計算を終了している. 各図の $v_i$ の番号 $i$ はそのネットワークの MA 順序を示す. 4 回目の反復時の $d(v_{\text{last}}) = d(v_5) = 6$ が最小であるので, これが最小カットの重みである. この時点で $v_5$ に縮約されている

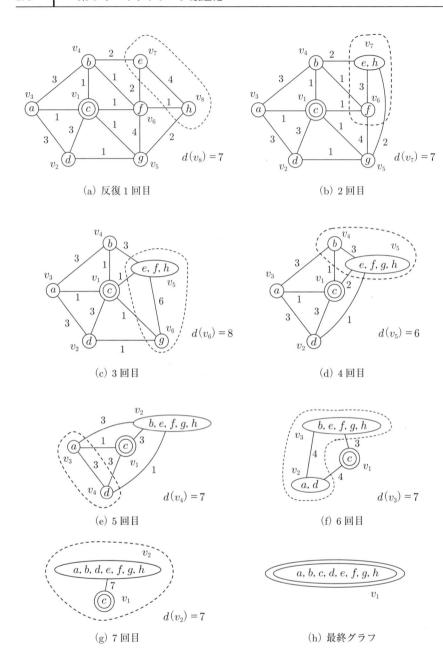

図 5.29 最小カットアルゴリズムの進行

元のネットワークの点集合 $\{e, f, g, h\}$ が $V^*$ であって, $(V^*, V - V^*)$ が最小カットを与える. これは図 5.26 の破線のカットに等しい.

# 5.5 文献と関連する話題

グラフの概念をネットワークに拡張することで, 応用範囲は格段に広くなる. 本章ではその中で代表的な問題を選び, アルゴリズムを中心に説明した. これらの問題の全般的な参考書には第 2 章の 2-14), および 5-1,3,10) などがある.

5.1 節の最小木のアルゴリズムは 5-7) と 5-9) によって提案された. 最短路のアルゴリズムは 5-4) による. 5.1.3 項では巡回セールスマン問題の近似アルゴリズムを中心に説明したが, 厳密解を含め関連の話題は 5-2,8,14) などを参照のこと. 他の困難な問題に対しても近似アルゴリズムは盛んに研究されており, 5-11) などにまとめられている. メタヒューリスティクスは 5-13) に詳しい.

5.2 節のネットワークフローについては古典ともいうべき 5-5) に加え, 5-1,3,10,12) などが, 最小コストフローや割当問題, さらに連結度に関連する話題も含め, 最新のアルゴリズムを解説している. 5.3 節のマッチング問題は 5-1,5) が詳しい. 5.4 節の最小カットのアルゴリズムは第 4 章の文献 4-8,10) にある. このあとの「ひとやすみ」に出てくる割当問題や安定結婚問題は文献 5-1,3,6,12) などに述べられている.

## 練習問題

(1) 図 5.1 の無向グラフの最小木をクラスカル法とプリム法によって求め, 図 5.2 の結果が得られることを示せ.

(2) 5.1.1 項のプリム法によって最小木が正しく計算されることを証明せよ.

(3) 5.1.2 項のダイクストラ法を有向ネットワーク $[G; s, d]$ (すなわち, $G$ は有向グラフ) に適用するためには, アルゴリズム DIJKSTRA をどのように変更する必要があるか述べよ.

(4) 5.1.2 項の DIJKSTRA のステップ 2(ii) で選ばれた点 $v_{\min}$ をその順番に $v_1, v_2, \ldots, v_{n-1}$ とすると, $L(v_1) \leq L(v_2) \leq \cdots \leq L(v_{n-1})$ が成り立つことを示せ.

(5) 図 5.9(c) のペテルセングラフがハミルトン閉路をもたないことを示せ.

(6) 図 5.12 で最終的に得られた巡回路に対し, $\lambda = 2$ の $\lambda$ 近傍を用いた局所探索法を適用せよ. この場合, 改善はおきるだろうか.

(7) 巡回セールスマン問題におけるオア (I. Or) 近傍は図 5.30 のように, 巡回路から辺数 $k$ 以下の部分路 $y$ ($k$ はパラメータ, 通常は 2 程度) を切り出し, 他の位置へ挿入するものである. 部分路と挿入すべき位置およびその方向についてはすべての可能性を調べる.

    (a)　オア近傍は $\lambda = 3$ の $\lambda$ 近傍に含まれることを示せ. 3 近傍には属するがオア近傍には属さない解はどのようなものかを述べよ.

    (b)　図 5.12 の最後の巡回路に対し, オア近傍による局所探索法を適用せよ.

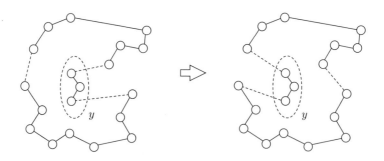

**図 5.30**　オア近傍

(8) 5.2.1 項のフローにおいて, 始点 $s$ からの流出量 (式 (5.8)) と終点 $t$ への流入量 (式 (5.9)) は等しいことを証明せよ.

(9) 5.2.1 項の残余ネットワーク $\tilde{N}_x$ とフロー追加路 $P$ の定義に基づいて, $P$ に沿って式 (5.10) によって修正された $x'$ がやはり $N$ のフローであり, そのフロー値は $x$ のフロー値から $\Delta$ だけ増加していることを示せ.

(10) 有向ネットワーク $N = [G; s, t, u]$ において $s$ と $t$ を分離する相異なる最小カット $(S, T)$ と $(S', T')$ が存在したとする. このとき, $(S \cap S', T \cup T')$ が $s$ と $t$ を分離する最小カットであることを示せ.

(11) 最大フローを求めるアルゴリズム MAX_FLOW (5.2.1 項) の反復 $k$ における残

余ネットワークを $\widetilde{N}^k$, そのフロー追加路を $P^k$, 追加量を $\Delta^k$ とする. $P^k$ において $\widetilde{u}(e) = \Delta^k$ をみたす枝 $e = (v, w)$ を $P^k$ のボトルネックアーク (bottleneck arc) と呼ぶ. また, $\delta^k(s, t)$ を $\widetilde{N}^k$ における $s$ から $t$ への最短路長 (辺の数) とする. さて, アルゴリズム MAX_FLOW のフロー追加路 $P^k$ として, 常に長さ $\delta^k(s, t)$ の最短路を選ぶと定め, 変形 MAX_FLOW と名づける. 以下の設問に答えよ.

(a) 反復 $k$ と $m$ (ただし, $k < m$) において同じ $e = (v, w)$ が $P^k$ と $P^m$ のボトルネックアークであるとすると, $k < l < m$ をみたすある $l$ において, 逆向きアーク $e^R = (w, v)$ が $e^R \in P^l$ をみたす.

(b) (a) の性質をみたす $k < l$ に対し, $\delta^l(s, t) \geq \delta^k(s, t) + 2$ が成り立つ.

(c) 変形 MAX_FLOW は最大 $\lfloor nm/2 \rfloor$ 回の反復で終了する.

(12) 図 5.31(a) の無向ネットワークにおいて, $s$ から $t$ への最大フローをアルゴリズム MAX_FLOW (5.2.1 項) によって求めよ. このとき, $s$ と $t$ を分離する最小カットも同時に求めよ.

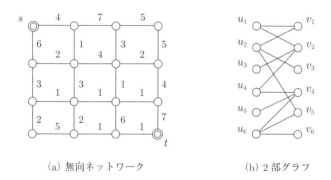

(a) 無向ネットワーク      (b) 2 部グラフ

**図 5.31** ネットワークの例

(13) 5.2.3 項の $k$ 点連結性に関するメンガーの定理の証明にならい, $k$ 辺連結性に関するメンガーの定理, すなわち, つぎの 2 条件の等価性を示せ.

(a) $G$ は $k$ 辺連結である.

(b) $G$ の任意の 2 点 $u, v$ に対し, $u$ と $v$ の間に辺を共有しない $k$ 本以上の路が存在する.

(14) 無向グラフ $G = (V, E)$ の 1 点 $u \in V$ を任意に定める. この $u$ に基づいて, 5.2.3 項の連結度 (式 (5.14)) を, つぎのように求めることができることを示せ. (この式はアルゴリズム MAX_FLOW を $n - 1$ 回適用すれば計算できる.)

$$\lambda(G) = \min\{k_{uv} \mid v \in V - \{u\}\}. \tag{5.27}$$

(15) 2 部グラフ $G = (V_1, V_2, E)$ のマッチング $M$ を考える. $M$ に関する交互追加路 $P$ (定義は 5.3.1 項) が存在するとき, $P$ の辺に沿って $\overline{M}$ と $M$ の役割を逆転して得られる辺集合もマッチングであり, 位数が 1 増加していることを示せ.

(16) 図 5.31(b) の 2 部グラフに対し ALT_PATH (5.3.1 項) を適用して, 最大マッチング $M$ を求めよ. さらに, 最大フロー問題に基づくケーニヒ・エガヴァリイの定理の証明 (5.3.2 項) を利用して, このグラフの最小点カバーを求めよ.

(17) 5.3.2 項の SDR 定理を証明せよ.

(18) 図 5.31(a) の無向ネットワーク (始点と終点の指定を無視する) の最小カットをアルゴリズム MIN_CUT (5.4 節) によって求めよ.

---

### ひ・と・や・す・み

#### ― 結婚問題あれこれ ―

　結婚は人生の最大の関心事であるためか, 最大マッチングや結婚定理はさまざまに一般化され, また変形が議論されている. そのいくつかを紹介しよう.

　最大マッチングでは, 伴侶を見つけることができたカップルの数だけを問題にしているが, やはり好きな相手と一緒になることが大切で, カップルの相性も考慮しなければならないだろう. $u \in V_1$ と $v \in V_2$ のカップルの相性を数値で $c(u, v)$ と表すとき, マッチング $M$ の評価を

$$\sum_{(u,v) \in M} c(u, v)$$

で行い, これを最大にするマッチングを求めるというのが, その場合の解である. この問題は, **割当問題** (assignment problem) とも呼ばれ, アルゴリズム ALT_PATH を拡張した効率よいアルゴリズムが知られている.

　しかし, 世の中はもっと複雑だと主張する人もあろう. a 子さんが α 夫君を好いて
いても, 逆が成り立つとは限らないので, 相性といった 1 元的な評価はできないとい
うわけである. この場合は, **安定結婚問題** (stable marriage problem) がその解を与
えてくれる. 簡単のため, $|V_1| = |V_2| = n$ とする. 各女性 $u_i \in V_1$ は, それぞれ独立
に, 全男性 $V_2 = \{v_1, v_2, \ldots, v_n\}$ に対し好ましい相手から順に

$$\mu_i = (v_{i_1}, v_{i_2}, \ldots, v_{i_n}), \quad i = 1, 2, \ldots, n$$

のように並べるとする. 各男性 $v_j \in V_2$ も全女性 $V_1$ に対して同じように順序 $\nu_j$ を
つける. さて, あるマッチング $M$ がとりあえず $n$ 組のカップル $M$ を作ったとしよ
う. しかしこのマッチングは, つぎのような男女の組 $(u_i, v_j) \notin M$ が存在するとう
まくいかない. すなわち, $u_i$ は $M$ において $v_{j'}$ とカップルを組んでいるが, 彼女の順
序 $\mu_i$ において $v_j$ は $v_{j'}$ より前にあり, また $v_j$ は $M$ において $u_{i'}$ とカップルを組
んでいるが, 彼の順序 $\nu_j$ において $u_i$ は $u_{i'}$ の前にあるというものである. もし, こ
のような状況があれば, $u_i$ と $v_j$ は, それぞれの現在の相手を捨てて, 新しく $(u_i, v_j)$
というカップルを組んで逃げてしまうであろう. その結果, 元のマッチング $M$ は破
綻してしまう. そこで, マッチング $M$ に対し, 上のような $(u_i, v_j) \notin M$ が存在しな
いとき, 安定であるという.

　女性と男性が, それぞれの好みの順序を自由に定めたとき, 安定マッチングが常に
存在するかどうかは, 数学的に興味深い問題である. 実はこの答えはイエスであり, 安
定マッチングを求めるアルゴリズムも知られている. 世の中はよくできているという
わけである. 安定マッチングは, 女性の好みを優先させるもの, あるいは男性の好み
を優先させるものなど, いろいろ存在し, それらの間の数学的構造も研究されている.

# 第6章

# 組合せ論の基礎

　離散数学で扱う対象の多くは，論理関数やグラフなど，有限集合に基づいて定義されている．これらの対象の個数を知るために必要となるのが，順列・組合せに始まる組合せ論である．個数を知ることは，それ自身興味深い話題であるだけでなく，AI をはじめ広い分野のアルゴリズムの評価などに必要である．また，有限集合上の確率とも密接につながっている．本章では，包除原理，母関数，差分方程式などの話題を含めて，組合せ論の基礎を紹介する．

## 6.1　順列と組合せ

　**文字の並べ方と順列**　　1 から $n$ までの自然数の集合 $\{1, 2, \ldots, n\}$ から重複を許して $k$ 個を選んで並べるとき，相異なる並べ方はいく通りあるだろうか．この答えは簡単で，1 番目から $k$ 番目まで，どの数字も $n$ 個から 1 つ選ばれるから，$n^k$ 通りである．

　では，上と同様な問いで，集合 $\{1, 2, \ldots, n\}$ から重複を許さないで $k$ 個を選んで並べるとき，相異なる並べ方はいく通りあるだろうか．たとえば，$n = 4$, $k = 3$ とすると，$123, 321, 231, 124, 234, \ldots$ などすべて異なる並べ方である．

　この個数を知るにはつぎのように考えればよい．まず，最初の数字には $n$ 個の中から 1 つ選ばれるから $n$ 通りの可能性がある．2 番目の数字には，最初に選ばれた数字を除いた $n-1$ 個のうちのどれかがくるから，$n-1$ 通りの可能性がある．このように考えていけば，求める個数は $k$ 番目までの積をとって

$$P(n, k) = n(n-1)(n-2) \cdots (n-k+1) \tag{6.1}$$

である. これを $n$ 個から $k$ 個を選ぶ順列 (permutation) の数という. 階乗 (factorial) の記法

$$n! = n(n-1)\cdots 2 \cdot 1$$

(ただし, $0! = 1$) を用いると

$$P(n,k) = n!/(n-k)! \tag{6.2}$$

とも書ける. $P(n,k)$ は $0 \le k \le n$ をみたす任意の 2 整数 $n,k$ に対して定義される.

---

**【例題 6.1】** $n$ 個の点 $\{1,2,\ldots,n\}$ をもつ完全グラフ $K_n$ におけるハミルトン閉路 (すべての点を 1 度ずつ通る巡回路, 第 5 章 5.1.3 項) の個数を数えてみよう. 各ハミルトン閉路は, 訪問する点をその順序にしたがって並べることによって記述できるが, 一般性を失うことなく最初の点を 1 とする. 2 番目の頂点には頂点 $2,3,\ldots,n-1$ の中から 1 つを選んで, $n-1$ 通りの可能性がある. 以下同様に考えて, ハミルトン閉路の個数は次式で与えられる.

$$P(n-1,n-1) = (n-1)!$$

---

**確率との関係** 本節ではこの後, いろいろな条件下で, ものの個数を数えるが, それらの比を**確率** (probability) として捉えることがよくある. たとえば, 集合 $\{1,2,\ldots,n\}$ から重複を許して $k$ 個を選んで並べたとき, その $k$ 個がすべて異なっている確率はいくらか, といった問いである. この場合, その確率は, 上で求めた $P(n,k)$ と $n^k$ の比, $P(n,k)/n^k$ になる. (もちろんこの場合, 各数字が同じ確率で確率的に独立に選ばれるという前提がある.) このように, 組合せ論に現れるいろいろなものの個数は, 自然な形で確率と結びついているので, 現実の応用では, 確率という観点から扱われることも多い.

---

**【例題 6.2】** $k$ 人のクラスにおいて, 誕生日が同じ 2 人組が一組以上存在する

確率を求めよう. うるう年でない 365 日を考える. $k$ 人の誕生日を順に列に並べると, それぞれ 1 年のどれかの日が誕生日なので, 可能な列の数は, $365^k$ である. これらの中で, $k$ 人の誕生日のすべてが異なっている列数を求めると, その比は上で述べたように, $P(365, k)/365^k$ である. これは $k$ 人全員の誕生日が異なっている確率を与える. したがって, 1 からこの確率を引いた

$$1 - P(365, k)/365^k$$

は, 誕生日が同じ 2 人組が一組以上存在する確率である. 実際に計算してみると, $k = 30$ の場合 0.7063, $k = 40$ ならば 0.8912 である. 案外高い確率だと感じる方も多いのではなかろうか.

**要素の選び方**　集合 $N = \{1, 2, \ldots, n\}$ からいくつかの要素 (その個数は特定しない) を重複なしに選ぶ場合, 異なる選び方の個数はいくつあるだろうか. ただし, 選ぶ際の順序は問わないので, たとえば 1, 2, 3 を選ぶのと 3, 2, 1 を選ぶことは同じである. すなわち, 集合 $N$ の部分集合を数えると言い換えても良い.

この数は, 各要素 $i \in N$ について, それを採用するかしないか, 2 通りの可能性の 1 つを選択するわけであるから, 全体では次式になる.

$$2^n.$$

**【例題 6.3】**　$n$ 変数論理関数 $f$ の個数を数えてみよう. 1 つの関数 $f$ はその真ベクトル集合を決めると定まる (偽ベクトル集合は真ベクトル集合の補集合である). まず, $n$ 次元 0-1 ベクトルの個数を数えると, 各要素は 0 か 1 のどちらかであるから, 全体で $2^n$ である. 真ベクトル集合は, これら $2^n$ 個のベクトルの部分集合であるから, その数は

$$2^{2^n}$$

である. すなわち, これが $n$ 変数論理関数の個数に等しい.

**写像の個数**　$n$ 要素の集合 $N = \{1, 2, \ldots, n\}$ から $m$ 要素をもつ集合 $M = \{1, 2, \ldots, m\}$ への写像 (1.2節) を考える. これは, $N$ の各要素に $M$ のどの要素を割当てるかを考えるものである. 各要素 $i \in N$ に対し $m$ 通りの $j \in M$ を割当てることができるので, 全要素 $i \in N$ を考えた写像の総数は次式となる.

$$m^n. \tag{6.3}$$

**組合せ数**　部分集合の数の議論において, 今度は選ばれる要素の数を $k$ に限定しよう. すなわち, 集合 $N = \{1, 2, \ldots, n\}$ の部分集合の中で位数が $k$ であるものの個数である. もちろん, $k$ は $0 \leq k \leq n$ をみたす. たとえば, $n = 3$, $k = 2$ の場合, そのような部分集合は $\{1, 2\}$, $\{2, 3\}$, $\{1, 3\}$ の3個ある. この選び方を組合せ (combination) といい, その個数を $\binom{n}{k}$, ${}_nC_k$, $C(n, k)$ などのように記し, **2項係数** (binomial coefficient) と呼ぶ. 本書では, 一番目の記法を用いる.

2項係数を求めるために, まず $k$ 要素の順列を考える. 順列では, 選ばれた部分集合だけでなく, その中の数字の並べ方も考慮しているが, 組合せでは, 並べ方 (順序) は区別しない. したがって, $P(n, k)$ を選ばれた $k$ 要素の順列の数 $P(k, k) = k!$ で割ったものが2項係数である.

$$\binom{n}{k} = \frac{P(n, k)}{k!} = \frac{n!}{(n-k)!\, k!}, \quad 0 \leq k \leq n \text{ のとき.} \tag{6.4}$$

なお $k = 0, n$ の場合, $0! = 1$ より $\binom{n}{0} = \binom{n}{n} = 1$ である. また, 議論によっては, $k < 0$, $k > n$ の場合も必要になるが, これらは以下のように定める.

$$\binom{n}{k} = 0, \quad k < 0 \text{ あるいは } k > n \text{ のとき.} \tag{6.5}$$

---

【例題 6.4】　$N = \{1, 2, \ldots, 100\}$ から相異なる2個の整数を選んだとき, それらの和が3で割り切れる組の数を求める. まず, $N$ の整数を3で割ったときの余りにしたがって分けると

余り 0 :　$N_0 = \{3, 6, 9, \ldots, 99\}$,
余り 1 :　$N_1 = \{1, 4, 7, \ldots, 100\}$,
余り 2 :　$N_2 = \{2, 5, 8, \ldots, 98\}$

であって, $|N_0| = 33$, $|N_1| = 34$, $|N_2| = 33$ である. 異なる 2 個の整数の和が 3 で割り切れるのは, つぎの 2 つの場合である.

1. 2 個とも $N_0$ から選ばれる.
2. 1 個は $N_1$ から, 他の 1 個は $N_2$ から選ばれる.

したがって, 両者を合わせた 2 数の組の数は

$$\binom{33}{2} + \binom{34}{1}\binom{33}{1} = 1650$$

である. この結果を確率で解釈すると, 異なる 2 数の組合せ数 $\binom{100}{2} = 4950$ の中で, 和が 3 で割り切れる確率はちょうど $1650/4950 = 1/3$ である. (なお, 練習問題 (1) 参照.)

2 項係数の間には種々の関係式が成立する. たとえば, $n$ 要素の $k$ 個を選ぶことは, 残りの $(n-k)$ 個を除外するという意味で選んでいるとも考えられるから

$$\binom{n}{k} = \binom{n}{n-k} \tag{6.6}$$

が成立する. これは, どちらの値も $n!/(n-k)!\,k!$ であることからも容易に確かめることができる. また, 集合 $N$ の最初の $n-1$ 要素を $N' = \{1, 2, \ldots, n-1\}$ とすると, $N$ から $k$ 要素を選ぶことは, $N'$ から $k$ 要素を選んで, 要素 $n$ を選ばないか, あるいは $N'$ から $k-1$ 要素を選んで, さらに要素 $n$ を選ぶかのどちらかであるから

$$\binom{n}{k} = \binom{n-1}{k} + \binom{n-1}{k-1} \tag{6.7}$$

が成立する. その他の関係式については, いくつか練習問題とする.

**パスカルの 3 角形**　　式 (6.7) を用いると, $\binom{1}{0} = \binom{1}{1} = 1$ から始めて, $\binom{n-1}{\cdot}$ の値から $\binom{n}{\cdot}$ の値を求めることができる. 表 6.1 にはこのようにして得られた $\binom{n}{k}$ の値が記されている. この導出の様子は図 6.1 のような 3 角形によって明示的に示されるが, これを**パスカル** (B. Pascal) の **3 角形**と呼んでいる.

**表 6.1** 2項係数 $\binom{n}{k}$

| | $k=0$ | 1 | 2 | 3 | 4 | 5 | 6 | 7 | 8 | 9 |
|---|---|---|---|---|---|---|---|---|---|---|
| $n=1$ | 1 | 1 | | | | | | | | |
| 2 | 1 | 2 | 1 | | | | | | | |
| 3 | 1 | 3 | 3 | 1 | | | | | | |
| 4 | 1 | 4 | 6 | 4 | 1 | | | | | |
| 5 | 1 | 5 | 10 | 10 | 5 | 1 | | | | |
| 6 | 1 | 6 | 15 | 20 | 15 | 6 | 1 | | | |
| 7 | 1 | 7 | 21 | 35 | 35 | 21 | 7 | 1 | | |
| 8 | 1 | 8 | 28 | 56 | 70 | 56 | 28 | 8 | 1 | |
| 9 | 1 | 9 | 36 | 84 | 126 | 126 | 84 | 36 | 9 | 1 |

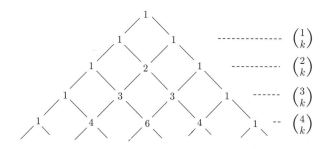

**図 6.1** パスカルの3角形

**要素の重複を許す集合**　　これまでの議論では，集合 $N$ の要素はすべて相異なるとしていたが，$N$ を一般化して，要素 1 を $n_1$ 個，要素 2 を $n_2$ 個，...,要素 $t$ を $n_t$ 個もつ多重集合としよう．つまり

$$N = \{\overbrace{1,1,\ldots,1}^{n_1}, \overbrace{2,2,\ldots,2}^{n_2}, \ldots, \overbrace{t,t,\ldots,t}^{n_t}\}$$

であって，さらに $n_1 + n_2 + \cdots + n_t = n$ とする．

最初に，この集合 $N$ の異なる部分集合の数を考える．これは要素 1 を何個選ぶか (0 個，1 個，...,$n_1$ 個)，要素 2 を何個選ぶか (0 個，1 個，...,$n_2$ 個)，...,要素 $t$ を何個選ぶか (0 個，1 個，...,$n_t$ 個) によって決まるので，全体として

$$(1+n_1)(1+n_2)\cdots(1+n_t) \tag{6.8}$$

である．

つぎに，集合 $N$ の $n$ 要素の相異なる並べ方の個数を求めよう．もちろん，$n_i$ 個存在する要素 $i$ 同士は区別できない．したがって，$n$ 要素の順列の数 $n!$ を $n_i$ 個の同じ要素 $i$ の順列の個数 $n_i!$ で割る必要があって

$$\binom{n}{n_1, n_2, \ldots, n_t} = \frac{n!}{n_1! \, n_2! \cdots n_t!} \tag{6.9}$$

を得る．これを**多項係数** (multinomial coefficient) と呼ぶ．

---

【例題 6.5】　英単語 MONOTONICITY の 12 文字を並べかえて作れる単語の総数を求める．12 文字の順列の数は $12!$ あるが，同じ文字が複数回出てくるので，それらの単語のあるものは他と同一になる．各文字の出現回数は

O: 3 回，　　I, N, T: 2 回，　　C, M, Y: 1 回，

である．すなわち，相異なる単語の数は式 (6.9) を適用して

$12!/3! \, 2! \, 2! \, 2! = 12!/48 = 9979200$

である．

---

【例題 6.6】　集合 $N = \{1, 2, \ldots, n\}$ から $M = \{1, 2, \ldots, m\}$ への写像 $f$ において，$f(i) = j$ をみたす $i \in N$ の個数はちょうど $n_j$ という制約が各 $j \in M$ に与えられているとする．ただし，$n_1 + n_2 + \ldots + n_m = n$ である．このような写像は図 6.2 の 2 部グラフで表すことができる．左側の点は集合 $N$ の要素に，右側の点は集合 $M$ の要素に対応し，$N$ 側の点 $i$ の次数はすべて 1，$M$ 側の点 $j$ の次数は $n_j$ である．

つぎに，集合 $M$ の要素 $j$ をそれぞれ $n_j$ 個に複製した多重集合を

$$M' = \{\overbrace{1, 1, \ldots, 1}^{n_1}, \overbrace{2, 2, \ldots, 2}^{n_2}, \ldots, \overbrace{m, m, \ldots, m}^{n_m}\}$$

とする．すると，$M'$ の $n$ 要素の並べ方それぞれを，左から $f(1), f(2), \ldots, f(n)$

の値が並んでいると解釈できる. したがって上記の制約つき写像 (2 部グラフ) の個数は $M'$ の要素の並べ方の個数に等しく, 次式になる.

$$\binom{n}{n_1, n_2, \ldots, n_m}.$$

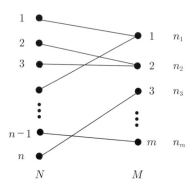

$N$                         $M$

**図 6.2** $N$ から $M$ への写像

**重複を許す順列と組合せ**　　再び集合 $N = \{1, 2, \ldots, n\}$ を扱う. $N$ から $k$ 個の要素を選んで並べる順列を考えるが, このとき同じ要素を何度も重複して選ぶことを許す**重複順列** (permutation with repetition) を数えよう. すなわち, 最初の要素には $N$ の任意の要素がくるので $n$ 通りの可能性がある. 2 番の要素にも $N$ の任意の要素が考えられるので, やはり $n$ 通りの可能性がある. 以下, 同様に考えて, 集合 $N$ から $k$ 要素によって作られた重複順列の数は

$$n^k \tag{6.10}$$

である.

つぎに, 集合 $N$ から $k$ 要素を重複を許して選ぶ**重複組合せ** (combination with repetition) の数を求める. そのために, 要素 $i \in N$ に対応した箱 $B_i$ を準備し, 要素 $i$ を選ぶことを, 箱 $B_i$ にボールを入れることに対応させる. すなわち, $k$ 個の要素を選ぶことは, これらの箱 $B_1, B_2, \ldots, B_n$ に $k$ 個のボールを入れることに相当する. 同じ箱に入った複数のボールは区別せず, 個数だけが意味をもつ.

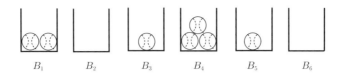

(a) 箱に入ったボール

(b) 仕切りによる表現

**図 6.3** 重複組合せを表すボールと箱

図 6.3(a) は $n = 6$, $k = 7$ の例である. この様子は, 隣り合う箱の間にしきり | を入れ, 同図 (b) のように表すこともできる. しきりは $n-1$ 本あり, 箱が空ならば, しきりは並べて書かれる. 同図 (a), (b) は, $N = \{1, 2, \ldots, 6\}$ とするとき, 1 を 2 個, 3 を 1 個, 4 を 3 個, 5 を 1 個, 合計 7 個を選んだ場合を示している. ボールとしきりの数の合計は $n + k - 1$ あるが, このような表現は, この $n + k - 1$ 個を異なる要素と考え, その中の $k$ 個をボールとして選ぶ (あるいは $n-1$ 個をしきりとして選ぶ) ことで決定される. 選び方の個数がつぎの重複組合せの数である.

$$\binom{n+k-1}{k} = \binom{n+k-1}{n-1}. \tag{6.11}$$

**【例題 6.7】** 000, 001, 002, ..., 999 という 3 桁の整数 1000 個に対し, 数字の順序を入れ換えることによって得られるものは同値であると見なす. すなわち, 083, 038, ..., 380 などはすべて同値である. このとき, 同値でない整数は何個あるだろうか. これは, 10 要素をもつ集合 $\{0, 1, \ldots, 9\}$ から重複を許して 3 個を選ぶときの組合せの数に等しい. 上の議論において, $n = 10, k = 3$ と置き, 式 (6.11) から次式を得る.

$$\binom{12}{3} = \frac{12!}{9!\,3!} = 220.$$

## 6.2 2項定理と多項定理

組合せの数 $\binom{n}{k}$ が2項係数と呼ばれるのはつぎの性質による.

[**2項定理**] 変数 $x$ と $y$ に関して次式が成立する. ただし, $n$ は正の整数である.

$$(x + y)^n = \sum_{k=0}^{n} \binom{n}{k} x^k y^{n-k}. \tag{6.12}$$

[証明] 展開式の $x^k y^{n-k}$ の係数は, $n$ 項の積 $(x+y)(x+y)\cdots(x+y)$ において, それぞれから $x$ あるいは $y$ を選んで並べるとき, $x$ が $k$ 個と $y$ が $n-k$ 個現れる重複順列の個数に等しい. これは, $n$ 個の中でちょうど $k$ 個が $x$ として選ばれる組合せの数であるから $\binom{n}{k}$ である. □

式 (6.12) において, $x = y = 1$ と置くと, つぎの恒等式が得られる.

$$\sum_{k=0}^{n} \binom{n}{k} = 2^n. \tag{6.13}$$

また, 式 (6.12) を $x$ に関し微分すると

$$n(x + y)^{n-1} = \sum_{k=0}^{n} k \binom{n}{k} x^{k-1} y^{n-k}$$

であるが, ここで $x = y = 1$ と置くと

$$\sum_{k=1}^{n} k \binom{n}{k} = n2^{n-1} \tag{6.14}$$

である. このように, 2項定理をもとに, 2項係数に関するさまざまな関係式を導くことができる.

【**例題 6.8**】 アルファベット 26 文字から重複を許して $n$ 個を並べた文字列のうち, $a$ を偶数個含むもの (0 個も偶数と数える) と奇数個含むものの個数

はそれぞれいくつあるだろうか. 前者を $T_{\text{even}}$, 後者を $T_{\text{odd}}$ と記すと, アルファベットを $n$ 個並べた文字列の総数は $26^n$ であるから

$$T_{\text{even}} + T_{\text{odd}} = 26^n \tag{6.15}$$

の関係がある. $a$ をちょうど $k$ 個含む文字列の数は, $n$ 文字の中の $k$ 個を $a$ の位置として選ぶ組合せの数が $\binom{n}{k}$ であり, 他の位置には, 残りの 25 文字のどれが入ってもよいから

$$\binom{n}{k} 25^{n-k}$$

である. これらを $k$ が偶数である場合と奇数である場合に分けると

$$T_{\text{even}} = \sum_{0 \le k \le n,\ k:\text{偶数}} \binom{n}{k} 25^{n-k},$$

$$T_{\text{odd}} = \sum_{0 \le k \le n,\ k:\text{奇数}} \binom{n}{k} 25^{n-k}$$

を得る. さらに 2 項定理において, $x = -1, y = 25$ と置くと

$$(-1 + 25)^n = 24^n = \sum_{k=0}^{n} \binom{n}{k} (-1)^k 25^{n-k} = T_{\text{even}} - T_{\text{odd}} \tag{6.16}$$

が得られる. 式 (6.16) と式 (6.15) から

$$T_{\text{even}} = (26^n + 24^n)/2, \quad T_{\text{odd}} = (26^n - 24^n)/2 \tag{6.17}$$

が導かれ, $T_{\text{even}}$ が $T_{\text{odd}}$ よりかなり多いことがわかる.

---

[多項定理] 変数 $x_1, x_2, \ldots, x_t$ と正整数 $n$ に関して次式が成立する.

$$(x_1 + x_2 + \cdots + x_t)^n = \sum_{n_1 + \cdots + n_t = n} \binom{n}{n_1, n_2, \ldots, n_t} x_1^{n_1} x_2^{n_2} \cdots x_t^{n_t}. \tag{6.18}$$

ただし, $\binom{n}{n_1, n_2, \ldots, n_t}$ は式 (6.9) の多項係数, また右辺の和は $n_1 + \cdots + n_t = n$ をみたす非負整数の組 $(n_1, n_2, \ldots, n_t)$ すべてに対してとられる.

[証明]　2 項定理の場合と同様に考えて, $x_1^{n_1} x_2^{n_2} \ldots x_t^{n_t}$ の係数は, 左辺の展開において, $x_j$ が $n_j$ 個 $(j = 1, 2, \ldots, t)$ 含まれるような重複順列の個数である. これはすでに述べたように式 (6.9) の多項係数に他ならない.　　　　　□

**スターリングの公式**　　　階乗 $n!$ の近似式として

$$n! \simeq \sqrt{2\pi n}(n/e)^n \tag{6.19}$$

が知られている. $\pi = 3.141\cdots$ は円周率, $e = 2.718\cdots$ はネイピア数 (あるいは自然対数の底) である. また, $\simeq$ は両辺が近似的に等しいこと (より正確には, 両辺の比が $n \to \infty$ と共に 1 に近づくこと) を意味する. 式 (6.19) はスターリング (J. Stirling) の公式と呼ばれている. 両辺の対数をとると, もう少し粗い近似である次式を得る.

$$\log_e n! \simeq n \log_e n - n. \tag{6.20}$$

スターリングの公式を用いると, 順列や組合せに関する量が $n$ の関数としてどのように増加するかを評価できる. 例として, $\binom{n}{\lfloor n/2 \rfloor}$ の評価をしてみよう. $\lfloor \cdot \rfloor$ は中身の整数部分を示す記号である. 簡単のため, $n = 2m$ と置くと

$$\binom{2m}{m} = \frac{(2m)!}{m!\, m!} \simeq \frac{\sqrt{4\pi m}(2m)^{2m}}{e^{2m}} \left( \frac{e^m}{\sqrt{2\pi m}\, m^m} \right)^2 = \frac{2^{2m}}{\sqrt{\pi m}}$$

となり

$$\binom{n}{\lfloor n/2 \rfloor} \simeq \sqrt{\frac{2}{\pi n}}\, 2^n \tag{6.21}$$

を得る. 式 (6.13) にあるように, すべての $k$ について $\binom{n}{k}$ の和をとると $2^n$ になるが, 式 (6.21) は, そのうち中央に位置する $\binom{n}{\lfloor n/2 \rfloor}$ が ($n$ が大きくなると) かなりの部分を占めることを示している (練習問題 (4)).

# 6.3　包除原理とその応用

有限集合 $V$ とその部分集合 $A_1, A_2, \ldots, A_n$ を考える. また, $N = \{1, 2, \ldots, n\}$ とし, $N$ の部分集合 $I \subseteq N$ に対し

$$A_I = \bigcap_{i \in I} A_i \tag{6.22}$$

の記法を用いる。ただし，$I = \emptyset$ ならば $A_I = V$ である。一般に集合 $B$ の位数 ($=$ 要素の個数) を $|B|$ と書くとき，位数に関するつぎの関係式を包除原理 (principle of inclusion and exclusion) といい，複雑な条件をみたす集合の位数を求めるために用いられる。

$$\left| V - \bigcup_{i \in N} A_i \right| = \sum_{I \subseteq N} (-1)^{|I|} |A_I|. \tag{6.23}$$

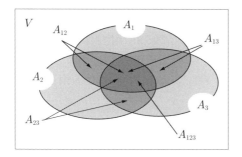

**図 6.4** $V$ と $A_1, A_2, A_3$ のベン図

この式の意味をまず簡単な場合について説明しよう。$V$ の部分集合として $A_1, A_2, A_3$ が与えられたとき，それらの関係は一般的に図 6.4 のベン図のように示される。ただし，式 (6.22) の $A_I$ について $A_{12} = A_{\{1,2\}}$ のように簡単化した記法を用いている。この場合，$N = \{1, 2, 3\}$ であるから，式 (6.23) は

$$\left| V - \bigcup_{i=1}^{3} A_i \right| = |V| - (|A_1| + |A_2| + |A_3|) + (|A_{12}| + |A_{23}| \\ + |A_{13}|) - |A_{123}| \tag{6.24}$$

となる。左辺は $V$ の要素の中で $A_1, A_2, A_3$ のどれにも属さない要素の個数であって，図 6.4 のベン図の白い領域の面積がそれに対応する。右辺の意味は，その個数を求めるために $|V|$ からまず ($|A_1| + |A_2| + |A_3|$) を引くが，$A_1, A_2, A_3$ は互いに重なっているので，その補正をしなければならない。すなわち，ベン図のやや濃いアミで示されている領域の面積 ($|A_{12}| + |A_{23}| + |A_{13}|$) は 2 重に引かれており，補正のためにそれを加える。その結果，ベン図の最も濃い領域の面積 $|A_{123}|$ は過

剰に補正されてしまっているため, 最後に $|A_{123}|$ を引かなければならない. 以上が式 (6.24) の意味である.

---

**【例題 6.9】**　　50 名からなるクラスの学生に対し, 英語, 中国語, 仏語の講義を登録している者の調査を行ったところつぎの結果を得た.

英の登録者数: 40,　中: 20,　仏: 15,

英と中両方の登録者数: 15,　中と仏: 8,　英と仏: 9,

英, 中, 仏を全部登録している人数: 5.

ただし, 英の登録者数とは, 他の外国語の登録を問わずにともかく英語を登録している者の数を示す. 他も同様である. さて, 英, 中, 仏のどれも登録していない学生は何人いるだろうか. これは式 (6.24) を用いて

$$50 - (40 + 20 + 15) + (15 + 8 + 9) - 5 = 2$$

と計算され, 2 名であることがわかる.

---

[包除原理の証明]　　式 (6.24) は包除原理の特別な場合にすぎないので, 一般式 (6.23) を $|N|$ に関する帰納法を用いて証明する.

$|N| = 1$ の場合, 式 (6.23) は

$$|V - A_1| = |V| - |A_1|$$

となるが, これは明らかに正しい. $|N| = n - 1$ のとき式 (6.23) が成立することを仮定して, $|N| = n$ の場合にも成立することを示す. $|N| = n - 1$ の場合の $N$ を $N' = \{1, 2, \ldots, n - 1\}$ と記し, $|N| = n$ の場合はそのままの $N$ を用いる. すると, 集合の領域の議論から

$$\begin{aligned} V - \cup_{i \in N} A_i &= (V - \cup_{i \in N'} A_i) - (V - \cup_{i \in N'} A_i) \cap A_n \\ &= (V - \cup_{i \in N'} A_i) - (V \cap A_n - \cup_{i \in N'} A_i \cap A_n) \end{aligned}$$

が成立するので (ベン図を描くと容易にわかる), 両辺の位数は

$$|V - \cup_{i \in N} A_i| = |V - \cup_{i \in N'} A_i| - |V \cap A_n - \cup_{i \in N'} A_i \cap A_n|$$

$$= \sum_{I \subseteq N'} (-1)^{|I|}|A_I| - \sum_{I \subseteq N'} (-1)^{|I|}|A_I \cap A_n| \quad \text{(帰納法の仮定)}$$

$$= \sum_{I \subseteq N'} (-1)^{|I|}|A_I| + \sum_{I \subseteq N'} (-1)^{|I|+1}|A_{I \cup \{n\}}|$$

$$= \sum_{I \subseteq N} (-1)^{|I|}|A_I|$$

となる. 3番目の式の右辺は, 前半では $I \subseteq N$ の中で $n \notin I$ であるもの (つまり $I \subseteq N'$) を考慮し, 後半では $I \subseteq N'$ に対し $I \cup \{n\}$ (つまり, $n$ を含む $N$ の部分集合) を考慮している. 前後を合わせると, 4番目の右辺の結果を得る. 最後の式は式 (6.23) に等しく, 証明は完了する. □

**集合の分割数**　組合せ論では, 順列や組合せの数の他にも, 種々の数が定義され, それらの間の関係が研究されている. ここでは, その一例として, 第2種のスターリング数 (Stirling number) について説明する.

式 (6.3) や例題 6.6 で扱った $N = \{1, 2, \ldots, n\}$ から $M = \{1, 2, \ldots, m\}$ への写像のうち, 今回は全射 ($M$ の上への写像) の個数を求める. 式 (6.3) で述べたように, $N$ から $M$ への写像の全数は $m^n$ であるが, その中には全射でないもの ($M$ の真部分集合への写像) が含まれている. $I$ を $M$ の部分集合とし, $N$ から $M - I$ へ写像を考えると, $|I| = k$ の場合, その個数は ($M - I$ への全射でないものも含めて) $(m - k)^n$ である. ここで

$V$: $N$ から $M$ への写像全部の集合,
$A_I$: $N$ から $M - I$ への写像全部の集合 ($I = \emptyset$ ならば $A_I = V$)

と置く. また, 式 (6.22) の記法 $A_I = \cap_{i \in I} A_i$ を用いる. 求めるべき $N$ から $M$ への全射の個数は定義より $|V - \cup_{i \in M} A_i|$ であるので, 包除原理の式 (6.23) を用いて

$$|V - \bigcup_{i \in M} A_i| = \sum_{I \subseteq M} (-1)^{|I|}|A_I| = \sum_{k=0}^{m} (-1)^k \binom{m}{k}(m - k)^n \quad (6.25)$$

となる. ただし, $|I| = k$ をみたす部分集合 $I \subseteq M$ の個数が $\binom{m}{k}$ に等しいことを用いている.

ところで, $N$ から $M$ への全射の数は, $n$ 個の (区別できる) ボールを $m$ 個の (区別できる) 箱へ入れるとき, どの箱にも少なくとも1つのボールが入るという条件の下で, 何通りの入れ方があるかをたずねるものである.

つぎに, これら $m$ 個の箱が区別できない場合を考えよう. すなわち, 同じ箱に入ったボールを $N$ の部分集合とすると, 集合 $N$ をどれも空でない $m$ 個の部分集合 $N_1, N_2, \ldots, N_m$ へ分割しているわけである. このような分割の数は, 式 (6.25) を $m$ 個の箱の順列 $m!$ で割った ($m$ 個の箱を区別しないので)

$$S(n,m) = \frac{1}{m!} \sum_{k=0}^{m} (-1)^k \binom{m}{k} (m-k)^n, \quad 1 \le m \le n \tag{6.26}$$

になる. これを**第2種のスターリング数**と呼ぶ. なお, 範囲外の $m$ ($m = 0$ あるいは $m > n$) に対しては $S(n,m) = 0$ と定義する (練習問題 (3) 参照).

---

**【例題 6.10】** $n = 4$, $m = 3$ の場合の $S(4,3)$ を求めてみよう. 式 (6.26) より

$$S(4,3) = \frac{1}{3!} \left\{ \binom{3}{0} 3^4 - \binom{3}{1} 2^4 + \binom{3}{2} 1^4 \right\} = \frac{1}{6}(81 - 48 + 3) = 6$$

である. 同様に

$$S(4,1) = 1, \quad S(4,2) = 7, \quad S(4,3) = 6, \quad S(4,4) = 1$$

を得る. 確かに, 表 6.2 に示すように $N = \{1,2,3,4\}$ の分割は $m = 1,2,3,4$ に対し, これらの数だけ存在する.

**表 6.2** $N = \{1,2,3,4\}$ の分割

| | |
|---|---|
| $m = 1$ | $\{1,2,3,4\}$ |
| $m = 2$ | $\{1\}\{2,3,4\}, \{2\}\{1,3,4\}, \{3\}\{1,2,4\}, \{4\}\{1,2,3\},$ |
| | $\{1,2\}\{3,4\}, \{1,3\}\{2,4\}, \{1,4\}\{2,3\}$ |
| $m = 3$ | $\{1\}\{2\}\{3,4\}, \{1\}\{3\}\{2,4\}, \{1\}\{4\}\{2,3\},$ |
| | $\{2\}\{3\}\{1,4\}, \{2\}\{4\}\{1,3\}, \{3\}\{4\}\{1,2\}$ |
| $m = 4$ | $\{1\}\{2\}\{3\}\{4\}$ |

---

第2種のスターリング数 $S(n,m)$ を具体的に求めるには, 式 (6.26) の定義に戻る必要はない. 定義から明らかな

$$S(2,1) = S(2,2) = 1$$

から出発して漸化式

$$S(n+1,m) = S(n,m-1) + mS(n,m) \tag{6.27}$$

を適用して, 順次計算していくことができる. 表 6.3 に $n = 9$ までの $S(n,m)$ を
与える.

**表 6.3** 第 2 種のスターリング数 $S(n,m)$ とベル数 $B(n)$

| | $S(n,m)$ | | | | | | | | | $B(n)$ |
|---|---|---|---|---|---|---|---|---|---|---|
| | $m=1$ | 2 | 3 | 4 | 5 | 6 | 7 | 8 | 9 | |
| $n=1$ | 1 | | | | | | | | | 1 |
| 2 | 1 | 1 | | | | | | | | 2 |
| 3 | 1 | 3 | 1 | | | | | | | 5 |
| 4 | 1 | 7 | 6 | 1 | | | | | | 15 |
| 5 | 1 | 15 | 25 | 10 | 1 | | | | | 52 |
| 6 | 1 | 31 | 90 | 65 | 15 | 1 | | | | 203 |
| 7 | 1 | 63 | 301 | 350 | 140 | 21 | 1 | | | 877 |
| 8 | 1 | 127 | 966 | 1701 | 1050 | 266 | 28 | 1 | | 4140 |
| 9 | 1 | 255 | 3025 | 7770 | 6951 | 2646 | 462 | 36 | 1 | 21147 |

[**式 (6.27) の証明**]　$N' = \{1, 2, \ldots, n, n+1\}$ の分割では, 要素 $n+1$ のみの部分集
合 $\{n+1\}$ をもつ場合ともたない場合がある. 前者の場合, $N = \{1, 2, \ldots, n\}$ を $m-1$
個の部分集合に分割して (そのような分割の仕方は $S(n, m-1)$ 通り), それに $\{n+1\}$
を加えると, $N'$ の $m$ 個の部分集合への分割が得られる. 後者の場合, $N$ を $m$ 個に分
割しておいて (そのような分割の仕方は $S(n,m)$ 通り), 要素 $n+1$ を部分集合の 1 つ
に入れると, $N'$ の $m$ 個への分割が得られる. この場合, $m$ 個の部分集合のどれに要素
$n+1$ を入れてもよいので, 全部で $mS(n,m)$ 通りとなる. 前者と後者を合わせたもの
が式 (6.27) である. 　　　　　　　　　　　　　　　　　　　　　　　　□

なお, 集合 $N = \{1, 2, \ldots, n\}$ の分割の仕方の総数

$$B(n) = \sum_{m=1}^{n} S(n,m) = \sum_{m=0}^{\infty} S(n,m) \tag{6.28}$$

はベル (E. T. Bell) 数と呼ばれる. 表 6.3 にはベル数も記入されている.

## 6.4 母関数

2項係数やスターリング数などを統一的に扱うために**母関数** (generating function) が用いられる. すなわち, 数列 $a_0, a_1, a_2, \ldots$ を形式的にべき級数

$$f(x) = a_0 + a_1 x^1 + a_2 x^2 + \cdots + a_k x^k + \cdots \tag{6.29}$$

で表し, 母関数と呼ぶ. $x^k$ のかわりに $x^k/k!$ を用いた**指数型母関数** (exponential generating function) もしばしば用いられる.

$$g(x) = a_0 + a_1 \frac{x^1}{1!} + a_2 \frac{x^2}{2!} + \cdots + a_k \frac{x^k}{k!} + \cdots \tag{6.30}$$

### 6.4.1 母関数の解釈

2項定理の式 (6.12) において $y = 1$ と置くと

$$(1+x)^n = \sum_{k=0}^{n} \binom{n}{k} x^k \tag{6.31}$$

を得る. すなわち, 母関数の式 (6.29) において

$$a_k = \begin{cases} \binom{n}{k}, & k = 0, 1, \ldots, n, \\ 0, & k > n \end{cases} \tag{6.32}$$

と置いたものである. これは, 2項定理のところで述べたように, $n$ 項の積

$$(1+x)(1+x) \cdots (1+x)$$

の展開において, $x^k$ の係数が $n$ 個のものの中から重複を許さず $k$ 個を取り出す選び方の個数 (すなわち $\binom{n}{k}$) に等しいことを示している.

つぎに

$$\frac{1}{1-x} = 1 + x + \cdots + x^k + \cdots \tag{6.33}$$

の関係に注意しよう. 両辺に $(1-x)$ を乗じると, この式の形式的な正しさがわかる[*1]. これを用いると

---

[*1] $x$ を実数あるいは複素数と見なすと, 収束範囲を吟味しなければならないが, 以下では各項 $x^k$ の係数にのみ興味があるので, $x$ をシンボルとして扱う.

$$(1-x)^{-n} = (1+x+\cdots)(1+x+\cdots)\cdots(1+x+\cdots) \quad (n\,\text{項の積})$$
$$= \sum_{k=0}^{\infty} \binom{n+k-1}{k} x^k \tag{6.34}$$

が得られる. その理由はつぎのように説明できる. 右辺上式の $i$ 番目の項 $(1+x+x^2+\cdots)$ から $x^j$ を選ぶことを $i$ 番目の箱から $j$ 個取り出すと解釈すると, 母関数の式 (6.34) の $x^k$ の係数は, $n$ 個の箱 (それぞれ無限個のボールが入っている) から重複を許して合計 $k$ 個取り出す方法の個数になる. これはすでに式 (6.11) で述べたように $\binom{n+k-1}{k}$ である.

このような考え方を一般化すると, 選び方の個数について, よりきめ細かな議論を行うことができる. たとえば, 項 $(1+x+x^2+\cdots)$ のかわりに $(x+x^2+x^3+\cdots)$ を考えると, これは各項に対応するものを 1 個以上選ぶことを表す. したがって

$$(x+x^2+\cdots)^n = x^n(1+x+x^2+\cdots)^n = x^n(1-x)^{-n}$$
$$= x^n \sum_{k=0}^{\infty} \binom{n+k-1}{k} x^k \tag{6.35}$$
$$= \sum_{r=n}^{\infty} \binom{r-1}{r-n} x^r \quad (n+k=r\,\text{と置いた})$$
$$= \sum_{r=n}^{\infty} \binom{r-1}{n-1} x^r \quad (\text{式 (6.6) を用いた})$$

を得る. すなわち, $n$ 個の箱の中から, それぞれを 1 個以上取り出して合計が $r$ 個となるような取り出し方の個数は $\binom{r-1}{n-1}$ である.

$i$ 番目の箱から取り出す個数の下限と上限が定まっている場合にも同じ考えを適用することができ, $p$ 個以上 $q$ 個以下ならば, それに対応する項として

$$(x^p + x^{p+1} + \cdots + x^q) \tag{6.36}$$

を用いるとよい. 母関数の各項の係数は, 定義式を実際に展開すれば求めることができる. 以下, 具体的な例で考えてみよう.

---

**【例題 6.11】** いま 1 円, 5 円, 10 円硬貨がそれぞれ 3 枚, 2 枚, 1 枚ずつある.

これらの取り出し方の個数は

$$(1 + x + x^2 + x^3)(1 + x + x^2)(1 + x)$$
$$= 1 + 3x + 5x^2 + 6x^3 + 5x^4 + 3x^5 + x^6$$

から知ることができる. たとえば, 2 枚の取り出し方の個数は 5, 3 枚の取り出し方の個数は 6, などである. 取り出し方の内容を詳しく見るには, 1 円, 5 円, 10 円を区別するために $a, b, c$ を導入して, 以下のように考えればよい.

$$(1 + ax + a^2x^2 + a^3x^3)(1 + bx + b^2x^2)(1 + cx)$$
$$= 1 + (a + b + c)x + (a^2 + ab + ac + b^2 + bc)x^2$$
$$+ (a^3 + a^2b + a^2c + ab^2 + abc + b^2c)x^3$$
$$+ (a^3b + a^3c + a^2b^2 + a^2bc + ab^2c)x^4$$
$$+ (a^3b^2 + a^3bc + a^2b^2c)x^5 + a^3b^2cx^6.$$

たとえば, 3 枚の取り出し方の個数 6 の内訳は, $x^3$ の係数に示されており, $a^3$ (1 円硬貨を 3 枚), $a^2b$ (1 円硬貨 2 枚と 5 円硬貨 1 枚), ..., $b^2c$ (5 円硬貨 2 枚と 10 円硬貨 1 枚) である.

---

**【例題 6.12】** 例題 6.11 において, 硬貨の枚数ではなく合計金額にしたがって分類してみよう. そのためには, たとえば 5 円硬貨 2 枚までの選び方に対し, $(1 + x^5 + x^{10})$ のように, 得られる金額を $x$ の指数とすればよい. その結果

$$(1 + x + x^2 + x^3)(1 + x^5 + x^{10})(1 + x^{10})$$
$$= 1 + x + x^2 + x^3 + x^5 + x^6 + x^7 + x^8 + 2x^{10} + 2x^{11} + 2x^{12}$$
$$+ 2x^{13} + x^{15} + x^{16} + x^{17} + x^{18} + x^{20} + x^{21} + x^{22} + x^{23}$$

を得る. すなわち, たとえば $x^{11}$ の係数が 2 であるのは, 合計金額 11 円の作り方が硬貨の枚数制限の下で 2 通りあることを示している. 実際, 5 円硬貨 2 枚と 1 円硬貨 1 枚, 10 円硬貨 1 枚と 1 円硬貨 1 枚の 2 通りが可能である.

選び方の内訳を明示するには, 1 円, 5 円, 10 円硬貨それぞれに $a, b, c$ を与える例題 6.11 の方法を参考にして各項を作ればよい (練習問題 (6)).

### 6.4.2 指数型母関数

順列 $P(n, k)$ と 2 項係数 $\binom{n}{k}$ の定義式 (6.1) と式 (6.4) から

$$\binom{n}{k} = P(n, k)/k!$$

の関係が得られるので, 式 (6.31) は

$$(1 + x)^n = \sum_{k=0}^{n} P(n, k) x^k / k! \tag{6.37}$$

と書ける. すなわち, $(1 + x)^n$ に対する指数型母関数 (式 (6.30)) の $x^k/k!$ の係数は, $n$ 個から (重複を許さないで) $k$ 個を選んだ順列の数 $P(n, k)$ である.

ところで, 式 (6.30) において, すべての係数を $a_k = 1$ とすると

$$1 + \frac{x}{1!} + \frac{x^2}{2!} + \cdots + \frac{x^k}{k!} + \cdots = e^x \tag{6.38}$$

という, よく知られた関係式が成立する. $e$ はネイピア数 (あるいは自然対数の底) である. 式 (6.38) を $n$ 回乗じると

$$\left(1 + \frac{x}{1!} + \frac{x^2}{2!} + \cdots\right)\left(1 + \frac{x}{1!} + \frac{x^2}{2!} + \cdots\right)\cdots\left(1 + \frac{x}{1!} + \frac{x^2}{2!} + \cdots\right) = e^{nx}$$

を得るが, 左辺の展開において, $i$ 番目の $(1 + \frac{x}{1!} + \frac{x^2}{2!} + \cdots)$ から $x^j/j!$ を選ぶことは, $i$ 番目のものを $j$ 個選んで他のものと一緒に並べた順列を考えるとき, 同じものの $j$ 個は区別しない ($j!$ で割る) ことを示している. 一方, 上式の右辺は, 式 (6.38) の $x$ に $nx$ を代入して

$$e^{nx} = \sum_{k=0}^{\infty} \frac{n^k}{k!} x^k \tag{6.39}$$

とも書かれる. 右辺の指数型母関数の係数 $n^k$ は, 上記の考察より, $n$ 個の箱の中から重複を許して合計 $k$ 個を選んだときの並べ方の個数である. 実際これは重複順列として求めた式 (6.10) に等しい.

上の議論において, 第 $i$ 番目のものを重複して選ぶとき, 少なくとも1つは選ぶという制限をつけると, $n$ 個の項のそれぞれは

$$x + \frac{x^2}{2!} + \frac{x^3}{3!} + \cdots = e^x - 1 \tag{6.40}$$

となる. これの $m$ 乗は, 2項定理の式 (6.12) の $x, y, n, k$ に $e^x, -1, m, m-k$ を代入して

$$
\begin{aligned}
g(x) = (e^x - 1)^m &= \sum_{k=0}^{m} \binom{m}{k} (-1)^k e^{(m-k)x} \\
&= \sum_{k=0}^{m} \binom{m}{k} (-1)^k \sum_{n=0}^{\infty} \frac{(m-k)^n x^n}{n!} \\
&= \sum_{n=0}^{\infty} \left( \sum_{k=0}^{m} (-1)^k \binom{m}{k} (m-k)^n \right) \frac{x^n}{n!}
\end{aligned}
\tag{6.41}
$$

である. この指数型母関数の係数

$$\left( \sum_{k=0}^{m} (-1)^k \binom{m}{k} (m-k)^n \right) \tag{6.42}$$

は, $m$ 個の箱から, それぞれ1個以上選んで合計 $n$ 個とするとき, それらの並べ方の個数 (ただし, 同じ箱から選ばれたものの並べ方は区別しない) を表している. これは見方を変えると, $n$ 個の区別できるものを $m$ 個の箱に, それぞれ1個以上入れるとき, 同じ箱に入ったもの同士の並べ方は区別しないとして, 何通りあるかを数えている. すなわち, すでに包除原理を用いて式 (6.25) として求めた量の別証である.

すでに式 (6.26) で述べたように, 式 (6.42) の係数を $m!$ で除した量は第2種のスターリング数 $S(n, m)$ と呼ばれている. 式 (6.41) から $S(n, m)$ を係数とする指数型母関数は

$$\sum_{n=0}^{\infty} S(n, m) \frac{x^n}{n!} = \frac{(e^x - 1)^m}{m!} \tag{6.43}$$

である. また, ベル数の定義式 (6.28) から, ベル数 $B(n)$ を係数とする指数型母関数は, 式 (6.43) と (6.38) を用いて, 次式であることがわかる.

$$\sum_{n=0}^{\infty} B(n) \frac{x^n}{n!} = \sum_{n=0}^{\infty} \sum_{m=0}^{\infty} S(n, m) \frac{x^n}{n!} = \sum_{m=0}^{\infty} \frac{(e^x - 1)^m}{m!} = e^{(e^x - 1)}. \tag{6.44}$$

## 6.5 差分方程式

係数の列 $a_0, a_1, a_2, \ldots$ において，$a_n$ とそれ以前の列 $a_{n-1}, a_{n-2}, \ldots, a_{n-r}$ の関係が，$n$ の関数 $f(n)$ と係数 $c_0, c_1, \ldots, c_r$ による線形方程式

$$c_0 a_n + c_1 a_{n-1} + \cdots + c_r a_{n-r} = f(n) \tag{6.45}$$

で表されるとき，これを (線形) 差分方程式 ((linear) difference equation) あるいは (線形) 再帰方程式 ((linear) recurrence equation) という．以下，この関係式に基づいて $a_n$ を $n$ の関数として求める一般的な方法と，その具体例を紹介する．

まず，式 (6.45) の右辺を 0 に置いて得られる同次方程式 (homogeneous equation)

$$c_0 a_n + c_1 a_{n-1} + \cdots + c_r a_{n-r} = 0 \tag{6.46}$$

を考え，その一般解である同次解 (homogeneous solution)

$$a_k^{(h)}, \quad k = n, n-1, \ldots, n-r \tag{6.47}$$

を求める (その方法は後述)．さらに元の式 (6.45) の解の 1 つである特別解 (particular solution) $a_k^{(p)}$, $k = n, n-1, \ldots, n-r$ を求める．すると，一般解は

$$a_k = a_k^{(p)} + a_k^{(h)}, \quad k = n, n-1, \ldots, n-r \tag{6.48}$$

によって与えられる (解であることは式 (6.45) に代入すれば確認できる)．

以上が，差分方程式 (6.45) の一般解を求める方法である．特別解は，与えられた問題ごとに 1 つずつ求めなければならない．同次解 (式 (6.47)) については，つぎのような一般的方法がある．

同次解　　式 (6.47) の $a_k^{(h)}$ を

$$a_k^{(h)} = A\alpha^k, \quad k = n, n-1, \ldots, n-r \tag{6.49}$$

と置こう．これを式 (6.46) に代入すると

$$c_0 A\alpha^n + c_1 A\alpha^{n-1} + \cdots + c_r A\alpha^{n-r} = 0 \tag{6.50}$$

すなわち

$$c_0 \alpha^r + c_1 \alpha^{r-1} + \cdots + c_{r-1} \alpha + c_r = 0 \tag{6.51}$$

を得る. この $\alpha$ に関する方程式を元の差分方程式 (6.45) の**特性方程式** (characteristic equation) と呼ぶ. 特性方程式は一般に $r$ 個の**解** (solution) をもつので, それらを

$$\alpha_1, \ \alpha_2, \ldots, \ \alpha_r \tag{6.52}$$

と記す. すると, 同次解は一般的に

$$a_k^{(h)} = A_1 \alpha_1^k + A_2 \alpha_2^k + \cdots + A_r \alpha_r^k, \quad k = n, n-1, \ldots, n-r \tag{6.53}$$

と書かれる. 各項が同次方程式 (6.46) の解であることは代入すれば確認できる. 上式の係数 $A_1, A_2, \ldots, A_r$ は $r$ 個の初期条件 (たとえば, $a_0, a_1, \ldots, a_{r-1}$ の値) によって定まる定数である.

---

**【例題 6.13】**　$a_0 = a_1 = 1$ から始め, 差分方程式

$$a_n = a_{n-1} + a_{n-2}, \quad n = 2, 3, \ldots \tag{6.54}$$

によって再帰的に定まる数列を**フィボナッチ数列** (Fibonacci sequence) と呼んでいる. つまり, $a_0 = a_1 = 1$, $a_2 = 2$, $a_3 = 3$, $a_4 = 5$, $a_5 = 8, \ldots$ などである. この差分方程式の特性方程式は 2 次方程式

$$\alpha^2 - \alpha - 1 = 0 \tag{6.55}$$

であり, 2 つの解

$$\alpha_1 = (1 + \sqrt{5})/2, \quad \alpha_2 = (1 - \sqrt{5})/2$$

をもつ. 式 (6.54) の特別解はたとえば

$$a_k^{(p)} = 0, \quad k = n, n-1, n-2$$

によって与えられる. したがって一般解 $a_n$ は式 (6.48) と式 (6.53) から

$$a_n = a_n^{(p)} + a_n^{(h)} = A_1 ((1 + \sqrt{5})/2)^n + A_2 ((1 - \sqrt{5})/2)^n \tag{6.56}$$

である. 係数 $A_1$ と $A_2$ を $a_0$ と $a_1$ の値から

$$a_0 = A_1 + A_2 = 1, \quad a_1 = A_1((1+\sqrt{5})/2) + A_2((1-\sqrt{5})/2) = 1$$

によって定めると

$$A_1 = \frac{1}{\sqrt{5}}\left(\frac{1+\sqrt{5}}{2}\right), \quad A_2 = -\frac{1}{\sqrt{5}}\left(\frac{1-\sqrt{5}}{2}\right)$$

である. したがって, 初期条件式 $a_0 = a_1 = 1$ をみたす一般解は

$$a_n = \frac{1}{\sqrt{5}}\left(\frac{1+\sqrt{5}}{2}\right)^{n+1} - \frac{1}{\sqrt{5}}\left(\frac{1-\sqrt{5}}{2}\right)^{n+1}, \quad n = 0, 1, \ldots \quad (6.57)$$

である (これは第 1 章の練習問題 (16)(c) にも登場した). この式は, 1765 年にオイラーが最初に発表し, その後 1843 年にビネ (J. Binet) が再発見したので, オイラー・ビネの公式と呼ばれている. フィボナッチ数列の応用については, 本章末尾の "ひとやすみ" を参照のこと.

なお, 一般解 (式 (6.56)) では, 初期解条件である $a_0$ と $a_1$ の値が上記と異なると, それによって定まる $A_1$ と $A_2$ の値も異なる (練習問題 (7)).

【例題 6.14】 (ハノイの塔 (tower of Hanoi)) 図 6.5 のように 3 本の棒 $A, B, C$ に大きさの異なる $n$ 枚の穴あき円板が置かれている (図では円盤を横から見ている). ただし, 同じ棒に複数の円板が挿入される場合には, 小さな円板の上にそれより大きな円板を置けないという制約がある.

さて, 初期状態では, 小さなものから大きなものへ $1, 2, \ldots, n$ の番号が付された $n$ 枚の円板が棒 $A$ に挿入されている (図 6.5(a)). そこで円板を 1 枚ずつ移動して, 最終的にすべての円板を棒 $C$ へ移したい (図 6.5(c)). もちろん, 途中の状態にあっても, 円板の大きさに関する上記の制約は常にみたさなければならない. このとき, $n$ 枚の円板の全移動回数 $a_n$ はいくつだろうか.

以上の移動のため, まず, 円板 $n$ の上にある $n-1$ 枚の円板 $1, 2, \ldots, n-1$ を図 6.5(b) のように棒 $B$ に移す. このために必要な移動回数は $a_{n-1}$ である. そのあと, 円板 $n$ を棒 $C$ に移し, その上に, 棒 $B$ にある $n-1$ 枚の円板

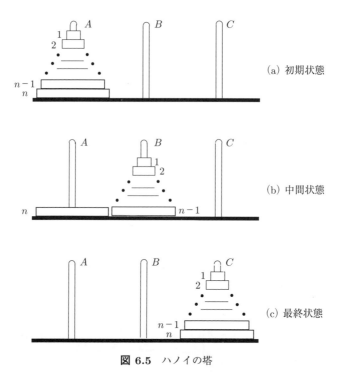

(a) 初期状態

(b) 中間状態

(c) 最終状態

**図 6.5** ハノイの塔

を, 棒 $A$ から棒 $B$ へ移したのと同じ手順で, 棒 $B$ から棒 $C$ へ移す. その結果, つぎの差分方程式が得られる.

$$a_n = 2a_{n-1} + 1. \tag{6.58}$$

まず, 式 (6.58) の特別解として

$$a_k^{(p)} = -1, \quad k = n, n-1 \tag{6.59}$$

を採用する. つぎに, 同次方程式

$$a_n - 2a_{n-1} = 0$$

の特性方程式は $\alpha - 2 = 0$ であってその解は $\alpha = 2$ である. したがって, 同次解は

$$a_k^{(h)} = A2^k, \quad k = n, n-1 \tag{6.60}$$

となり, 一般解 (式 (6.48)) はつぎのように求まる.

$$a_k = a_k^{(p)} + a_k^{(h)} = A2^k - 1, \quad k = n, n-1. \tag{6.61}$$

これに円板が 1 枚のときに必要な回数 $a_1 = 1$ を初期条件として

$$A2^1 - 1 = 1 \ (= a_1),$$

すなわち, $A = 1$ を得る. 結局 ハノイの塔問題の解 $a_n$ は次式である.

$$a_n = 2^n - 1, \quad n = 0, 1, \ldots$$

---

ところで, 特性方程式 (式 (6.51)) の解は一般に複数の同じ解, つまり重解をもつ場合もあれば複素解の場合もある. 以下そのような場合の扱い方を簡単に説明する.

**重解をもつ場合**　特性方程式 (式 (6.51)) が $s$ 重の重解 $\alpha_1$ をもつ場合, つまり

$$c_0 \alpha^r + c_1 \alpha^{r-1} + \cdots + c_r = (\alpha - \alpha_1)^s g(\alpha) \tag{6.62}$$

を考える. $g(\alpha)$ は $\alpha$ のある多項式である. このとき, $\alpha_1$ から得られる次式

$$a_k^{(h)} = (A_1 k^{s-1} + A_2 k^{s-2} + \cdots + A_{s-1} k + A_s) \, \alpha_1^k,$$
$$k = n, n-1, \ldots, n-r \tag{6.63}$$

は同次方程式 (6.46) の解である. その証明には, 上式に $s$ 個ある各項が式 (6.46) をみたすことを示す必要がある. 最後尾の $A_s \alpha_1^k$, $k = n, n-1, \ldots, n-r$ についてはそのまま式 (6.50) をみたすことから明らか. そこで後ろから 2 番目の項

$$a_k^{(h)} = A_{s-1} k \, \alpha_1^k, \qquad k = n, n-1, \ldots, n-r \tag{6.64}$$

を考える. 式 (6.50) を $A$ で割った式を

$$F(\alpha) = c_0 \alpha^n + c_1 \alpha^{n-1} + \cdots + c_r \alpha^{n-r} \tag{6.65}$$

と置くと, 上記の重解の仮定 (式 (6.62)) より

$$F(\alpha) = (\alpha - \alpha_1)^s (\alpha^{n-r} g(\alpha)) \tag{6.66}$$

と書くこともできる. 元の $F(\alpha)$ (式 (6.65)) を $\alpha$ で微分すると

$$F'(\alpha) = c_0 n \alpha^{n-1} + c_1(n-1)\alpha^{n-2} + \cdots + c_r(n-r)\alpha^{n-r-1} \quad (6.67)$$

を得る. 一方, 式 (6.66) に関数の積の微分公式を適用すると, ある多項式 $h(\alpha)$ を用いて

$$F'(\alpha) = s(\alpha - \alpha_1)^{s-1}(\alpha^{n-r}g(\alpha)) + (\alpha - \alpha_1)^s(\alpha^{n-r}g(\alpha))'$$
$$= (\alpha - \alpha_1)^{s-1}h(\alpha)$$

と書け, $(\alpha - \alpha_1)^{s-1}$ で括れるので, $A_{s-1}\alpha_1 F'(\alpha_1) = 0$, すなわち, この結果と式 (6.67) の $F'(\alpha)$ から

$$c_0 A_{s-1} n \alpha_1^n + c_1 A_{s-1}(n-1)\alpha_1^{n-1} + \cdots + c_r A_{s-1}(n-r)\alpha_1^{n-r} = 0$$

を得る. これは 式 (6.64) の $a_k^{(h)}$ が同次方程式 (6.46) をみたすことを意味する.

同様の議論を $F(\alpha)$ の 2 回微分, $\ldots, (s-1)$ 回微分の順に適用すれば, 同次解の式 (6.63) の正しさが証明される.

---

【例題 6.15】 差分方程式

$$a_n - 4a_{n-1} + 4a_{n-2} = 1 \quad (6.68)$$

を $a_0 = 2, a_1 = 5$ の初期条件の下で解いてみよう. 式 (6.68) の特別解は, たとえば

$$a_k^{(p)} = 1, \quad k = n, n-1, n-2 \quad (6.69)$$

である. 特性方程式

$$\alpha^2 - 4\alpha + 4 = (\alpha - 2)^2 = 0$$

は 2 重解をもつ. したがって, 式 (6.63) より, 同次解は

$$a_k^{(h)} = (A_1 k + A_2)2^k, \quad k = n, n-1, n-2$$

であり, 一般解 $a_n$ は

$$a_n = a_n^{(p)} + a_n^{(h)} = 1 + (A_1 n + A_2)2^n, \quad n = 0, 1, \ldots$$

である. $a_0$ と $a_1$ の初期条件から $A_1 = A_2 = 1$ を得るので, 差分方程式 (6.68) の解は次式で与えられる.

$$a_n = (n+1)2^n + 1, \quad n = 0, 1, \ldots \tag{6.70}$$

**複素解をもつ場合**　特性方程式 (6.51) が複素解をもつ場合, どの解も $\alpha_1 = (\delta + i\omega)$ と $\alpha_2 = (\delta - i\omega)$ のように共役複素対で現れる. ただし, $\delta$ と $\omega$ は実数, また $i = \sqrt{-1}$ (虚数単位) である. このとき, 同次解の $\alpha_1$ と $\alpha_2$ に対応する部分は

$$\begin{aligned} a_n^{(h)} &= A_1 \alpha_1^n + A_2 \alpha_2^n = A_1(\delta + i\omega)^n + A_2(\delta - i\omega)^n \\ &= B_1 \rho^n \cos n\theta + B_2 \rho^n \sin n\theta \end{aligned} \tag{6.71}$$

によって与えられる. ただし

$$\begin{aligned} \rho &= \sqrt{\delta^2 + \omega^2}, \quad \theta = \tan^{-1}(\omega/\delta), \\ B_1 &= (A_1 + A_2), \quad B_2 = i(A_1 - A_2) \end{aligned} \tag{6.72}$$

である. $A_1$ と $A_2$ (すなわち $B_1$ と $B_2$) はこれまでと同様, 初期条件より定まる係数である.

　上式の証明は, 複素数および三角関数の知識が必要になるので, 本書では結果だけの紹介に留める.

**【例題 6.16】**　差分方程式

$$a_n = a_{n-1} - a_{n-2} \tag{6.73}$$

を $a_0 = 1$, $a_1 = 0$ の初期条件の下で解いてみよう. 特性方程式

$$\alpha^2 - \alpha + 1 = 0$$

の解は

$$\alpha_1 = \frac{1}{2} + i\frac{\sqrt{3}}{2}, \quad \alpha_2 = \frac{1}{2} - i\frac{\sqrt{3}}{2}$$

であり

$$\rho = \sqrt{(1/2)^2 + (\sqrt{3}/2)^2} = 1, \quad \theta = \tan^{-1}\left(\frac{\sqrt{3}}{2} \middle/ \frac{1}{2}\right) = \frac{\pi}{3}$$

および

$$a_n^{(h)} = B_1 \cos \frac{n\pi}{3} + B_2 \sin \frac{n\pi}{3}$$

を得る. (初期条件を無視した) 特別解は

$$a_n^{(p)} = 0, \quad n = 0, 1, \ldots$$

とすればよいので, $a_k^{(h)}$ を初期条件に合わせると

$$B_1 = 1, \quad B_2 = -1/\sqrt{3}$$

である. 結局, 次式が求める解である.

$$a_n = \cos \frac{n\pi}{3} - \frac{1}{\sqrt{3}} \sin \frac{n\pi}{3}, \quad n = 0, 1, \ldots \tag{6.74}$$

## 6.6 文献と関連する話題

本章の内容である組合せ論は離散数学の基礎分野の 1 つであり, 多様な話題が詳しく研究されてきた. ここでは基本的な話題について, その一端に触れた.

組合せ論の入門的な話題は第 1 章の 1-1,2,…,7) などに収められている. より詳しい内容は本章の 6-1,2,…,6) などが参考になろう.

### 練習問題

(1) 例題 6.4 の問題を $N = \{1, 2, \ldots, 101\}$ について考えよ. この場合, 2 数の和が 3 で割り切れる確率は 1/3 になるだろうか.

(2) 2項定理 (式 (6.12)) の議論を用いて, つぎの関係式を示せ.

(a) $\dbinom{n}{0}^2 + \dbinom{n}{1}^2 + \cdots + \dbinom{n}{n}^2 = \dbinom{2n}{n}$,

(b) $\displaystyle\sum_{k=0}^{n} \dbinom{r}{k}\dbinom{s}{n-k} = \dbinom{r+s}{n}$.

(ヒント: (a) の左辺が $(1+x)^n(1+x^{-1})^n$ の展開式において $x^0$ の係数に等しいことを利用せよ. (b) は $(1+x)^r(1+x)^s = (1+x)^{r+s}$ の関係を利用せよ.)

(3) 集合 $N$ から集合 $M$ への全射の個数が式 (6.25) で与えられることを利用して, 次式が成立することを説明せよ. ただし, $n = |N|$, $m = |M|$ である.

$$\sum_{k=0}^{m} (-1)^k \binom{m}{k}(m-k)^n = \begin{cases} 0, & n < m \text{ のとき,} \\ n!, & n = m \text{ のとき.} \end{cases}$$

(4) 式 (6.13) において, 中央値 $\binom{n}{\lfloor n/2 \rfloor}$ が, 結構大きな部分を占めていることを確かめるため, $n = 10, 11, 12$ に対し $\binom{n}{\lfloor n/2 \rfloor}/2^n$ を実際に求めよ.

(5) 式 (6.27) の漸化式が成立することを, $S(n,m)$ の定義式 (6.26) を代入することで直接証明せよ.

(6) 例題 6.12 において, 1円, 5円, 10円の硬貨の合計金額の作り方の数を求めるとき, それぞれの硬貨の枚数の内訳を明示するための母関数を与えよ. これを利用して, 合計金額 13 円を作るための硬貨の組み合わせの内訳を求めよ.

(7) 例題 6.13 のフィボナッチ数列において, 初期条件 $a_0 = 1$, $a_1 = 2$ に対する $a_n$ の一般解を求めよ.

(8) 正整数 $n$ を正整数の和に分割するとき, いく通りの方法があるかを調べる. たとえば, $n = 4$ は 4, 3+1, 2+2, 2+1+1, 1+1+1+1 の 5 通りの分割が可能である. さて, 母関数

$$1 + x^p + x^{2p} + \cdots = \frac{1}{1-x^p}$$

において, $x^{kp}$ が, ($p$ 以上の) 正整数の分割で, $k$ 個の $p$ が用いられる場合に対応していることに注意して

$$F(x) = \frac{1}{(1-x)(1-x^2)(1-x^3)\cdots}$$

が, 正整数の分割の個数の母関数であることを示せ. また, $F(x)$ を実際に展開して, $n = 1, 2, \ldots, 6$ に対する分割の個数を求めよ.

(9) 指数型母関数の応用例として, 3 進 (0, 1, 2 を用いる) $n$ 桁の $3^n$ 個の数字の中で, つぎの条件をみたすものの個数を求めよ.

(a) $n$ 桁の中で 0 が偶数回 (0 回も含む) 現れるものの個数.

(b) $n$ 桁の中で 0 が偶数回, さらに 1 も偶数回現れるものの個数.

(ヒント：0 を偶数回含むという条件の指数型母関数は $(1 + \frac{x^2}{2!} + \frac{x^4}{4!} + \cdots) = \frac{1}{2}(e^x + e^{-x})$ であることを利用せよ.)

(10) 前問の議論を用いて, 例題 6.8 の $T_{\text{even}}$ と $T_{\text{odd}}$ (式 (6.17)) を (例題 6.8 とは異なる方法で) 導出せよ.

(11) 問題 (9) の (a) の結果を用いて, 2 項係数に関するつぎの関係式を示せ.

$$\binom{n}{0}2^n + \binom{n}{2}2^{n-2} + \binom{n}{4}2^{n-4} + \cdots + \binom{n}{q}2^{n-q} = \frac{3^n + 1}{2}.$$

ただし, $q = n$ ($n$ が偶数のとき), $n - 1$ ($n$ が奇数のとき), である.

(12) $\phi$ をつぎの "ひとやすみ" の黄金比とする. $A/B = \phi$ ならば, $(A + B)/A = \phi$ であることを示せ.

---

### ひ・と・や・す・み

**― フィボナッチ数 ―**

例題 6.13 に現れたフィボナッチ数は, 長い歴史をもつ興味深い数である. $n$ 番目のフィボナッチ数を $F_n$ と記し (例題 6.13 では $a_n$ と記していた), $F_0$ から順にいくつかを書いてみると

1, 1, 2, 3, 5, 8, 13, 21, 34, 55, 89, 144, 233, ...

のようになる. この数は, 1202 年, フィボナッチ (Leonardo Fibonacci) によって, つぎの問題の解として初めて記述された. 1 つがいのウサギの子孫が $n$ ヶ月目に生むつがいの数を求めよ. ただし, それぞれのつがいは毎月 1 つがいずつ子を生み, 新しく

生まれたつがいは 1 ヶ月経った後繁殖能力をもつ (つまりその最初の子は 2 ヶ月目に生まれる). ウサギは死ぬことはないとする. さて, 最初の月には 1 つがいの子が生まれ, 2 ヶ月目も (最初に生まれた 1 つがいはまだ繁殖能力をもたないので) 1 つがいの子がうまれるが, 3 ヶ月目は (最初からのつがいと最初に生まれたつがいから) 2 つがいの子が生まれる. 以下同様に考えると, $n$ ヶ月目には $F_{n-1}$ つがいの子が生まれることがわかる.

フィボナッチ数が現れる他の面白い例に, ミツバチの系図の問題がある. 雄のミツバチは無性生殖によって雌のミツバチ (女王蜂) から生まれる. しかし, 雌のミツバチは雄と雌の 2 匹の両親を持つ. つまり, 一匹の雄の先祖を示す家系図は図 6.6 のようになる. この雄のおじいさんとおばあさんはそれぞれ 1 匹, 曽おじいさんは 1 匹で曽おばあさんは 2 匹, 曽おばあさんのお父さんである曽曽おじいさんは 2 匹, 同じ代の曽曽おばあさんは全体で 3 匹, … という具合になり, よく考えると $n$ 代先の $(曽)^n$ おじいさんは $F_n$ 匹, $(曽)^n$ おばあさんは $F_{n+1}$ 匹である.

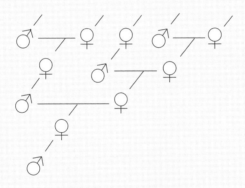

図 6.6 ミツバチの家系図

フィボナッチ数のような自然数が $\sqrt{5}$ といった無理数を使った式 (6.57) で表現できるのは, それ自体驚きである. ここに現れる数

$$\phi = (1 + \sqrt{5})/2 \ \ (= 1.618\cdots)$$

は黄金比 (golden ratio) とも呼ばれている. ルネッサンスの芸術家たちは, 長方形の 2 辺 $A$ と $B$ の比が $\phi$ であるときもっとも調和が取れていると考え, 建築や絵画にしばしば用いた. $A$ と $B$ の比が $\phi$ ならば, $A + B$ と $A$ の比も $\phi$ という性質がある (練習問題 (12)).

フィボナッチ数や黄金比についての記述は, 文献 6-1) などが詳しい.

# 練習問題：ヒントと略解

[第 1 章]

(1) ベン図を描いて考える. たとえば, $|A \cup B|$ を知るために図 1.2 の左の図を見ると, $A$ と $B$ の面積 (つまり, 位数) の和では $A \cap B$ の部分の面積を 2 重に加えているので, 1 重分を引かなければならない. その結果, 最初の関係式が得られる. 2 番目の式も含めて, これらはより一般的な包除原理 (第 6 章 6.3 節の図 6.4 参照) の例である.

(2), (3) やはりベン図を用いて考えればよい. 詳細は省略する. (ix) のド・モルガンの法則 (前半) については, 下図参照.

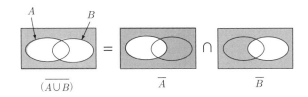

$$\overline{(A \cup B)} = \overline{A} \cap \overline{B}$$

(4) 直積の定義式 (1.1) に立ち返って証明する. たとえば, (a) の最初の必要十分条件は, $A \times B \subseteq C \times D \Longleftrightarrow$ 任意の $(x, y) \in A \times B$ は $(x, y) \in C \times D$ をみたす $\Longleftrightarrow$ 任意の $x \in A$ と $y \in B$ は $x \in C$ と $y \in D$ をみたす $\Longleftrightarrow A \subseteq C$ かつ $B \subseteq D$, のように証明される. また, (b) の $(A \cup B) \times C = (A \times C) \cup (B \times C)$ は, $x \in A \cup B$ かつ $y \in C$ である必要十分条件が, $(x \in A$ かつ $y \in C)$ であるか $(x \in B$ かつ $y \in C)$ のどちらかが成立することであることからわかる. 他も同様の議論で証明できる.

(5) $2^A$ は $A$ の部分集合が要素となるので, $2^A = \{\emptyset, \{a\}, \{b\}, \{a, b\}\}$ である. つぎに, $2^{2^A}$ の要素は, $2^A$ の要素をいくつか集めた集合の全体である. すなわち, $2^{2^A} = \{\emptyset\}, \{\{a\}\}, \ldots, \{\{a, b\}\}, \{\emptyset, \{a\}\}, \ldots, \{\emptyset, \{a, b\}\}, \{\{a\}, \{b\}\}, \ldots, \{\{b\}, \{a, b\}\}, \ldots, \{\emptyset, \{a\}, \{b\}, \{a, b\}\}$ がその答えで, 16 個の要素がある.

(6) 性質 $|2^A| = 2^n$ と上の (5) を一般化して考えればよい. $|2^{2^A}| = 2^{2^n}$ である.

(7) 写像の定義に基づいて証明する. たとえば, (a) を示すため, $f$ が全単射であるとすると, 定義によって, すべての $b \in B$ に対し $|f^{-1}(b)| = 1$ である. これは, すべての $b \in B$ に対し $f^{-1}(b)$ の行き先が 1 つあることを意味し, $f^{-1}$ も写像である. これが全単射であることは, $f^{-1}$ の逆写像は $f$ そのものであり, すべての $a \in A$ に対し $f(a)$ が存在し ($f^{-1}$ は全射), かつ $|f(a)| = 1$ である ($f^{-1}$ は単射) ことからしたがう. よって必要性が示された. 十分性はこの議論を逆にたどれば同様に証明できる. (b) は写像 $f$ と $g$ があるのでやや複雑になるが, やはり定義にしたがって証明できる.

(8) 同値関係に必要な反射法則と対称法則は容易にわかるので, 推移法則のみ示す. $a_1 \equiv a_2 \pmod{c}$ ならば定義によってある整数 $A$ を用いて $a_1 - a_2 = Ac$ と書ける. 同様に, $a_2 \equiv a_3 \pmod{c}$ ならばある整数 $B$ を用いて $a_2 - a_3 = Bc$ である. よって $a_1 - a_3 = (A+B)c$ と書け, $a_1 \equiv a_3 \pmod{c}$ を得る. すなわち, 推移法則が成立する.

(9) 2 つの 3 角形 $a$ と $b$ が相似であるための条件はいろいろな形で書かれるが, たとえば「それぞれの 3 内角が互いに一致する」という条件がある. これを用いて定義に当てはめると, 反射法則, 対称法則および推移法則の成立を容易に示せる.

(10) $A$ 上の $R_1$ が同値関係であることと $R_2$ が擬順序関係であることは定義にしたがって証明できる. ただし, $R_2$ は反対称法則をみたさない (年齢が同じでも同一人物とは限らない). $R_1$ による同値類 $[a]$ は $a$ と同じ年齢の住民すべての集合を表す. $A/R_1$ 上の $R_2$ については, 反射法則および推移法則 (つまり, 擬順序) は $A$ の場合と同様に示せる. 同年齢の住民はすべて同じ同値類に入ることから, 反対称法則も成り立つ. よって半順序関係である. つぎに同値類 $[a]$ と $[b]$ をとり, たとえば $a$ は $b$ より若いとする. すると, $a$ と同年齢の住民は $b$ と同年齢のすべての住民より若いので $[a]R_2[b]$ を得る. すなわち, $R_2$ は $A/R_1$ 上で比較可能であり, したがって全順序である.

(11) 前問と同趣の問題である. この場合の $A/R$ の同値類 $[a]$ は $a$ と同じ星座の学生の集合である. (その中には年齢の異なる者も含まれている.)

(12) 有向グラフ $G = (V, E)$ が非巡回であることから, 点の中には入次数 0 のものがある (証明せよ). この性質は, $G$ からいくつかの点 (とそれに接続する辺) を除いた後も同じである. まず, $G$ の点で入次数 0 のものを任意に選び, $v_1$ とし, $G$ から $v_1$ と $v_1$ から出る辺を除き, 得られたグラフを改めて $G$ とする. 以下得られた $G$ に同じ操作を反復し, 順に $v_2, v_3, \ldots, v_n$ の番号を付すと, これらの点は, 設問の条件をみたすことを示せる. つぎにこの番号付けアルゴリズムの時間量を評価する. すべての点の入次数を求めるには, 各辺の接続先を調べてカウントすればよいから, $O(|V| + |E|)$ ステップあればできる. 番号付けの反復回数は $n = |V|$ 回だから, 全体のステップ数 (= 時間量) は $O(|V|(|V| + |E|))$ であって, これは $G$ の入力長 $|V| + |E|$ の約 2 乗, つまり多項式オーダーである. (アルゴリズムを工夫すると, 時間量を $O(|V| + |E|)$ にまで改善できる.)

(13) 1 つの辺 $(u, v)$ はその両端点 $u$ と $v$ の次数に 1 ずつ貢献する. このことから全点の次数の和は, 辺数の 2 倍, つまり偶数である.

(14) たとえば $p = q = 1$ の場合を考えると, $(p \wedge \neg q)$ は $(1 \wedge 0)$ となりその値は 0 である (表 1.2 を用いて調べる). さらに $((p \wedge \neg q) \Rightarrow 0)$ は $(0 \Rightarrow 0)$ となりその値は 1. また, $(p \Rightarrow q)$ は $(1 \Rightarrow 1)$ なので値 1. 結局, $(((p \wedge \neg q) \Rightarrow 0) \Leftrightarrow (p \Rightarrow q))$ は $(1 \Leftrightarrow 1)$ であり, その値は 1 である. $p$ と $q$ の値の他の組合せについても同様に考える.

(15) 問題 (14) と同様の方法で, $p$ と $q$ のすべての値に対して, 対象とする命題式の対が同じ値をとることを確かめればよい.

(16) すべて例題 1.7 と同様の方針で証明できる. たとえば, (a) では

$$\sum_{i=1}^{k+1} i(i+1) = \frac{1}{3}k(k+1)(k+2) + (k+1)(k+2) = \frac{1}{3}(k+1)(k+2)(k+3)$$

を示すことがポイントになる. (c) の証明では, 式 (1.4) の $n-2$ と $n-1$ に対するものの和が $n$ に対するものに等しくなることを示す. 式の変形には $((1+\sqrt{5})/2)^2 = 1+(1+\sqrt{5})/2$ および $((1-\sqrt{5})/2)^2 = 1+(1-\sqrt{5})/2$ などを利用するとよい.

(17) (a) $a_0$ と $a_1$ の公約数を $c$ とすると, $a_0 = a_0'c$, $a_1 = a_1'c$ と式 (1.5) を用いて $a_2 = (a_0' - a_1'q_1)c$ と書け, $c$ は $a_2$ の約数 (つまり $a_1$ と $a_2$ の公約数) である. 同様の議論で, $a_1$ と $a_2$ の公約数は $a_0$ の約数 (つまり $a_0$ と $a_1$ の公約数) であることを示せる. よって, $a_0$ と $a_1$ の最大公約数は $a_1$ と $a_2$ の最大公約数に等しい. (b) 前半は (a) の議論の反復からしたがう. $a_{k+1} = 0$ のとき式 (1.6) は $a_{k-1} = a_k q_k$ となるので, $a_k$ は $a_{k-1}$ と $a_k$ の最大公約数, つまり (a) の議論の反復によって $a_0$ と $a_1$ の最大公約数である. (c) 式 (1.5) と $a_1 > a_2$ を用いて, $a_0 - a_2 \geq (a_0 - a_2)/q_1 = a_1 > a_2$ より $a_2 < a_0/2$ を得る. この議論を反復すれば一般に, $a_{i+2} < a_i/2$ を示せる. したがって, $k+1 = 2\lceil \log_2 a_0 \rceil$ に対して, $a_{k+1} < (1/2)^{\lceil \log_2 a_0 \rceil} a_0 \leq a_0/a_0 = 1$ ($2^{\log_2 a_0} = a_0$ を使う), つまり $a_{k+1} = 0$ を得る ($a_{k+1}$ は非負整数なので).

[第 2 章]

(1) (a) NAND $\overline{(xy)}$ の $y$ に $x$ を代入すると, $\overline{(xx)} = \bar{x}$ (べき等法則) であり, NOT (否定) を実現できる. NOT を用いて NAND の結果を否定すると, $\overline{\overline{(xy)}} = xy$ (2 重否定) によって AND, $\bar{x}, \bar{y}$ を作ったのち NAND に入力すると, $\overline{(\bar{x}\bar{y})} = x \vee y$ (ド・モルガンの法則) によって OR を実現できる. (b) については省略.

(2) $\beta$ が $\alpha$ の部分項であるとき, 吸収法則 (の一般化) によって $\beta \vee \alpha = \beta$, すなわち含意の条件式 (2.5) によって $\alpha \Rightarrow \beta$ を得る. したがって, $f = f \vee \alpha$ ($\alpha$ は $f$ の内項だから) $\Rightarrow f \vee \beta = f$ ($\beta$ も $f$ の内項だから), つまり, $f \vee \beta = f$ である.

(3) 2.3.1 項の PRIME_DNF にしたがって例題 2.1 の要領で計算する. 答えのみ示す. (a) $\bar{x}_1 \vee x_2 \vee \bar{x}_3\bar{x}_4$. カルノー図は省略. (b) $A \vee B \vee \cdots \vee J$, ただし, $A = x_1\bar{x}_4$, $B = x_1\bar{x}_2x_3$, $C = x_1\bar{x}_2x_5$, $D = \bar{x}_1x_3x_5$, $E = \bar{x}_1x_4x_5$, $F = \bar{x}_2x_3\bar{x}_4$, $G = \bar{x}_2x_3x_5$, $H = \bar{x}_2x_4x_5$, $I = x_3\bar{x}_4x_5$, $J = \bar{x}_1x_2\bar{x}_3x_4$.

(4) これも詳細は略す. 被覆表を作ると, 主項 $A, B, F, J$ は必須主項である. 残った部分は, $(D \vee I)(C \vee H)(D \vee E)(E \vee H)(D \vee E \vee G \vee H) = DH \vee EHI \vee \cdots$ の展開から最短の $DH$ を選ぶ. 必須主項を合わせ, $A \vee B \vee D \vee F \vee H \vee J$ が求める最小主項論理和形である.

(5) 2.3.1 項の主項論理和形の議論を参考にし, 項 $\leftrightarrow$ 節, 部分項 $\leftrightarrow$ 部分節, 主項 $\leftrightarrow$ 主節, などの対応を考えながら, 議論を双対化すればよい. 詳細は省略.

(6) (a) の場合, すべての変数の値を 1 にすれば, すべての節を充足することができる. (b) についても同様に考えればよい.

(7) $C'$ の最初の 2 つの節に着目する. 変数 $y_1$ は 0 か 1 どちらかの値をとるので, そ

れぞれの場合を考える. 0 の場合, 最初の節は $(z_1 \lor z_2)$ となり, 2 番目の節は充足される. 一方, 1 の場合, 最初の節は充足され, 2 番目の節は $(z_3 \lor y_2)$ となる. 両者を合わせると, $(z_1 \lor z_2)$ あるいは $(z_3 \lor y_2)$, すなわち $(z_1 \lor z_2 \lor z_3 \lor y_2)$ が実現される. $y_2, y_3, \ldots$ に対しても同様である. 問題の後半は, 以上の変換を CNF のすべての節に適用する.

(8) 展開法は 2.5.1 項のように, また DAVIS_PUTNAM 法は例題 2.6 と例題 2.7 のように行えばよい. 答えのみ記す. (a) yes. $x_1 = 0$, $x_2 = 1$, $x_3 = 1$, $x_4 = 0$, $x_5 = 1$ あるいは 0. (b) no.

(9) 2.4.1 項で述べたように, $L$ が表す関数を $f(x)$ とすると, $L^d$ はその双対関数 $f^d(x) = \bar{f}(\bar{x})$ (式 (2.15) 参照) を表す. ある $x$ が $f(x) = 1$ をみたす (つまり $f$ は充足可能である) ための必要十分条件は $\bar{x}$ が $f^d(\bar{x}) = \bar{f}(x) = 0$ をみたすことである. また $f^d$ を表す $L^d$ は DNF の形をしているので, その値が 0 というのは, すべての項の値が 0 ということである.

### [第 3 章]

(1) 入力ベクトル $x$ は有限個なので, $w, t$ に大きな正数 $\alpha$ を乗じることによって, $f(x) = 1$ の場合と $f(x) = 0$ の場合の $\sum_{j=1}^n w_j x_j$ の違いを大きくできる. その結果, $w, t$ の値を微少量変化させても定義は変わらないので, $w, t$ の各要素を有理数としてもよい. 各有理数は整数の分数 $a/b$ のように書ける. そこで, 全要素の分母の公倍数を $\alpha$ として乗じると, 全要素は整数となり, $\sum w_j x_j$ と $t$ も整数になるので, 式 (3.2) を用いることができる.

(2) 詳細は省略. $\lambda = (0.0, 1.0, 0.0, 0.0)$ の場合 $u^2$ に等しく, $\lambda = (0.0, 0.0, 0.5, 0.5)$ の場合は $u^3$ と $u^4$ の中間点 $(1.15, 1.75)$, 他の場合は凸包の内部に位置する.

(3) $(1, 0), (0, 1)$ は真ベクトル, $(1, 1), (0, 0)$ は偽ベクトルであるが, $(1, 0) + (0, 1) = (1, 1) + (0, 0)$ によって, 総和可能である.

(4) $f = x_1 x_2$, $g = x_3 x_4$ とすると $f \lor g$ はしきい関数ではない (例題 3.3). $f = x_1 \lor x_2$, $g = x_3 \lor x_4$ とすると $f \cdot g$ はしきい関数ではない (総和可能であることを示せ).

(5) 2 乗和誤差は, $y = (0, 1, 0), (0.2, 0.7, 0.1), (0.4, 0.3, 0.3)$ のそれぞれに対し $0, 0.07, 0.37$, 交差エントロピー誤差はそれぞれ $0, 0.357, 1.20$ である.

(6) 式 (3.11) の定義から容易にわかるように, $z = h(a)$ と置いて次式を得る.

$$\frac{\partial z}{\partial a} = \begin{cases} 0, & a \leq 0 \text{ のとき,} \\ 1, & a > 0 \text{ のとき.} \end{cases}$$

(厳密に述べると, $a = 0$ のところでこの関数は微分可能でないので, 勾配は存在しない. 劣勾配という概念を用いると, そこでの勾配は 0 以上 1 以下の任意の値と定義される. )

(7) 微分法の公式 $(\log x)' = 1/x$ を用いて $((\cdot)'$ の $'$ は $x$ に関する微分を表す), $\partial E / \partial y_j = -t_j / y_j$ を得る.

(8) 微分法の公式

$$\left(\frac{f(x)}{g(x)}\right)' = \frac{f'(x)g(x) - f(x)g'(x)}{g(x)^2}, \quad (\exp(x))' = \exp(x)$$

を用いる. $v_k = \exp(a_k)$ と置くと

$$y_j = \frac{v_j}{\sum_k v_k}, \quad \frac{\partial y_j}{\partial a_i} = \sum_k \frac{\partial y_j}{\partial v_k}\frac{\partial v_k}{\partial a_i} = \frac{\partial y_j}{\partial v_i}v_i$$

などを得る. 最後の結果は, $\partial v_k/\partial a_i$ が $k = i$ 以外は $0$ で, $k = i$ のときは $v_i$ であることからしたがう. $i = j$ の場合について, 上式を評価すると

$$\frac{\partial y_j}{\partial v_j}v_j = \left(\frac{v_j}{\sum_k v_k}\right)'v_j = \left(\frac{\sum_k v_k - v_j}{(\sum_k v_k)^2}\right)v_j = y_j(1 - y_j)$$

である. $i \neq j$ の場合も同様の計算で, 合わせて式 (3.23) を得ることができる.

(9) 新しい平均 $\hat{\mu}_j$ と分散 $\hat{\sigma}^2$ は, つぎのようになる.

$$\hat{\mu}_j = \frac{1}{m}\sum_{i=1}^m \hat{x}_{ij} = \frac{1}{m}\sum_{i=1}^m \frac{x_{ij} - \mu_j}{\sqrt{\sigma^2 + \epsilon}} = \frac{(\frac{1}{m}\sum_{i=1}^m x_{ij}) - \mu_j}{\sqrt{\sigma^2 + \epsilon}} = 0,$$

$$\hat{\sigma}^2 = \frac{1}{m}\sum_{i=1}^m\sum_{j=1}^n (\hat{x}_{ij} - \hat{\mu}_j)^2 = \frac{1}{m}\sum_{i=1}^m\sum_{j=1}^n \left(\frac{x_{ij} - \mu_j}{\sqrt{\sigma^2 + \epsilon}}\right)^2 = \frac{\sigma^2}{\sigma^2 + \epsilon} = 1.$$

下式の最後の等号は, $\epsilon$ を $0$ と見なしている.

(10) 平均と分散は, それぞれ

$$\frac{1}{m}\sum_{i=1}^m y_{ij} = \frac{1}{m}\sum_{i=1}^m \gamma\hat{x}_{ij} + \beta = \frac{\gamma}{m}(\sum_{i=1}^m \hat{x}_{ij}) + \beta = \beta,$$

$$\frac{1}{m}\sum_{i=1}^m\sum_{j=1}^n (y_{ij} - \beta)^2 = \frac{1}{m}\sum_{i=1}^m\sum_{j=1}^n (\gamma\hat{x}_{ij} + \beta - \beta)^2 = \frac{\gamma^2}{m}\sum_{i=1}^m\sum_{j=1}^n (\hat{x}_{ij})^2 = \gamma^2$$

である. $\hat{x}_{ij}$ の平均と分散が $0$ と $1$ であることを用いた.

(11) 順方向の計算は, 式 (3.7) と式 (3.10) を用いて

$$a = 1.0 \times 0.8 + (-0.5) \times 0.3 + 1.0 \times 0.0 = 0.65,$$
$$z = 1/(1 + \exp(-0.65)) = 0.657$$

を得る. 逆方向には, 式 (3.21), 式 (3.19), 式 (3.18) を用いて

$$\frac{\partial z}{\partial a} = z(1 - z) = 0.657 \times 0.343 = 0.225,$$

$$\frac{\partial E}{\partial b} = \frac{\partial E}{\partial z}\frac{\partial z}{\partial a} = (-0.091) \times 0.225 = -0.0205,$$

$$\frac{\partial E}{\partial w_1} = \frac{\partial E}{\partial z}\frac{\partial z}{\partial a}\frac{\partial a}{\partial w_1} = \frac{\partial E}{\partial z}\frac{\partial z}{\partial a}u_1 = (-0.091) \times 0.225 \times 0.8 = -0.0164,$$

$$\frac{\partial E}{\partial w_2} = \frac{\partial E}{\partial z}\frac{\partial z}{\partial a}u_2 = (-0.091) \times 0.225 \times 0.3 = -0.00614$$

である．よって式 (3.16) の反復を実行すると，つぎの新しい値を得る．

$$b = 0.0 + 0.0205 = 0.0205,$$

$$w_1 = 1.0 + 0.0164 = 1.0164, \quad w_2 = -0.5 + 0.00614 = -0.49386.$$

(12) 解答は以下の通り．

| 16 | 9 | 10 | 7 |
|----|----|----|----|
| 16 | 19 | 5 | 10 |
| 9 | 15 | 20 | 11 |
| 2 | 12 | 8 | 12 |

[第 4 章]

(1) ある極小カットセット $F$ がカットでないとする．$G$ から $F$ を除くと 2 つ以上の連結成分に分かれるが，その 1 つを $G_1$，残りの全部を $G_2$ とする．$G$ において $G_1$ と $G_2$ を渡す辺の集合 (つまり，カット) を $F'$ とすると，$F' \subseteq F$ であるが $F$ はカットでないので $F' \subset F$ である．これは $F$ が極小であることに矛盾する．

(2) $(a) \Rightarrow (b)$：定義より，$G$ から $F$ を除くと全域木 $T$ である．したがって $F$ はカットセットでない．また，$T$ は $n-1$ 本の辺をもつので，$|F| = m - n + 1$ である．$(b) \Rightarrow (c)$：$F$ にさらに辺を加えると，残された辺数は $n-1$ より少なく，全点を連結することはできない．$(c) \Rightarrow (a)$：$F$ の極大性より，$G$ から $F$ を除いたグラフは全域木である．よって，$F$ は補木である．

(3) $R_2$ の同値性の証明とほぼ同様にできる．

(4) そのような $G_j$ が存在したとしよう．これは $G_i$ より前に $\overline{G}_j$ が選ばれて，その値が 1 に定められた結果 $G_j$ の値が 0 になったことを意味する．しかし，$G_f$ の双対性より，$\overline{G}_i$ が存在して $\overline{G}_j \preceq \overline{G}_i$ であるにもかかわらず，$\overline{G}_i$ より先に $\overline{G}_j$ が選ばれたことになる．これはステップ 2(a) の選択ルールに矛盾する．

(5) $T$ の辺の方向を無視して無向グラフとして見ると，$v_0$ から他の点へ路が存在するので連結である．また辺の数が $n-1$ 本であることから木の条件 (3) をみたす (4.1.2 項)．よって，木である．木の性質を使うと，他の性質は容易に示せる．

(6) 探索木は，$w_0$ を根とし，点 1, 2, 3, 4 以外の全点へ到達する有向木である．詳細

は略.

(7) 省略.

(8) 対象のグラフ $G$ に辺 $(w, u)$ を加えて考えると，問われている条件は 4.2.2 項の一筆書きの条件と同一になる．つまり，点 $w, u$ の次数が奇数であること，および残りの点の次数がすべて偶数であること，が求める条件である．

(9) 省略.

(10) $u_0$ から $v$ への長さ最小の路長を $L(v)$ と記す．幅優先探索ではまず $L(v) = 1$ の点が順に $Q$ に入る．つぎに $L(v) = 1$ の点 $v$ から辺 1 つで接続する $L(u) = 2$ の点 $u$ のすべてが順に $Q$ に入る．以下，$Q$ には $L(v)$ の小さなものから順にすべての点が入ることがわかる．$v$ が $Q$ に入ったとき，その時点の探索木は $v$ への長さ $L(v)$ の路を構成していることも明らかである．

(11) $G$ の任意の点を始点 $u_0$ と定め，深さ優先探索 (幅優先探索でもよい) を適用する．すべての点に番号 NUM が付けば $G$ は連結であるが，そうでなければ連結でない．必要な時間量は $O(m + n)$ である．

(12) たとえば，$K_5$ (図 4.17(c)) の各辺の中央に新しい点を挿入する．点の数は $n = 5 + 10 = 15$, 辺の数は $m = 2 \times 10 = 20$ となる．このグラフは平面的でないが，$m \leq 3n - 6$ をみたす．

(13) 次数 $i$ の点の個数を $n_i$ と記す．一般性を失うことなく，$n_0 = n_1 = 0$ と仮定する．点数と辺数に関する条件

$$n = n_2 + n_3 + \cdots, \qquad 2m = 2n_2 + 3n_3 + 4n_4 + \cdots$$

を平面的グラフの不等式 $2m \leq 6n - 12$ に代入して整理すると，$12 \leq 4n_2 + 3n_3 + 2n_4 + n_5$ を得る．この不等式をみたす $n_2 + n_3 + n_4 + n_5$ の最小値は，$n_2 = 3, n_3 = n_4 = n_5 = 0$ で実現されるが，$n \geq 4$ の仮定より不可能．これ以外の解では常に $n_2 + n_3 + n_4 + n_5 \geq 4$ である．

(14) このグラフの辺数 $m$ は $m = 4n/2 = 32$ である．3 角形領域の個数を $r_3$, 4 角形領域の個数を $r_4$ とすると，$3r_3 + 4r_4 = 2m = 64$ と，オイラーの公式 $n - m + r = 2$ から $r_3 + r_4 = r = 2 + m - n = 18$ を得る．$r_3$ と $r_4$ に関する 2 つの方程式を解いて，$r_3 = 8, r_4 = 10$ が求める答え．

(15) 外周の 5 角形は 3 色必要．もし全体が 3 色で塗れるならば，中心の点に接続する 5 点は，中心の色を残すため 2 色で塗っておかなければならないが，外周の 3 色との関係で不可能であることが示せる．アルゴリズム COLORING の適用例は省略．

(16) 下図 $G$ は $\chi(G) = 3$ であるが, COLORING では 4 色必要.

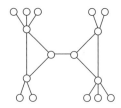

(17) (a) 3, (b) 3, (c) 4, (d) 5, (e) 4, (f) 6. いずれも前述の上界値 $\Delta(G) + 1$ 以下の値である.

[第 5 章]

(1) 省略.

(2) クラスカル法と同様, $T$ の最小性を否定して, 補木辺 $b \notin T$ の議論から矛盾を導けばよい.

(3) DIJKSTRA のステップ 2(i) で考察する辺 $(u, v)$ を, $u$ から $v \in V - U$ へ接続する有向辺 $(u, v)$ とする. また, $s$ からすべての点へ到達可能とは限らないので, アルゴリズムの終了 (ステップ 2 の最初の部分) を $U = V$ あるいは $d^*(v_{\min}) = \infty$ となった時点とする.

(4) ステップ 2(ii) における $v_{\min}$ の選び方, および式 (5.3) の更新法と $d(u, v)$ の非負性から, $d^*(u), u \in U$ と $d^*(v), v \in V - U$ の間には, 常に $d^*(u) \leq d^*(v)$ の関係が成り立つ. したがって, ステップ 2(ii) で $d^*(v_{\min}) = L(v_{\min})$ が選ばれたとき, すべての $u \in U$ に対し $L(v_{\min}) \geq L(u)$ であり, さらに $v_{\min}$ の選び方によって, すべての $v \in V - U$ は $d^*(v) \geq L(v_{\min})$ をみたす. この議論を反復すると題意が証明される.

(5) 巡回路が存在するとして, 場合分けによって矛盾を示す. たとえば, 外側と内側を結ぶ 5 辺のうち偶数本 (2 本か 4 本) が巡回路に含まれるので, それぞれの場合を考察するなど.

(6) $\lambda = 2$ では改善は起きない.

(7) (a) 前半は図 5.30 において破線の辺 3 本が入れ替えられていることから明らか. 後半は, $k = 2$ とすると図 5.13(b) の 4 個のうち 2 個はオア近傍解ではない. (b) 図 5.14 を注意深く見ると, $k = 0$ のオア近傍で改善が起きていることがわかる. したがって, オア近傍の結果も図 5.14 と同じである.

(8) $\sum_{v \in V} (\sum_{e \in \text{OUT}(v)} x(e) - \sum_{e \in \text{IN}(v)} x(e)) = 0$ (各アーク $x(u, v)$ は $\text{OUT}(u)$ と $\text{IN}(v)$ に 1 回ずつ登場するので相殺するから) と $s$ と $t$ 以外のフロー保存条件を用いて証明できる.

(9) まず $x'$ が容量条件をみたすことを定義にしたがって示せ. つぎに修正は, フロー追加路に沿って値 $\Delta$ のフローを $s$ から $t$ へ追加している (このフローは後向きアークも利用している). この追加フロー自体フロー保存条件をみたすので, $x$ にそれを加えた

$x'$ もフロー保存条件をみたす.

(10) 点集合を $V_1 = S \cap S'$, $V_2 = S' \cap T$, $V_3 = S \cap T'$, $V_4 = T \cap T'$ の 4 つに分割する. $E_{ij}$ を $V_i$ から $V_j$ へのアーク集合とし, $c_{ij} = \sum_{e \in E_{ij}} u(e)$ の記法を用いる. $C$ を最小カットの値とすると, 仮定より

$$c_{12} + c_{14} + c_{32} + c_{34} = c_{13} + c_{14} + c_{23} + c_{24} = C \tag{a.1}$$

である. つぎに, カット $(S \cap S', T \cup T')$ とカット $(S \cup S', T \cap T')$ の値を考えると, それぞれ $C_s = c_{12} + c_{13} + c_{14}$, $C_t = c_{14} + c_{24} + c_{34}$ と書ける. そこで $C_s + C_t$ を式 (a.1) と性質 $u(e) \geq 0$ を用いて変形すると, $C_s + C_t \leq 2C$ を得る. $C$ の定義から, これは $C_s = C_t = C$ を意味する.

(11) (a) $e = (v, w)$ が $P^k$ のボトルネックアークだとすると, 反復ののち $\widetilde{u}(e) = 0$ となるので, そのあと, $e^R = (w, v)$ がどれかの $P^l$ $(l > k)$ に含まれない限り $\widetilde{u}(e) > 0$ とはならないことからわかる.

(b) まず, 任意の点 $v$ に対し, 次式を示す (証明は前者のみ, 後者は略).

$$\delta^k(s, v) \leq \delta^{k+1}(s, v), \quad \delta^k(v, t) \leq \delta^{k+1}(v, t). \tag{a.2}$$

そのため, $\widetilde{N}^{k+1}$ 上の $s$ から $v$ への最短路 $P_v^{k+1} = v_0 (= s), v_1, \ldots, v_q (= v)$ に対して

$$\delta^k(s, v_{i+1}) \leq \delta^k(s, v_i) + 1, \quad i = 0, 1, \ldots, q-1 \tag{a.3}$$

であることをいう. $\widetilde{N}^k$ は, $(v_i, v_{i+1})$ あるいは $(v_{i+1}, v_i)$ を辺としてもつ. 前者ならば $v_i$ を経て $v_{i+1}$ に到達できるので, 式 (a.3) は成り立つ. 後者ならば, $\widetilde{N}^k$ から $\widetilde{N}^{k+1}$ へ進むとき方向が反転したので, $(v_{i+1}, v_i) \in P^k$ であった. つまり, $\delta^k(s, v_{i+1}) = \delta^k(s, v_i) - 1$ であり, やはり式 (a.3) を得る. そこで, $\delta^k(s, v_0) = \delta^{k+1}(s, v_0) = 0$ と $\delta^{k+1}(s, v_{i+1}) = \delta^{k+1}(s, v_i) + 1$, $i = 0, 1, \ldots, q-1$ に注意して, $v_0, v_1, \cdots$ の順に式 (a.3) をみたす $\delta^k$ と比較すると, 式 (a.2) が得られる.

つぎに, $k < l$ に対して $(v, w) \in P^k$ および $(w, v) \in P^l$ とすると, $\delta^k(s, t) = \delta^k(s, v) + 1 + \delta^k(w, t)$, $\delta^k(s, w) = \delta^k(s, v) + 1$, $\delta^k(v, t) = \delta^k(w, t) + 1$, $\delta^l(s, t) = \delta^l(s, w) + 1 + \delta^l(v, t)$ などが成立する. そこで, 式 (a.2) から $\delta^l(s, v) \geq \delta^k(s, v)$, $\delta^l(w, t) \geq \delta^k(w, t)$ を得るので, $\delta^l(s, t) = \delta^l(s, w) + 1 + \delta^l(v, t) \geq \delta^k(s, w) + 1 + \delta^k(v, t) = (\delta^k(s, v) + 1) + 1 + (\delta^k(w, t) + 1) = \delta^k(s, t) + 2$ を得る.

(c) ボトルネックアークに着目すると, $1 \leq \delta^k(s, t) \leq n-1$ と性質 (b) から, 1 つのアーク $(v, w)$ とその逆アーク $(w, v)$ は多くとも $1 + \lfloor (n-2)/2 \rfloor = \lfloor n/2 \rfloor$ 回ボトルネックアークとなる. これを全アークに適用して, 反復回数は最大 $\lfloor nm/2 \rfloor$ 回である.

(12) 最大フローの値は 6, 最小カットは右端の下 2 点とそれ以外を分ける.

(13) メンガーの定理 (点連結度) の証明と同様であるが, $G'$ として, 元のグラフ $G$ ですべての辺の容量を 1 とした無向ネットワークを考える. $u$ と $v$ 間には, 5.2.2 項の

無向ネットワーク上のフローを用い，やはり最大フロー最小カットの定理を適用する．詳細は省略．

(14)　式 (5.14) の min を実現する $k_{u^*v^*}$ に着目し，$u^*$ と $v^*$ を分離する最小カットを $(V_1, V_2)$ とする．(5.4 節でも述べているように，これは $G$ の最小カットである．) このとき，任意の $u \in V_1$ と $v \in V_2$ に対し $k_{uv} = k_{u^*v^*}$ である (証明せよ)．問題に述べられた $u$ は $u \in V_1$ としても一般性を失わない．$(V_1, V_2)$ があらかじめわかっているわけではないので，もう一方の $v \in V_2$ がどれかは未知であるが，$u$ 以外のすべてを試せば見逃すことはない．以上の考察から式 (5.27) がしたがう．

(15)　題意によって得られた辺集合は，容易にわかるように各点における次数 1 以下という条件をみたすので，やはりマッチングである．位数が増えることは，交互追加路の始点と終点が非飽和であることから明らか．

(16)　答えの例．$M = \{(u_1, v_1), (u_2, v_5), (u_4, v_2), (u_5, v_4), (u_6, v_6)\}$．この $M$ から図 5.21 の最大フローのネットワーク $N_G$ の解を作り，最小カットを求めると $S = \{u_3, u_4, u_5, v_2, v_4\}$，$T = V - S$ が得られる．最小点カバーは，式 (5.21) によって，$W = \{u_1, u_2, u_6, v_2, v_4\}$ である．

(17)　2 部グラフ $G = (V_1, V_2, E)$ を $V_1 = \{1, 2, \ldots, n\}$，$V_2 = \cup_{i=1}^n S_i$，$E = \{(i, s) \mid i \in V_1, s \in S_i\}$ を定義する (図 5.19 (b) 参照)．ある $s \in V_2$ を $S_i$ の代表 $s_i$ とするとき，辺 $(i, s)$ を選ぶことにすれば，SDR の存在は，$|M| = |V_1|$ をみたすマッチング $M$ の存在と等価である．この結果に結婚定理を適用せよ．

(18)　計算過程は省略．最小カットは右端から 2 番目の列の下 2 点とそれ以外を分ける，あるいは最下行の左 2 点とそれ以外を分ける．どちらも値は 5．

## [第 6 章]

(1)　この場合 $|N_0| = 33$．$|N_1| = |N_2| = 34$ である．以下，例題 6.4 と同じように計算すると，求める確率は 0.33347 となり，1/3 ではない．

(2)　(a) ヒントに加え，つぎの性質を用いる．$(1 + x)^n (1 + x^{-1})^n = (1 + x)^n (1 + x)^n x^{-n} = x^{-n} (1 + x)^{2n}$ であるが，$(1 + x)^{2n}$ における $x^n$ の係数は $\binom{2n}{n}$ である．(b) $(1 + x)^r (1 + x)^s = (1 + x)^{r+s}$ の両辺の $x^n$ の係数に着目する．

(3)　$n < m$ のとき全射は存在しないので 0，$n = m$ ならば全射は全単射であり，その数は $n!$ である (理由を考えよ)．あるいは，式 (6.41) の左辺 $(e^x - 1)^m$ の展開式において，$x^k$ $(k < m)$ の係数は 0，$x^m$ の係数は 1 であることからも示せる．

(4)　$n = 10$ のとき 0.246，$n = 11, 12$ のとき 0.226 (同じ)．ちなみに式 (6.21) から得られるこれらの近似値は 0.252, 0.241, 0.230 である．

(5)　詳細は略．次式の関係などを利用せよ．

$$S(n, m-1) = \frac{1}{(m-1)!} \sum_{k=0}^{m-1} (-1)^k \binom{m-1}{k} (m-k-1)^n$$

$$= \frac{-1}{m!} \sum_{k=0}^{m} (-1)^k k \binom{m}{k} (m-k)^n \quad (\text{上式の } k+1 \text{ を } k \text{ と置いて整理}).$$

(6) $(1 + ax + a^2x^2 + a^3x^3)(1 + bx^5 + b^2x^{10})(1 + cx^{10})$ を展開する. 13 円を作るには, $x^{13}$ の係数から, 5 円硬貨 2 枚と 1 円硬貨 3 枚, および 10 円硬貨 1 枚と 1 円硬貨 3 枚であることがわかる.

(7) 一般解の式 (6.56) に対し, 初期条件から $A_1 = (\sqrt{5} + 3)/2\sqrt{5}$, $A_2 = (\sqrt{5} - 3)/2\sqrt{5}$ を得る.

(8) 母関数である理由は, 問題の説明と 6.4.1 項の議論からわかる. $F(x) = 1 + x + 2x^2 + 3x^3 + 5x^4 + 7x^5 + 11x^6 + \cdots$ となるので, たとえば $5x^4$ は, $n = 4$ の分割の個数が 5 である (問題記述の中で確かめた) ことを示している.

(9) 問題のヒントと 6.4.2 項の議論を参考にせよ. (a) 1 の個数と 2 の個数に制約はないので, 全体の指数型母関数は

$$\frac{1}{2}\left(e^x + e^{-x}\right)e^x e^x = \frac{1}{2}\left(e^{3x} + e^x\right) = 1 + \sum_{n=1}^{\infty} \left(\frac{3^n + 1}{2}\right) x^n / n!$$

である. したがって, 答えは $\frac{3^n+1}{2}$. (b) 指数型母関数 $\frac{1}{2}(e^x + e^{-x})\frac{1}{2}(e^x + e^{-x})e^x$ を展開せよ. 答えは $(3^n + (-1)^n + 2)/4$.

(10) $T_{\text{even}}$ の指数型母関数が $\frac{1}{2}(e^x + e^{-x})e^{25x}$ であることを利用して, その展開式における $x^n/n!$ の係数を求める. $T_{\text{odd}}$ の場合は $\frac{1}{2}(e^x - e^{-x})e^{25x}$ を用いる.

(11) $\binom{n}{k}2^{n-k}$ が 0 を $k$ 個含む 3 進 $n$ 桁の数字の個数であることから, 式の左辺は問題 (9) (a) で求めた個数に等しい.

(12) $\phi$ の定義式から直接計算すれば導出できる. 省略.

# 文　献

[第 1 章]

(離散数学全般)

1-1)　藤重悟, グラフ・ネットワーク・組合せ論, 共立出版, 2002.

1-2)　伊藤大雄. イラストで学ぶ離散数学, 講談社, 2019.

1-3)　J. Matoušek and J. Nešetřil, Invitation to Discrete Mathematics (2nd Edition), Oxford University Press, 2008. (根上生也, 中本敦浩 (訳), 離散数学への招待 (上), (下), 丸善出版, 2012.)

1-4)　守屋悦朗, 離散数学入門, サイエンス社, 2006.

1-5)　大山達雄, パワーアップ離散数学, 共立出版, 1997.

1-6)　玉木久夫, 情報科学のための確率入門 – アルゴリズム・シミュレーションへの応用のために – , サイエンス社, 2002.

1-7)　徳山豪, 工学基礎 離散数学とその応用, 数理工学社, 2003.

(アルゴリズム, 論理とその複雑さ)

1-8)　A. V. Aho, J. E. Hopcroft and J. D. Ullman, The Design and Analysis of Computer Algorithms, Addison-Wesley, 1974. (野崎昭弘, 野下浩平 (訳), アルゴリズムの設計と解析 I, II, サイエンス社, 1977.)

1-9)　T. H. Cormen, C. E. Leiserson, R. L. Rivest and C. Stein, Introduction to Algorithms (3rd edition), MIT Press, 2006. (浅野哲夫, 岩野和生, 梅尾博司, 山下雅史, 和田幸一 (訳), アルゴリズムイントロダクション 第 3 版 (総合版), 近代科学社, 2013.)

1-10)　M. R. Garey and D. S. Johnson, Computers and Intractability: A Guide to the Theory of NP-Completeness, Freeman, 1979.

1-11)　平田富夫, アルゴリズム設計とデータ構造, サイエンス社, 2015.

1-12)　茨木俊秀, C によるアルゴリズムとデータ構造 (改訂 2 版), オーム社, 2019.

1-13)　N. J. Nilsson, Principles of Artificial Intelligence, Tioga Publishing Co., 1980. (白井良明, 辻井潤一, 佐藤泰介 (訳), 人工知能の原理, 日本コンピュータ協会, 1983.)

1-14)　杉原厚吉, データ構造とアルゴリズム, 共立出版, 2001.

1-15)　渡辺治, P≠NP 予想, 講談社, 2014.

[第 2 章]

(論理関数全般)

2-1)　A. Blake, Canonical expressions in Boolean algebra, Ph. D. thesis, University of Chicago, 1937.

2-2)　Y. Crama and P. Hammer, Boolean Functions – Theory, Algorithms and Applications, Cambridge University Press, 2011.

2-3)　浜辺隆二, 論理回路入門 (第 3 版), 森北出版, 2015.

2-4)　今井正治, 論理回路, オーム社, 2016.

2-5)　S. Muroga, Logic Design and Switching Theory, John Wiley and Sons, 1979. (室賀三郎, 笹尾勤 (訳), 論理設計とスイッチング理論, 共立出版, 1981.)

2-6)　W. V. Quine, A way to simplify truth functions, American Mathematical Monthly, **59**, pp. 627-631, 1952.

2-7)　高木直史, 論理回路, 昭晃堂, 1997.

2-8)　安浦寛人, 論理回路, コロナ社, 2015.

(充足可能性問題)

2-9)　M. Davis and H. Putnam, A computing procedure for quatification theory, J. of ACM, **7**, pp. 201-215, 1960.

2-10)　S. Even, A. Itai and A. Shamir, On the complexity of timetable and multicommodity flow problems, SIAM J. Computing, **5**, pp. 691-703, 1976.

2-11)　D. E. Knuth, The Art of Computer Programming, Vol.4B, Addison-Wesley, 2015.

2-12)　B. Selman, H. A. Kautz and B. Cohen, Noise strategies for improving local search, Proc. of AAAI, Seattle, pp. 337-343, 1994.

(組合せ最適化)

2-13)　A. Caprara, M. Fischetti and P. Toth, A heuristic method for the set covering problem, Operations Research, **47**, pp. 730-743, 1999.

2-14)　B. Korte and J. Vygen, Combinatorial Optimization, Springer-Verlag, 2000. (浅野孝夫, 平田富夫, 小野孝男, 浅野泰仁 (訳), 組合せ最適化, 理論とアルゴリズム, シュプリンガーフェアラーク東京, 2005.)

[第 3 章]

(しきい関数および数理計画)

3-1)　V. Chvátal, Linear Programming, Freeman, 1983. (坂田省二郎, 藤野和建, 田口東 (訳), 線形計画法 上, 下, 啓学出版, 1986.)

3-2)　S. Muroga, Threshold Logic and Its Applications, John Wiley and Sons, 1971.

3-3)　室賀三郎, 茨木俊秀, 北橋忠宏, しきい論理, 産業図書, 1976.

（ディープラーニング）

3-4)　赤石雅典, 最短コースでわかるディープラーニングの数学, 日経 BP, 2019.

3-5)　G. Hinton, Learning translation invariant recognition in a massively parallel network, in PARLE: Parallel Architectures and Languages Europe, Lecture Notes in Computer Science, pp. 1-13, edited by G. Goos and J. Hartmanis, Springer-Verlag, Berlin, 1987.

3-6)　G. Hinton, L. Deng, D. Yu, G. Dahl, A. Mohamed, N. Jaitly, A. Senior, V. Vanhoucke, P. Nguyen, T. Sainath, and B. Kingsbury, Deep neural networks for acoustic modeling in speech recognition, IEEE Signal Processing Magazine, pp. 82-97, Nov. 2012.

3-7)　S. Hochreiter and J. Schmidhuber, Long short-term memory, Neural Computation, **9**, pp. 1735-1780, 1997.

3-8)　S. Ioffe and C. Szegedy, Batch normalization: Accelerating deep network training by reducing internal covariate shift, Proc. of 32nd International Conference on Machine Learning, **37**, pp.448-456, 2015.

3-9)　Alex Krizhevsky, I. Sutskever and G. Hinton, ImageNet clasification with deep convolutional neural networks, in Advances in Neural Informaion Processing Systems, **25**, edited by F. Pereira et al., Curran Associates, Inc., pp. 1097-1105, 2012.

3-10)　A. Krogh and J. Hertz, A simple weight decay can improve generalization, Proceedings of Advances in Neural Information Processing Systems (NIPS), 1991.

3-11)　Y. LeCun, Y. Bengio, G. Hinton, Deep learning, Nature, **521**, pp. 436-444, 2015.

3-12)　Y. LeCun, B. Boser, J. Denker, D. Henderson, R. Howard, W. Hubbard and L. Jackel, Handwritten digit recognition with a back-propagation network, in Advances in Neural Information Processing Systems, **2**, pp. 396-406, edited by D. Touretzky, Morgan Kaufmann, San Mateo, 1990.

3-13)　増井敏克, プログラマのためのディープラーニングの仕組みがわかる数学入門, ソシム, 2018.

3-14)　F. Rosenblatt, The perceptron: A probabilistic model for information storage and organization in the brain, Psychological Review, **65**, pp. 386-408, 1958.

3-15)　D. Rumelhart, G. Hinton and R. Williams, Learning representations by back-propagating errors, Nature, **323**, pp. 533–536, 1986.

3-16)　斎藤康毅, ゼロから作る Deep Learning, Python で学ぶディープラーニングの理論と実装, オライリー・ジャパン, 2016.

3-17)　N. Srivastava, G. Hinton, A. Krizhevsky, I. Sutskever and R. Salaklhutdinov, Dropout: A simple way to prevent neural networks from overfitting, The J. of Machine Learning Research, pp. 1929-1958, 2014.

[第 4 章]
(グラフ理論)

4-1)　K. Appel and W. Haken, Every planar map is four colorable, Bull. Amer. Math. Soc., **82**, pp. 711-712, 1976.

4-2)　B. Aspvall, M. F. Plass and R. E. Tarjan, A linear-time algorithm for testing the truth of certain quantified Boolean formulas, Information Processing Letters, **8**, pp. 121-123, 1979.

4-3)　B. Bollobás, Graph Theory: An Introductory Course, Springer-Verlag, 1979. (斎藤伸自, 西関隆夫 (訳), グラフ理論入門, 培風館, 1983.)

4-4)　J. A. Bondy and U. S. R. Murty, Graph Theory with Applications, MacMillan Press, 1976. (立花俊一, 奈良知恵, 田澤新成 (訳), グラフ理論への入門, 共立出版, 1991.)

4-5)　恵羅博, 土屋守正, グラフ理論, 産業図書, 1996.

4-6)　L. Euler, Solutio problematis ad geometriam situs pertinentis, Commentarii Academiae Scientiarum Imperialis Petropolitanae, **8**, pp. 128-140, 1736.

4-7)　I. Fáry, On straight line representation of planar graphs, Acta Sci. Math. Szeged, **11**, pp. 229-233, 1948.

4-8)　茨木俊秀, 永持仁, 石井利昌, グラフ理論 — 連結構造とその応用, 朝倉書店, 2010.

4-9)　C. Kuratowski, Sur le probème des courbes gauches en topologie, Fund. Math., **15**, pp. 271-283, 1930.

4-10)　H. Nagamochi and T. Ibaraki, Algorithmic Aspects of Graph Connectivity, Cambrige University Press, 2008.

4-11)　瀬山士郎, 点と線の数学 — グラフ理論と 4 色問題, 技術評論社, 2019.

4-12)　滝根哲哉, 伊藤大雄, 西尾章治郎, ネットワーク設計理論, 岩波書店, 2001.

4-13)　R. E. Tarjan, Depth-first search and linear graph algorithms, SIAM J. Computing, **1**, pp. 146-160, 1972.

4-14)　H. Whitney, Non-separable and planar graphs, Trans. Amer. Math. Soc., **34**, pp. 339-362, 1932.

4-15)　R. J. Wilson, Introduction to Graph Theory (4th edition), Addison Wesley Longman Limited, 1996. (西関隆夫, 西関裕子 (訳), グラフ理論入門, 近代科学社, 2001.)

[第 5 章]

(ネットワーク最適化)

5-1)　R. K. Ahuja, T. L. Magnanti, J. B. Orlin, Network Flows: Theory, Algorithms, and Applications, Prentice-Hall, Englewood Cliffs, 1993.

5-2)　D. L. Applegate, R. E. Bixby, V. Chvátal and L. Cook, The Traveling Salesman Problem, Princeton University Press, 2006.

5-3)　浅野孝夫, グラフ・ネットワークアルゴリズムの基礎: 数理と C プログラム, 近代科学社, 2017.

5-4)　E. W. Dijkstra, A note on two problems in connexion with graphs, Numerische Mathematik, **1**, pp. 269-271, 1959.

5-5)　L. R. Ford and D. R. Fulkerson, Flows in Networks, Princeton Univ. Press, 1962.

5-6)　D. Gusfield and R. W. Irving, The Stable Marriage Problem, The MIT Press, 1989.

5-7)　J. B. Kruskal, On the shortest spanning subtree of a graph and the traveling salesman problem, Proc. American Math. Society, **2**, pp. 48-50, 1956.

5-8)　E. L. Lawler, J. K. Lenstra, A. H. G. Rinnooy Kan and D. B. Shmoys, The Traveling Salesman Problem: A Guided Tour of Combinatorial Optimization, John Wiley, 1985.

5-9)　R. C. Prim, Shortest connection networks and some generalizations, Bell System Technical Journal, **36**, pp. 1389-1401, 1957.

5-10)　R. E. Tarjan, Data Structures and Network Algorithms, SIAM Publication, 1983. (岩野和生 (訳), データ構造とネットワークアルゴリズム, マグロウヒル, 1989.)

5-11)　V. V. Vazirani, Approximation Algorithms, Springer-Verlag, 2001. (浅野孝夫 (訳), 近似アルゴリズム, シュプリンガーフェアラーク東京, 2002.)

5-12)　D. P. Williamson, Network Flow Algorithms, Cambridge University Press, 2019.

5-13)　柳浦睦憲, 茨木俊秀, 組合せ最適化 – メタ戦略を中心として – , 朝倉書店, 2001.

5-14)　山本芳嗣, 久保幹雄, 巡回セールスマン問題への招待, 朝倉書店, 1997.

[第 6 章]

(組合せ論)

6-1)　R. L. Graham, D. E. Knuth, O. Patashnik, Concrete Mathematics, Addison-Wesley, 1989. (有澤誠, 安村通晃, 萩野達也, 石畑清 (訳), コンピュータの数学, 共立出版, 1993.)

6-2) L. Lovász, Combinatorial Problems and Exercises, Akadémiai Kiadó, 1979. (秋山仁, 榎本彦衛, 成嶋弘, 土屋守正 (監訳), 1. 数え上げの手法, 2. グラフの構造, 3. グラフの不変数, 4. 集合論的グラフ理論, 東海大学出版会, 1988.)

6-3) 成嶋弘, 数え上げ組合せ論入門, 日本評論社, 2003.

6-4) G. Pólya, R. E. Tarjan and D. R. Wood, Notes on Introductory Combinatorics, Birkhäuser, 1983. (今宮敦美 (訳), 組合せ論入門, 近代科学社, 1986.)

6-5) J. H. van Lint and R. M. Wilson, A Course in Combinatorics (2nd edition), Cambridge University Press, 2001. (神保雅一 他 (訳), ヴァン・リント & ウィルソン 組合せ論 上, 下, 丸善出版, 2018, 2019.)

6-6) 山本幸一, 順列・組合せと確率, 岩波書店, 2015.

# 索 引

〈著者略歴〉
茨 木 俊 秀 (いばらき　としひで)
京都大学工学博士
1965 年　京都大学大学院工学研究科修士課程修了
1969 年　京都大学工学部数理工学科助手，その後助教授
1983 年　豊橋技術科学大学情報工学系教授
1985 年　京都大学工学部数理工学科教授
1998 年　京都大学大学院情報学研究科数理工学専攻教授
2004 年　関西学院大学理工学部教授
2009 年　京都情報大学院大学教授，学長，現在に至る

AI 時代の離散数学

2020 年 8 月 5 日　　第 1 版第 1 刷発行

著　　者　茨 木 俊 秀
発 行 者　村 上 和 夫
発 行 所　株式会社 オーム社
　　　　　郵便番号　101-8460
　　　　　東京都千代田区神田錦町 3-1
　　　　　電話　03(3233)0641(代表)
　　　　　URL https://www.ohmsha.co.jp/

© 茨木俊秀 2020

印刷 三美印刷　　製本 協栄製本
ISBN978-4-274-22581-9　Printed in Japan

**本書の感想募集** https://www.ohmsha.co.jp/kansou
本書をお読みになった感想を上記サイトまでお寄せください．
お寄せいただいた方には，抽選でプレゼントを差し上げます．

# マスタリング TCP/IP

## 入門編 第6版

井上直也・村山公保・竹下隆史
荒井 透・苅田幸雄 共著

# TCP/IP解説書の決定版！
# 時代の変化によるトピックを加え内容を刷新！

本書は、ベストセラーの『マスタリング TCP/IP 入門編』を時代の変化に即したトピックを加え、内容を刷新した第6版として発行するものです。豊富な脚注と図版・イラストを用いたわかりやすい解説により、TCP/IPの基本をしっかりと学ぶことができます。プロトコル、インターネット、ネットワークについての理解を深める最初の一歩として活用ください。

定価(本体2200円【税別】)／B5判／392頁

もっと詳しい情報をお届けできます．
◎書店に商品がない場合または直接ご注文の場合も
　右記宛にご連絡ください．

ホームページ　https://www.ohmsha.co.jp/
TEL／FAX　TEL.03-3233-0643 FAX.03-3233-3440

（定価は変更される場合があります）

F-2001-264